環境分析化学

中村栄子・酒井忠雄
本水昌二・手嶋紀雄 共著

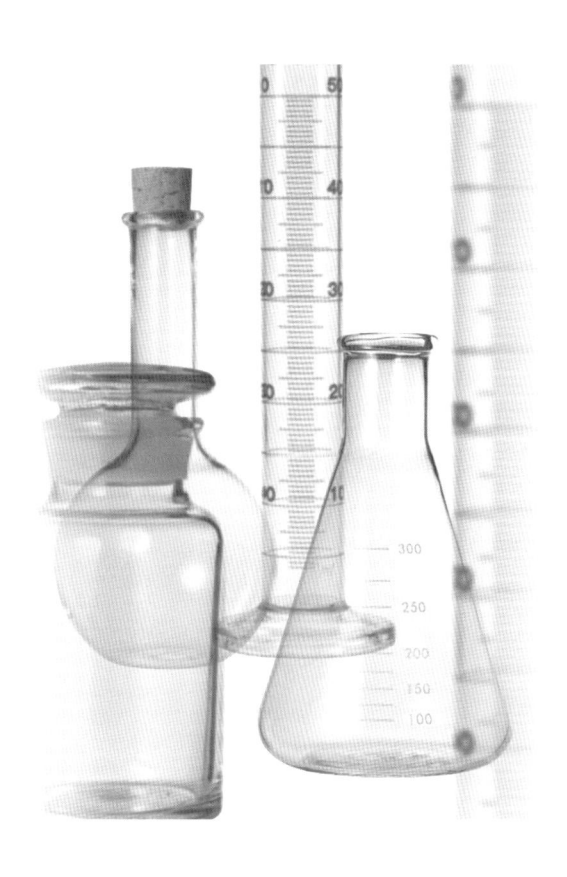

裳華房

Analytical Chemistry for Environmental Samples

by

Eiko Nakamura

Tadao Sakai

Shoji Motomizu

Norio Teshima

SHOKABO
TOKYO

まえがき

　機器分析が発達している現在においても，複雑な共存物質が存在する排水，土壌，生体などの試料，あるいは機器の定量感度以下の試料の分析においては，分析目的成分の共存物質からの分離，濃縮などの前処理が必要である．この前処理には，蒸留，沈殿生成，イオン交換，溶媒抽出，カラムによる分離濃縮など様々な化学的手法が用いられており，化学平衡や化学反応の基礎的知識が要求される．この前処理過程を効率良く，精度良く行なうことは，試料の分析においては極めて重要なことである．さらに，試料の採取や保存についても，試料の特性や分析目的に応じた適切な方法で行なわないと，どのような高価な機器を用いても，その分析値は何の意味ももたないことになる．

　分析において，沈殿生成反応，発色反応，濃縮のための溶媒抽出や固相抽出などの重要性に基づいた本を提供できればと以前から考えていたこともあって，発色反応を利用した新規の分析法の研究をリードしてこられた岡山大学の本水先生，愛知工業大学の酒井先生，手嶋先生に声をかけたところ，快くお引き受けいただき，本書の執筆の運びとなった．

　この執筆に関しては，平成20年の秋頃に裳華房の編集者であった山口さんから話があり，その後，先生方にご相談，承諾を得て執筆も始まり，早ければ22年度中での出版を計画していた．しかし，その途中での私の病気入院などの関係もあり，出版までにかなりの期間を要してしまった．担当箇所の執筆にとりかかっていただいていた執筆者の先生方，裳華房の山口さん，小野さんなどの編集担当の皆様に大変ご迷惑をおかけしてしまったことになる．今日，無事出版の運びになりましたことは，執筆者の先生方，様々な状況の中，根気よくお待ちいただいた裳華房の編集者の方々のおかげです．心から感謝申し上げます．

　本書では，第1章に河川・湖沼・海水の環境基準値と排水の基準値，及びこれらの各項目に対して国が定めた測定法（公定法）の概略を述べた．第2章では，分析操作を考える上で必要な様々な化学平衡を，第3章では，機器分析の一般的な原理を，第4章では，水試料の採取と保存を述べた．また，それ以降の章では，第1章や第3章などで一般的に記述した測定法の代表的なものについて，測定法の原理，測定操作，操作時の注意事項，実際の試料での測定結果などを述べて，実際の環境分析に適用できるような記述の工夫をした．また，新規の発色反応を用いる方法や新しい考えの自動分析法も紹介するようにした．

　本書が，環境分析を志す学生や環境分析の現場で日々苦労を重ねている方々に少しでもお役に立てれば幸いです．

2014年4月　　　　　　　　　　　　　　　　　　　　　　　　　　　　中　村　栄　子

目　　次

1　環境分析のための公定法
参考文献・・・・・・・・・・・・・・・・ 4

2　化学平衡の原理
2.1　水溶液内化学平衡・・・・・・・・・ 5
2.2　酸・塩基平衡・・・・・・・・・・・ 7
　2.2.1　酸・塩基の定義・・・・・・・ 7
　2.2.2　一塩基酸の酸解離定数・・・・ 8
　2.2.3　二塩基酸および三塩基酸の酸解離定数
　　　　　・・・・・・・・・・・・・・ 10
　2.2.4　一酸塩基の解離定数・・・・・ 12
　2.2.5　水のイオン積・・・・・・・・ 12
2.3　溶解平衡・・・・・・・・・・・・・ 13
　2.3.1　溶解度積・・・・・・・・・・ 13
　2.3.2　溶解度と溶解度積・・・・・・ 14
　2.3.3　難溶性の塩の生成，溶解に影響する
　　　　　因子・・・・・・・・・・・・ 16
2.4　酸化還元平衡・・・・・・・・・・・ 18
2.5　錯生成平衡・・・・・・・・・・・・ 22
　2.5.1　金属のアンモニア錯イオン・・ 23
　2.5.2　多くの化学分析で使用される金属と
　　　　　EDTAとの錯生成・・・・・・ 25
2.6　分配平衡・・・・・・・・・・・・・ 29
　2.6.1　溶媒抽出平衡・・・・・・・・ 29
　2.6.2　分配係数と分配比・・・・・・ 29
　2.6.3　イオン交換平衡・・・・・・・ 32
練習問題の解答・・・・・・・・・・・・ 33

3　機器測定法の原理
3.1　電気化学的方法・・・・・・・・・・ 34
　3.1.1　電気化学的方法の種類・・・・ 34
　3.1.2　電気化学的方法の原理・・・・ 34
　3.1.3　電気化学的分析法の原理と測定装置
　　　　　・・・・・・・・・・・・・・ 38
　3.1.4　電気化学的方法による環境化学分析
　　　　　・・・・・・・・・・・・・・ 43
3.2　吸光光度法・・・・・・・・・・・・ 44
　3.2.1　吸光光度法の原理・・・・・・ 44
　3.2.2　光吸収の法則・・・・・・・・ 44
　3.2.3　分光光度計・・・・・・・・・ 45
3.3　蛍光光度法・・・・・・・・・・・・ 46
　3.3.1　蛍光光度法の原理・・・・・・ 47
　3.3.2　蛍光光度計・・・・・・・・・ 48
3.4　原子吸光光度法・・・・・・・・・・ 49
　3.4.1　原子吸光光度法の原理・・・・ 49
　3.4.2　原子吸光装置・・・・・・・・ 50
　3.4.3　ピーク形状の違い・・・・・・ 51
3.5　ICP 発光分光分析法・・・・・・・・ 52
3.6　高周波誘導結合プラズマ－質量分析法
　　　・・・・・・・・・・・・・・・・ 55
3.7　クロマトグラフ法・・・・・・・・・ 57
　3.7.1　クロマトグラフ法の種類・・・ 58
　3.7.2　クロマトグラフ法における分離原理
　　　　　・・・・・・・・・・・・・・ 58
　3.7.3　ガスクロマトグラフ法・・・・ 59
　3.7.4　液体クロマトグラフ法・・・・ 64
　3.7.5　高速液体クロマトグラフ法・・・ 66
　3.7.6　イオンクロマトグラフ法・・・ 69
3.8　質量分析法・・・・・・・・・・・・ 75
　3.8.1　イオン化法・・・・・・・・・ 75
　3.8.2　質量分離部・・・・・・・・・ 76
　3.8.3　検出器・・・・・・・・・・・ 77
3.9　フローインジェクション分析法・・・ 78
　3.9.1　FIA の原理・概略・・・・・・ 78
　3.9.2　FIA の基礎・・・・・・・・・ 78
　3.9.3　装置・・・・・・・・・・・・ 80
　3.9.4　塩化物イオンの測定例・・・・ 81
参考文献・・・・・・・・・・・・・・・・ 82

4　水試料採取と保存
4.1　水試料採取・・・・・・・・・・・・ 83
4.2　試料の保存・・・・・・・・・・・・ 86
参考文献・・・・・・・・・・・・・・・・ 88

5 酸・塩基反応を利用する環境分析

- 5.1 水素イオン濃度 ･･････89
- 5.2 pH計の原理 ･･････89
- 5.3 pHの測定 ･･････91
  - 5.3.1 原理 ･･････91
  - 5.3.2 実験 ･･････91
  - 5.3.3 測定時の注意事項 ･･････91
  - 5.3.4 測定時の失敗例 ･･････92
- 5.4 酸消費量およびアルカリ消費量 ･･････92
  - 5.4.1 酸消費量 (pH 4.8) ･･････92
  - 5.4.2 酸消費量 (pH 8.3) ･･････93
- 参考文献 ･･････93

6 沈殿反応を利用する環境分析

- 6.1 塩化物イオンの定量 ･･････94
  - 6.1.1 原理 ･･････94
  - 6.1.2 実験 ･･････96
  - 6.1.3 測定時の注意事項 ･･････97
- 6.2 硫酸イオンの定量 ･･････98
  - 6.2.1 原理 ･･････98
  - 6.2.2 実験 ･･････98
- 参考文献 ･･････100

7 酸化還元反応を利用する環境分析

- 7.1 過酸化水素の定量 ･･････101
  - 7.1.1 原理 ･･････101
  - 7.1.2 実験 ･･････102
  - 7.1.3 測定時の注意事項 ･･････103
- 7.2 化学的酸素要求量の測定 ･･････103
  - 7.2.1 原理 ･･････103
  - 7.2.2 実験 ･･････105
  - 7.2.3 測定時の注意事項 ･･････105
- 7.3 残留塩素の定量 ･･････105
  - 7.3.1 原理 ･･････106
  - 7.3.2 実験 ･･････106
  - 7.3.3 測定時の注意事項 ･･････107
- 参考文献 ･･････108

8 錯生成反応を利用する環境分析

- 8.1 原理 ･･････109
- 8.2 実験 ･･････109
  - 8.2.1 EDTA滴定によるカルシウムおよびマグネシウムイオン定量のための終点の決定 ･･････109
  - 8.2.2 EDTA滴定での試薬溶液の調製 ･･････110
  - 8.2.3 EDTA溶液の標定 ･･････111
  - 8.2.4 環境水中の ($Ca^{2+}Mg^{2+}$) 合量の定量 ･･････111
  - 8.2.5 試料水中の Ca^{2+} の定量 ･･････112
  - 8.2.6 硬度の算出 ･･････112
- 8.3 測定時の注意事項 ･･････113
- 参考文献 ･･････113

9 分配平衡を利用する環境分析

- 9.1 電気的中性種の分離・濃縮に基づく定量法 ･･････114
  - 9.1.1 ヨウ素の分離・濃縮および吸光光度法 ･･････114
  - 9.1.2 ヘキサンを用いる油脂類の抽出分離, 質量測定 ･･････115
- 9.2 金属キレートの分離・濃縮に基づく定量法 ･･････116
  - 9.2.1 ジエチルジチオカルバミン酸 (DDTC) を用いる銅の抽出吸光光度定量 ･･････116
  - 9.2.2 8-キノリノール (オキシン) を用いるアルミニウムの抽出吸光光度定量 ･･････118
  - 9.2.3 ジメチルグリオキシムを用いるニッケルの抽出吸光光度定量 ･･････119
  - 9.2.4 その他のキレート抽出分離法 ･･････120
- 9.3 疎水性イオン種のイオン会合抽出分離・濃縮 ･･････120
  - 9.3.1 イオン会合体の抽出分離・濃縮の原理 ･･････120

9.3.2 陰イオン界面活性剤の分離・濃縮
および吸光光度定量・・・・・121
9.3.3 陽イオン界面活性剤の分離・濃縮
および吸光光度定量・・・・・122
9.3.4 非イオン界面活性剤の分離・濃縮
および吸光光度定量・・・・・123
9.3.5 ホウ素（ホウ酸）の分離・濃縮
および吸光光度法・・・・・124
9.3.6 その他の抽出分離・定量法・・・124
参考文献・・・・・・・・・・・125

10 電気伝導度測定法による水質推定

10.1 純水製造装置の水質管理・・・・126
10.2 試料溶液の電気伝導率の測定・・・126
　10.2.1 実験・・・・・・・・・・126
　10.2.2 測定上の注意事項・・・・・128
　10.2.3 測定の失敗例・・・・・・・128
参考文献・・・・・・・・・・・129

11 吸光光度法を用いる環境分析

11.1 アンモニア体窒素（$NH_4^+ - N$）の定量
・・・・・・・・・・・・・130
　11.1.1 インドフェノール青吸光光度法・130
　11.1.2 インドフェノール青発色 FIA 法・132
　11.1.3 極低濃度アンモニアの定量のための
ガス拡散 - イオン交換樹脂濃縮 FIA
法・・・・・・・・・・・134
11.2 亜硝酸体窒素および硝酸体窒素の
定量・・・・・・・・・・・136
　11.2.1 ナフチルエチレンジアミン
吸光光度法による亜硝酸体
窒素の定量・・・・・・・136
　11.2.2 亜硝酸イオンの
メンブランフィルター
捕集・濃縮吸光光度定量・・・137
　11.2.3 銅カドミウムカラム還元
エチレンジアミン吸光光度法
による硝酸体窒素の定量・・・139

11.3 リン酸イオンの定量・・・・・140
　11.3.1 モリブデン青吸光光度法・・・141
　11.3.2 マラカイトグリーン吸光光度法・143
　11.3.3 加水分解性リン化合物
（縮合リン化合物）・・・・145
　11.3.4 全リンの定量・・・・・・145
　11.3.5 測定時の失敗例・・・・・145
11.4 ホルムアルデヒドの定量・・・145
　11.4.1 ヒドロキシルアミンとの縮合反応を
利用する吸光光度法・・・・147
　11.4.2 ヒドロキシルアミンとの縮合反応を
利用するホルムアルデヒドの FIA 法
・・・・・・・・・・・149
11.5 フェノール類の定量・・・・・150
　11.5.1 アンチピリン色素生成による
フェノール類の吸光光度法・・・151
　11.5.2 アンチピリン色素生成 - 固相濃縮
によるフェノール類の吸光光度法
・・・・・・・・・・・152
11.6 クロムの定量・・・・・・156
　11.6.1 反応の原理・・・・・・156
　11.6.2 実験・・・・・・・・156
11.7 銅の定量・・・・・・・158
　11.7.1 ジエチルジチオカルバミン酸
発色溶媒抽出吸光光度法・・・158
　11.7.2 接触反応を利用する吸光光度法・159
11.8 発色試薬 TPTZ を用いる鉄の定量・162
　11.8.1 原理・・・・・・・・162
　11.8.2 実験・・・・・・・・162
　11.8.3 実際の試料への応用例・・・163
11.9 バナジウムの定量・・・・・163
　11.9.1 鉄とバナジウムの酸化還元反応・164
　11.9.2 吸光光度法によるバナジウム（IV）と
バナジウム（V）の定量原理・・167
　11.9.3 実験・・・・・・・・167
　11.9.4 測定時の注意事項・・・・168
　11.9.5 実際の試料への応用例・・・168
11.10 アルセナゾIII 吸光光度法による
ウランの定量・・・・・・169
　11.10.1 原理・・・・・・・・170
　11.10.2 実験・・・・・・・・170
　11.10.3 実際の試料への応用・・・170
参考文献・・・・・・・・・・・170

12 蛍光光度法による環境分析

- 12.1 ホルムアルデヒドの定量 ····· 172
  - 12.1.1 原理 ····· 172
  - 12.1.2 実験 ····· 173
  - 12.1.3 実際の試料への応用例 ····· 176
- 12.2 溶存酸素の定量 ····· 176
- 参考文献 ····· 178

13 原子吸光光度法による環境分析

- 13.1 キレート樹脂濃縮黒鉛炉原子吸光光度法による鉛およびカドミウムの定量 ····· 179
  - 13.1.1 原理 ····· 179
  - 13.1.2 実験 ····· 181
  - 13.1.3 測定時の注意事項 ····· 182
  - 13.1.4 実際の試料への応用 ····· 183
- 13.2 クロムの定量 ····· 183
  - 13.2.1 原理 ····· 183
  - 13.2.2 実験 ····· 183
  - 13.2.3 測定時の注意点 ····· 185
- 13.3 ヒ素およびその化合物の定量 ····· 185
  - 13.3.1 原理 ····· 185
  - 13.3.2 実験（全ヒ素定量） ····· 186
  - 13.3.3 測定時の注意点 ····· 187
- 13.4 セレンおよびその化合物の定量 ····· 187
  - 13.4.1 原理 ····· 187
  - 13.4.2 実験 ····· 188
  - 13.4.3 測定時の注意点 ····· 188
- 参考文献 ····· 188

14 発光分析法による環境分析

- 14.1 クロム（Ⅵ）および全クロムの定量 ····· 189
  - 14.1.1 クロム（Ⅵ）の定量 ····· 189
  - 14.1.2 全クロムの定量 ····· 190
  - 14.1.3 コンピュータ制御カラム前処理を併用するクロム（Ⅲ）と（Ⅵ）の同時定量 ····· 190
- 14.2 多元素同時定量 ····· 193
  - 14.2.1 原理 ····· 193
  - 14.2.2 実験 ····· 194
  - 14.2.3 実際の試料への応用例 ····· 195
- 参考文献 ····· 196

15 高周波誘導結合プラズマ（ICP）-質量分析法（MS）

- 15.1 原理 ····· 197
- 15.2 実験 ····· 197
- 15.3 測定時の注意事項 ····· 200
- 15.4 測定時の失敗例 ····· 200
- 15.5 実際の試料への応用例 ····· 200
- 参考文献 ····· 201

16 高速液体クロマトグラフ法による環境分析

- 16.1 アルデヒド類の定量 ····· 202
- 16.2 実際の試料への応用例 ····· 204

17 イオンクロマトグラフ法（IC）による環境分析

- 17.1 陰イオンの定量 ····· 205
  - 17.1.1 原理 ····· 205
  - 17.1.2 実験 ····· 205
- 17.2 陽イオンの定量 ····· 207
  - 17.2.1 原理 ····· 207
  - 17.2.2 実験 ····· 207
- 参考文献 ····· 208

索引 ····· 209

1 環境分析のための公定法

　日本には，大気，水，土壌などの環境を守るための基本となる法律として「環境基本法」[1]があり，「人の健康の保護と生活環境の保全のために維持することが望ましい大気，水質，土壌及び騒音の環境基準を定める.」と規定されている．これに基づき，大気中の二酸化窒素[2]，水質の汚濁[3]，土壌の汚染[4]および騒音[5]に係る環境基準値と測定法が環境庁・環境省の告示などとして制定されている．

　また，大気，水，土壌，生活などの環境の悪化を防止するために環境基本法の下位の法律として，大気汚染防止法[6]，水質汚濁防止法[7]，土壌汚染対策法[8]および騒音規制法[9]があり，それらの排出基準などの基準値や測定法が定められている．環境水の環境基準項目には，人の健康の保護に係るものと，生活環境の保全に係るものとがあり，前者には，毒性や発癌性などがある有害な物質が定められ，それらの基準値は全国の河川，湖沼，海水に対して一律である．後者には，生活環境を保全するために環境水が保つべき性状に関する項目が定められ，それらの基準値は全国の各河川，湖沼，海水の類型別の値となっている．排水の基準は許容限度で定められ[10]，対象項目の多くは環境基準のそれらと同じである．

　有害な物質の環境基準[3]と排水基準[10]およびそれらの測定法[3,11]を以下に示す．なお，括弧内の前の数字が環境基準，後の数字が排水基準で，単位は $mg\ L^{-1}$ である．また，各方法に付いている番号は，JIS K 0102 工場排水試験方法[12]の規格番号であり，方法の略号は下記に示す通りである．これらの実際の測定法を後に記述した場合は，その章の番号を記した．

　フレーム原子吸光光度法 (atomic absorption spectrometry, AAS)，電気加熱 AAS，高周波誘導結合プラズマ発光分光分析法 (inductively coupled plasma atomic emission spectrometry, ICP-AES)，高周波誘導結合プラズマ質量分析法 (inductively coupled plasma mass spectrometry, ICP-MS)，イオンクロマトグラフ法 (ion exchange chromatography, IC)，パージ・トラップ (PT)-ガスクロマトグラフ (GC)-質量検出法 (MS)，ヘッドスペース (HS)-GC-MS，PT-GC-電子捕獲型検出法 (ECD)，PT-GC-水素炎イオン化検出法 (FID)，HS-GC-ECD，HS-GC-FID，溶媒抽出-GC，高速液体クロマトグラフ法 (HPLC)，薄層クロマトグラフ法 (TLC)，TLC-GC-熱イオン型検出法 (FTD)，TLC-GC-炎光光度検出法 (FPD)

（1）有害な物質の環境基準と排水基準および測定法
・カドミウムおよびその化合物 (0.003, 0.1)　**第 13 章**
　環境庁告示第 59 号付表 8 キレート樹脂固相抽出前処理後に 55.2 電気加熱 AAS，55.3 ICP-AES，55.4 ICP-MS，排水の場合は 55.1 フレーム AAS も可
・鉛およびその化合物 (0.01, 0.1)　**第 13 章**

54.1 フレーム AAS，54.2 電気加熱 AAS，54.3 ICP-AES，54.4 ICP-MS
・六価クロム化合物（0.05，0.5）　**第 11 章**
65.2.1 ジフェニルカルバジド吸光光度法，65.2.2 フレーム AAS，65.2.3 電気加熱 AAS，65.2.4 ICP-AES，65.2.5 ICP-MS
・水銀（0.0005，0.005）
還元気化 AAS（環境庁告示第 59 号付表 1[3)]）
・アルキル水銀（不検出，不検出）
溶媒抽出 GC-ECD（環境庁告示第 59 号付表 2[3)]），排水は溶媒抽出-カラムクロマト-TLC-GC-FPD 法，GC-FTD 法（環境庁告示第 64 号付表 3[11)]）も可
・ヒ素およびその化合物（0.01，0.1）　**第 13 章**
61.2 水素化物発生 AAS，61.3 水素化物発生 ICP-AES，61.4 ICP-MS，排水の場合は 61.1 ジエチルジチオカルバミン酸銀吸光光度法も可
・セレンおよびその化合物（0.01，0.1）　**第 13 章**
67.2 水素化物発生 AAS，67.3 水素化物発生 ICP-AES，67.4 ICP-MS，排水の場合は 67.1　3,3′-ジアミノベンジジン吸光光度法も可
・シアン化合物（不検出，1）
38.1.2 全シアン（pH 2 以下で発生するシアン化水素），38.2 ピリジン-ピラゾロン吸光光度法，38.3 4-ピリジンカルボン酸-ピラゾロン吸光光度法
・硝酸性窒素および亜硝酸性窒素（10，-）　**第 11 章**
硝酸性窒素：43.2.1 還元蒸留-インドフェノール青吸光光度法，43.2.3 銅カドミウムカラム還元ナフチルエチレンジアミン吸光光度法，43.2.5 IC
亜硝酸性窒素：43.1.1 ナフチルエチレンジアミン吸光光度法，43.1.2 IC
・フッ素（0.8，海域外への排出 8，海域への排出 15）
34.1 ランタン-アリザリンコンプレキソン吸光光度法，環境庁告示第 59 号付表 6[3)] IC，排水の場合は，34.2 イオン電極法も可
・ホウ素（1，海域外への排出 10，海域への排出 230）
47.1 メチレンブルー吸光光度法，47.3 ICP-AES，47.4 ICP-MS，排水の場合は 47.2 アゾメチン H 吸光光度法も可
・PCB（ポリ塩化ビフェニル）（不検出，0.003）
環境庁告示第 59 号付表 3[3)] ヘキサン抽出・アルカリ分解・カラムクロマト分離-GC-ECD，排水の場合は分離後 GC-MS（JIS K 0093）も可
・ベンゼン（0.01，0.1）
PT-GC-MS，HS-GC-MS，PT-GC-FID，排水の場合は HS-GC-FID も可
・トリクロロエチレン（0.03，0.3），テトラクロロエチレン（0.01，0.1），1,1,2-トリクロロエタン（0.006，0.06），1,1,1-トリクロロエタン（1，3），四塩化炭素（0.002，0.02），PT-GC-MS，HS-GC-MS，PG-GC-ECD（排水には不適用），HS-GC-ECD，溶媒抽出-GC，排水は PT-GC-FID も可
・1,2-ジクロロエタン（0.004，0.04）
PT-GC-MS，HS-GC-MS，PT-GC-ECD（排水には不適用），PT-GC-FID，排水の場合は HS-GC-ECD も可
・ジクロロメタン（0.02，0.2），1,1-ジクロロエチレン（0.1，0.2），シス-1,2-ジクロロエチレン（0.04，0.4）
PT-GC-MS，HS-GC-MS，PT-GC-FID，排水の場合は HS-GC-ECD も可
・1,3-ジクロロプロペン（0.002，0.02）
PT-GC-MS，HS-GC-MS，PT-GC-FID（排水には不適用），排水の場合は PT-GC-FID，HS-GC-

ECD も可
- 1,4-ジオキサン (0.05, 0.5)
環境庁告示第 59 号付表 7[3]の固相抽出 GC-MS
- チウラム (テトラメチルチウラムジスルフィド) (0.006, 0.06)
環境庁告示第 59 号付表 4[3]の溶媒抽出 HPLC, 固相抽出 HPLC
- シマジン (2-クロロ-4,6-ビス (エチルアミノ)-1,3,5-トリアジン) (0.003, 0.03), チオベンカルブ (N,N-1-ジエチルチオカルバミン酸 S-4-クロロベンジル) (0.02, 0.2)
環境庁告示第 59 号付表 5 の第 1 または第 2[3]の溶媒抽出または固相抽出 GC-MS, 溶媒抽出, または固相抽出 GC

(2) 排水基準だけにある項目の排水基準値 (括弧内の数字, 単位は mg L^{-1}) と測定法
- アンモニア, アンモニア化合物, 亜硝酸化合物および硝酸化合物 (アンモニア性窒素に 0.4 を乗じたものと亜硝酸性窒素および硝酸性窒素の合量で 100 mg L^{-1}) 第 11 章
アンモニア, アンモニア化合物, 42.2 インドフェノール青吸光光度法, 42.3 中和滴定法, 42.5 IC, 亜硝酸化合物 43.1 (前頁参照), 硝酸化合物 43.2.5 IC
- フェノール類 (5)　第 11 章
28.1 蒸留後-4-アミノアンチピリン吸光光度法
- 銅 (3)　第 9, 11 章
52.2 フレーム AAS, 52.3 電気加熱 AAS, 52.4 ICP-AES, 52.5 ICP-MS
- 溶解性鉄 (10)　第 11 章
57.2 フレーム AAS, 57.3 電気加熱 AAS, 57.4 ICP-AES
- 溶解性マンガン (10)
56.2 フレーム AAS, 56.3 電気加熱 AAS, 56.4 ICP-AES, 56.5 ICP-MS

(3) 生活に関わる環境基準項目の測定方法
- pH　12.1 ガラス電極法　第 5 章
- BOD　21　20℃ 5 日間溶存酸素減少量
- DO　32.1 ヨウ素滴定法, 32.2 ミラー変法, 32.3 隔膜電極法
- COD　17　100℃での過マンガン酸カリウム消費量　第 7 章
- SS　環境庁告示第 59 号付表 9　ガラス繊維ろ紙によるろ過, 重量測定
- 大腸菌群数　最確数による定量法
- n-ヘキサン抽出物　環境庁告示第 59 号付表 12　n-ヘキサン抽出物量　第 9 章
- 全窒素　第 11 章
45.2 ペルオキソ二硫酸塩分解-紫外線吸光光度法, 45.3 ペルオキソ二硫酸塩分解-硫酸ヒドラジン還元法, 45.4 ペルオキソ二硫酸塩分解-銅-カドミウムカラム還元法, ただし, 海水の場合は 45.4 のみ
- 全リン　第 11 章
46.3 ペルオキソ二硫酸塩分解-モリブデン青吸光光度法

(4) 水生生物の生息に関わる環境基準項目の測定法
- 全亜鉛　環境庁告示第 59 号付表 10 の固相濃縮後 53.1 フレーム AAS, 53.2 電気加熱原 AAS, 53.4 ICP-MS
- ノニルフェール　環境庁告示第 59 号付表 11 の固相抽出 GC-MS

　これらを概略すると, 金属類の測定にはフレーム AAS や電気加熱 AAS, ICP-AES, ICP-MS などが, 揮発性有機化合物や農薬類の測定には GC-FID, GC-ECD, GC-MS などが, シアン, フッ素, ホウ素, フェノール類, 窒素, リンの分析には吸光光度法が用いられている. また,

農薬類の分析にはHPLC, フッ素や窒素の分析にはICも利用されている．ここでは，公定法での測定法を記すことにとどめ，これらの原理や特徴については，第3章で述べる．

2013年9月に，工場排水試験方法（JIS K 0102）の改正が行なわれ，銅，亜鉛，鉛，カドミウム，鉄，ニッケル，コバルト，ウランなどの定量の前処理にキレート樹脂を用いる固相抽出法が採用された．操作法は銅のフレーム原子吸光光度法の項（JIS K 0102の52.2）の備考6に記載されており，他の金属イオンでは，この備考6が引用されている．また，本書でも第13章でキレート樹脂カラムを用いるカドミウムイオンの定量法を述べた．

改正では，この他に2011年3月に規格化されたJIS K 0170の1～9部の流れ分析法が，フェノール類の28.1.3（リン酸蒸留・4-アミノアンチピリン発色FIAとCFA），陰イオン界面活性剤の30.1.4（メチレンブルー発色クロロホルム抽出CFA），フッ素化合物の34.4（ランタン-アリザリンコンプレキソン発色FIAと蒸留・同発色CFA），シアン化物イオンの38.5（4-ピリジンカルボン酸・ピラゾロン発色FIAとCFA），アンモニア体窒素の42.6（インドフェノール青発色FIAとCFA），亜硝酸体窒素の43.1.3（ナフチルエチレンジアミン発色FIAとCFA），硝酸体窒素の43.2.6（カドミウム還元・ナフチルエチレンジアミン発色FIAとCFA），全窒素の45.6（酸化分解後，紫外検出あるいはカドミウム還元吸光光度のFIAとCFA），リン酸イオンの46.1.3（モリブデン青発色FIAとCFA），全リンの46.3.4（酸化分解・モリブデン青発色FIAとCFA），クロム（Ⅵ）の65.2.6（ジフェニルカルバジド発色FIAとCFA）としてそれぞれ採用され，これらは2014年3月の環境省告示改正に反映されている．なお，括弧内には流れ分析法の概要を記載した．

参考文献

1) 環境基本法（平成5年11月法律第91号）
2) 大気汚染に係る環境基準について（昭和48年6月環大企143号）
3) 水質汚濁に係る環境基準について（昭和46年12月環境庁告示第59号）
4) 土壌汚染に係る環境基準について（平成3年8月環境庁告示第46号）
5) 騒音に係る環境基準について（平成6年環境庁告示第64号）
6) 大気汚染防止法（昭和43年6月法律第97号）
7) 水質汚濁防止法（昭和45年12月法律第138号）
8) 土壌汚染対策法（平成14年5月法律第53号）
9) 騒音規制法（昭和43年6月法律第98号）
10) 排水基準を定める省令（昭和46年6月総理府令第35号）
11) 排水基準を定める省令規定に基づく環境大臣が定める排水基準に係る検定方法（昭和49年9月環境庁告示第64号）
12) 工場排水試験方法（JIS K 0102）(2013)

2 化学平衡の原理

　河川水,湖水,海水に溶解している炭酸の濃度やその化学種である炭酸,炭酸水素イオン,炭酸イオンの分布比を見積もるためには,二酸化炭素の大気と水との間の溶解平衡,水中での炭酸と炭酸水素イオン,炭酸水素イオンと炭酸イオンとの解離平衡などを考える必要がある.分析化学では,水溶液の化学平衡あるいは固相-気相,固相-液相などのように異なる2相間の平衡を扱うことが多い.そこで,まずはじめに平衡に関する基本概念を学ぶ.

2.1 水溶液内化学平衡

　いま,水溶液中の鉄(Ⅲ)イオンとチオシアン酸イオンが反応してチオシアン酸鉄(Ⅲ)を生成する反応 (2.1) を考える.この反応系では,生成したチオシアン酸鉄(Ⅲ)が鉄(Ⅲ)イオンとチオシアン酸イオンに分解する反応も起こる.

$$Fe^{3+} + 3\,SCN^- \rightleftarrows Fe(SCN)_3 \tag{2.1}$$

ここでは,この系について化学平衡を考える.

　鉄(Ⅲ)イオンとチオシアン酸イオンからチオシアン酸鉄(Ⅲ)が生成する反応((2.1)の→の方向)を**正反応**,チオシアン酸鉄(Ⅲ)が鉄(Ⅲ)イオンとチオシアン酸イオンに分解する反応((2.1)の←の方向)を**逆反応**という.また,正反応の速度(v_1)と逆反応の速度(v_2)が等しいとき,(2.1)で示される化学反応系は**化学平衡**の状態にあるという.

　平衡状態にある場合は,各化学種の濃度の間に (2.2) で示すような関係があり,これを**質量作用の法則**という.

$$\frac{[Fe(SCN)_3]}{[Fe^{3+}][SCN^-]^3} = K \tag{2.2}$$

各化学種 Fe^{3+},SCN^-,$Fe(SCN)_3$ の濃度をモル濃度($mol\,L^{-1}$)((2.2) 中では [ ])で表した場合,K は**濃度平衡定数**とよばれ,一定温度では一定の値を示す.また,K の値が大きいほど,反応が正反応の方向に進行した状態で平衡に達していることを示す.

　酸性溶液中で Fe^{3+} が SCN^- と反応して濃血赤色の錯体を生成する (2.1) の反応は古くから知られており,Fe^{3+} の検出反応として有名である.また,この錯体はブチルアルコールやベンジルアルコールなどの有機溶媒に抽出されるため,有機相の呈色の強さを測定する Fe^{3+} の定量法に利用されている.

> **ひとくちメモ**
>
> 化学平衡を熱力学的に扱うと，各化学種の濃度はモル濃度ではなく**活量濃度**で表され，(2.2) は次のような式になる．
>
> $$\frac{a\,\mathrm{Fe(SCN)_3}}{(a\,\mathrm{Fe^{3+}})(a\,\mathrm{SCN^-})^3} = K$$
>
> 化学種の前に a を付けることで，それぞれの化学種の活量濃度を表す．活量濃度 a は，実際の反応場での有効濃度を表す．$\mathrm{Fe^{3+}}$，$\mathrm{SCN^-}$ の濃度を高くすると，低いときよりはイオン間にはたらく引力・斥力が大きくなり，それぞれのイオンのはたらきが弱められる．このような状態を考慮した濃度が活量濃度である．活量濃度は，モル濃度に活量係数を掛けた値で示される．活量係数 γ は，イオン強度 μ とイオンの電荷から次の式によって求められる．
>
> $$-\log \gamma_\pm = 0.5 Z_A Z_B (\mu)^{\frac{1}{2}}$$
>
> この式で，$\gamma_\pm$ は**平均活量係数**（陽イオン，陰イオンの平均の活量係数），Z_A, Z_B は陽イオン，陰イオンの電荷，μ はイオン強度である．
>
> また，イオン強度は次の式で定義され，水溶液中に存在する全イオン量を表す一指標である．
>
> $$\mu = \frac{\sum_i C_i Z_i^2}{2}$$
>
> C_i はイオン i の濃度，Z_i はイオン i の電荷である．

いま，$0.01\,\mathrm{mol\,L^{-1}}$ の塩酸の平均活量係数 $\gamma_\pm$ を求める．

塩酸中のイオンは水素イオンと塩化物イオンであり，それらの濃度 $0.01\,\mathrm{mol\,L^{-1}}$ から，平均活量係数は次のようになる．

$$\mu = \frac{1}{2}\left[0.01\,(1)^2 + 0.01\,(-1)^2\right] = 0.01$$

$$-\log \gamma_\pm = 0.5\,(1)\,(1)\,(0.01)^{\frac{1}{2}} = 0.05$$

$$\therefore\ \gamma_\pm = 0.89$$

このように，希薄溶液では活量係数が 1 に近く，モル濃度は活量濃度に近い値となる．本書では，種々の平衡における計算においてモル濃度を用いる．

系の平衡状態を決める因子は，温度，各物質の濃度であり，平衡状態にある系に対してこれらの因子を変化させると，その変化により生じる影響を軽減する方向に平衡の移動が起こる．これを**ル・シャトリエの原理**という．

ある反応の平衡状態において，反応物質の残存量が一般の測定法では検出されないほど減少し，反応が十分に正反応の方向に進んだ場合，正反応が完全に起こっていると考える．(2.1) の反応は，この代表例である．

> **ひとくちメモ**
>
> ル・シャトリエの原理は 1884 年に*アンリ・ルシャトリエ* (Henry Louis Le Chatelier) によって発表された．1887 年に*カール・ブラウン* (Karl Ferdinand Braun) によっても独立に発表されたため，ルシャトリエ・ブラウンの原理ともよばれている．

2.2 酸・塩基平衡
2.2.1 酸・塩基の定義

酸・塩基は，アレニウス (Arrenius)，ブレンステッド (Brønsted)，ルイス (Lewis) などによる定義がある．

<アレニウスの定義>

酸：水溶液中で解離して水素イオンを生じるもの

塩基：水溶液中で解離して水酸化物イオンを生じるもの

<ブレンステッドの定義>

酸：プロトン (H^+) の供与体

塩基：プロトン (H^+) の受容体

<ルイスの定義>

酸：電子対の受容体

塩基：電子対の供与体

酢酸 (CH_3COOH) 水溶液およびアンモニア (NH_3) 水での酸，塩基をアレニウスおよびブレンステッドで定義すると次のようになる．

酢酸は，水溶液中で (2.3) で示されるような平衡状態にある．

$$CH_3COOH + H_2O \rightleftarrows CH_3COO^- + H_3O^+ \tag{2.3}$$

<アレニウスの定義>

酸：酢酸

塩基：なし

<ブレンステッドの定義>

酸：酢酸，ヒドロニウムイオン (H_3O^+)

塩基：水，酢酸イオン

アンモニアは，水溶液中で (2.4) で示されるような平衡状態にある．

$$NH_3 + H_2O \rightleftarrows NH_4^+ + OH^- \tag{2.4}$$

<アレニウスの定義>

酸：なし

塩基：アンモニア

<ブレンステッドの定義>

酸：水，アンモニウムイオン

塩基：アンモニア，水酸化物イオン

このように，ブレンステッドの定義では，アレニウスのでは定義できない化学種を定義できる．酸解離平衡にある系のプロトンが付いた化学種と，そこからプロトンがとれた化学種は，

互いに共役酸・塩基の関係にあるという．すなわち，酢酸と酢酸イオン，水とヒドロニウムイオン，アンモニウムイオンとアンモニアおよび水と水酸化物イオンは共役酸・塩基の関係にある．

水溶液中で酢酸やアンモニアが解離平衡状態に達する速度は極めて大きく，瞬間的に成り立っていると考えられる．また，他の酸，塩基でも解離平衡状態に達する速度は酢酸やアンモニアと同様に極めて大きい．

また，供与可能なプロトンを1個，2個，3個有する酸をそれぞれ一塩基酸，二塩基酸，三塩基酸とよぶ．

2.2.2 一塩基酸の酸解離定数

一塩基酸の酢酸水溶液で酸解離定数を考える．酢酸水溶液の濃度が $0.01\,\mathrm{mol\,L^{-1}}$ の $100\,\mathrm{mL}$ における水分子の濃度は約 $55.6\,\mathrm{mol\,L^{-1}}$ で，酢酸の解離によって水分子が消費されたとしても，その濃度はほとんど変わらないと考えてよい．そこで，水溶液中の酸解離の化学反応式を次のように簡略化して表す．

$$CH_3COOH \rightleftarrows H^+ + CH_3COO^- \qquad (2.5)$$

この平衡状態に質量作用の法則を当てはめると，(2.6)となる．この濃度平衡定数は K_a で表され，**酸解離定数**とよばれる．

$$\frac{[H^+][CH_3COO^-]}{[CH_3COOH]} = K_a \quad (K_a:酸解離定数，\mathrm{a} は酸 \mathrm{acid} の頭文字) \qquad (2.6)$$

この酸解離定数は，水溶液中での酸の強さを表しており，温度が一定であれば，その値は変化しない．

ひとくちメモ

酸解離定数は水溶液中での酸の強さを表している．酸解離定数 (K_a) がそれぞれ 1×10^{-3}，1×10^{-5} である酸 HA_1，HA_2 の $0.1\,\mathrm{mol\,L^{-1}}$ 水溶液の水素イオン濃度を計算する．

$$HA_1 \rightleftarrows H^+ + A_1^-, \qquad K_a = 1 \times 10^{-3}$$
$$HA_2 \rightleftarrows H^+ + A_2^-, \qquad K_a = 1 \times 10^{-5}$$

それぞれの平衡状態での H^+ 濃度を $x\,\mathrm{mol\,L^{-1}}$ とすると，HA_1 および HA_2 濃度は $0.1 - x\,\mathrm{mol\,L^{-1}}$，$A_1^-$ および A_2^- 濃度は $x\,\mathrm{mol\,L^{-1}}$ となる．それぞれの酸解離定数を用いて計算すると，水素イオン濃度 $[H^+]$ は 9.5×10^{-3} および $1 \times 10^{-3}\,\mathrm{mol\,L^{-1}}$ となる．

この計算結果からわかるように，酸解離定数の大きい HA_1 水溶液の水素イオン濃度の方が高く，強い酸といえる．

主な一塩基酸の酸解離定数 (K_a) とそのマイナス対数値 (pK_a) は次頁の表2.1に示す．

表 2.1 主な弱酸の酸解離定数 (25℃)

共役酸	化学式	K_a	pK_a	共役塩基	K_b	pK_b
亜硝酸	HNO_2	4.5×10^{-4}	3.3	亜硝酸イオン	2.2×10^{-11}	10.7
亜ヒ酸	H_3AsO_3	6.3×10^{-10}	9.2	亜ヒ酸二水素イオン	1.6×10^{-5}	4.8
亜ヒ酸二水素イオン	$H_2AsO_3^-$	3.2×10^{-14}	13.5	亜ヒ酸水素イオン	3.1×10^{-1}	0.5
亜硫酸	H_2SO_3	1.7×10^{-2}	1.8	亜硫酸水素イオン	5.9×10^{-13}	12.2
亜硫酸水素イオン	HSO_3^-	6.3×10^{-8}	7.2	亜硫酸イオン	1.6×10^{-7}	6.8
安息香酸	C_6H_5COOH	6.6×10^{-5}	4.2	安息香酸イオン	1.5×10^{-10}	9.8
アンモニウムイオン	NH_4^+	5.6×10^{-10}	9.3	アンモニア	1.8×10^{-5}	4.7
蟻酸	$HCOOH$	1.8×10^{-4}	3.7	蟻酸イオン	5.6×10^{-11}	10.3
クエン酸	$H_3C_6H_5O_7$	8.4×10^{-4}	3.1	クエン酸二水素イオン	1.2×10^{-11}	10.9
クエン酸二水素イオン	$H_2C_6H_5O_7^-$	1.8×10^{-5}	4.7	クエン酸一水素イオン	5.6×10^{-10}	9.3
クエン酸一水素イオン	$HC_6H_5O_7^{2-}$	4.0×10^{-6}	5.4	クエン酸イオン	2.5×10^{-9}	8.6
クロム酸	H_2CrO_4	1.8×10^{-1}	0.7	クロム酸水素イオン	5.6×10^{-14}	13.3
クロム酸水素イオン	$HCrO_4^-$	3.2×10^{-7}	6.5	クロム酸イオン	3.1×10^{-8}	7.5
酢酸	CH_3COOH	1.8×10^{-5}	4.7	酢酸イオン	5.6×10^{-10}	9.3
次亜塩素酸	$HOCl$	3.2×10^{-8}	7.5	次亜塩素酸イオン	3.1×10^{-7}	6.5
シアン化水素酸	HCN	7.2×10^{-10}	9.1	シアン化物イオン	1.4×10^{-5}	4.9
シュウ酸	$H_2C_2O_4$	6.5×10^{-2}	1.2	シュウ酸水素イオン	1.5×10^{-13}	12.8
シュウ酸水素イオン	$HC_2O_4^-$	6.1×10^{-5}	4.2	シュウ酸イオン	1.6×10^{-10}	9.8
酒石酸	$H_2C_4H_4O_6$	9.3×10^{-4}	3.0	酒石酸水素イオン	1.1×10^{-11}	11.0
酒石酸水素イオン	$HC_4H_4O_6^-$	2.9×10^{-5}	4.5	酒石酸イオン	3.4×10^{-10}	9.5
炭酸	H_2CO_3	4.6×10^{-7}	6.3	炭酸水素イオン	2.2×10^{-8}	7.7
炭酸水素イオン	HCO_3^-	4.4×10^{-11}	10.4	炭酸イオン	2.3×10^{-4}	3.6
ヒ酸	H_3AsO_4	5.6×10^{-3}	2.3	ヒ酸二水素イオン	1.8×10^{-12}	11.7
ヒ酸二水素イオン	$H_2AsO_4^-$	1.7×10^{-7}	6.8	ヒ酸水素イオン	5.9×10^{-8}	7.2
ヒ酸水素イオン	$HAsO_4^{2-}$	3.2×10^{-12}	11.5	ヒ酸イオン	3.1×10^{-3}	2.5
フェノール	C_6H_5OH	1.3×10^{-10}	9.9	フェノラートイオン	7.7×10^{-5}	4.1
フタル酸	$C_6H_4(COOH)_2$	1.3×10^{-3}	2.9	フタル酸水素イオン	7.7×10^{-12}	11.1
フタル酸水素イオン	$C_6H_4C_2O_2H^-$	3.9×10^{-6}	5.4	フタル酸イオン	2.6×10^{-9}	8.6
フッ化水素酸	HF	5.9×10^{-4}	3.2	フッ化物イオン	1.7×10^{-11}	10.8
ホウ酸	H_3BO_3	5.8×10^{-10}	9.2	ホウ酸二水素イオン	1.7×10^{-5}	4.8
硫化水素	H_2S	1.0×10^{-7}	7.0	硫化水素イオン	1.1×10^{-7}	7.0
硫化水素イオン	HS^-	1.0×10^{-15}	15.0	硫化物イオン	10	−1.0
硫酸	H_2SO_4	強		硫酸水素イオン	弱	
硫酸水素イオン	HSO_4^-	1.2×10^{-2}	1.9	硫酸イオン	8.3×10^{-13}	12.1
リン酸	H_3PO_4	6.3×10^{-3}	2.2	リン酸二水素イオン	1.6×10^{-12}	11.8
リン酸二水素イオン	$H_2PO_4^-$	6.2×10^{-8}	7.2	リン酸一水素イオン	1.6×10^{-7}	6.8
リン酸一水素イオン	HPO_4^{2-}	4.8×10^{-13}	12.3	リン酸イオン	2.1×10^{-2}	1.7

($pK_a = -\log K_a$, $pK_b = -\log K_b$)

2.2.3 二塩基酸および三塩基酸の酸解離定数

水溶液中で解離して水に供与可能なプロトンを2個, 3個有する二塩基酸および三塩基酸は, 次のように段階的に解離し, 段階ごとに酸解離定数が定まっている. 1段階目, 2段階目, 3段階目の酸解離定数はそれぞれ K_{a1}, K_{a2}, K_{a3} で表される. 表2.1には, 主な二塩基酸および三塩基酸のこれらの値, およびそのマイナス対数値も示されている.

二塩基酸, および三塩基酸の各段階の解離平衡の化学反応式, およびそれに相当する質量作用の式を以下に示す.

＜二塩基酸　H_2A＞

$$H_2A \rightleftarrows H^+ + HA^- \tag{2.7}$$

$$\frac{[H^+][HA^-]}{[H_2A]} = K_{a1} \tag{2.8}$$

$$HA^- \rightleftarrows H^+ + A^{2-} \tag{2.9}$$

$$\frac{[H^+][A^{2-}]}{[HA^-]} = K_{a2} \tag{2.10}$$

＜三塩基酸　H_3A＞

$$H_3A \rightleftarrows H^+ + H_2A^- \tag{2.11}$$

$$\frac{[H^+][H_2A^-]}{[H_3A]} = K_{a1} \tag{2.12}$$

$$H_2A^- \rightleftarrows H^+ + HA^{2-} \tag{2.13}$$

$$\frac{[H^+][HA^{2-}]}{[H_2A^-]} = K_{a2} \tag{2.14}$$

$$HA^{2-} \rightleftarrows H^+ + A^{3-} \tag{2.15}$$

$$\frac{[H^+][A^{3-}]}{[HA^{2-}]} = K_{a3} \tag{2.16}$$

二塩基酸および三塩基酸の酸溶液の水素イオン濃度の計算

K_{a1} が 1×10^{-3}, K_{a2} が 1×10^{-7} の二塩基酸 H_2A の $0.1\,\mathrm{mol\,L^{-1}}$ 水溶液の水素イオン濃度を計算する.

K_{a1} が K_{a2} の 1×10^4 倍ほど大きい値なので, H_2A 水溶液の水素イオン濃度の計算には, 第1段階の解離のみを考えればよい.

$$H_2A \rightleftarrows H^+ + HA^-$$

$$\frac{[H^+][HA^-]}{[H_2A]} = 1 \times 10^{-3} \tag{2.17}$$

平衡時の $[H^+]$ を $x\,\mathrm{mol\,L^{-1}}$ とすると $[HA^-]$ は $x\,\mathrm{mol\,L^{-1}}$, $[H_2A]$ は $(0.1 - x)\,\mathrm{mol\,L^{-1}}$ となる. (2.17) にこれらを代入し計算すると, 水素イオン濃度は $1 \times 10^{-2}\,\mathrm{mol\,L^{-1}}$ となる.

三塩基酸の場合も，K_{a1} が K_{a2}，K_{a3} より極めて大きな値をもつ場合，同様に考えることができる．

水溶液の pH と存在する二塩基酸の主たる化学種

二塩基酸の代表である炭酸を取り上げ，炭酸の K_{a1}，K_{a2} から，ある pH の水溶液に存在する炭酸の主たる化学種を考える．

$$H_2CO_3 \rightleftarrows H^+ + HCO_3^-$$

$$\frac{[H^+][HCO_3^-]}{[H_2CO_3]} = K_{a1}$$

$$K_{a1} = 4.6 \times 10^{-7} \, (25℃)$$

$$HCO_3^- \rightleftarrows H^+ + CO_3^{2-}$$

$$\frac{[H^+][CO_3^{2-}]}{[HCO_3^-]} = K_{a2}$$

$$K_{a2} = 4.4 \times 10^{-11} \, (25℃)$$

炭酸の化学種は H_2CO_3，HCO_3^-，CO_3^{2-} である．

$$炭酸の全化学種の濃度の和（全炭酸濃度）= [H_2CO_3] + [HCO_3^-] + [CO_3^{2-}]$$

炭酸イオン CO_3^{2-} に着目して，他の化学種の炭酸水素イオン HCO_3^- 濃度と炭酸 H_2CO_3 濃度を炭酸イオン濃度と酸解離定数，および水素イオン濃度で表すと，次のようになる．

$[H^+][CO_3^{2-}]/[HCO_3^-] = K_{a2}$ より，

$$[HCO_3^-] = \frac{[H^+][CO_3^{2-}]}{K_{a2}}$$

$[H^+][HCO_3^-]/[H_2CO_3] = K_{a1}$ より，

$$[H_2CO_3] = \frac{[H^+][HCO_3^-]}{K_{a1}} = \frac{[H^+]^2[CO_3^{2-}]}{K_{a2}K_{a1}}$$

したがって，全炭酸濃度 C_t は次のように表すことができる．

$$C_t = \frac{[H^+]^2[CO_3^{2-}]}{K_{a2}K_{a1}} + \frac{[H^+][CO_3^{2-}]}{K_{a2}} + [CO_3^{2-}]$$

$$= [CO_3^{2-}]\left\{\frac{[H^+]^2}{K_{a2}K_{a1}} + \frac{[H^+]}{K_{a2}} + 1\right\}$$

同様に，全炭酸濃度を炭酸水素イオン濃度と水素イオン濃度と酸解離定数，あるいは炭酸濃度と水素イオン濃度と酸解離定数で表すとそれぞれ次のようになる．

$$C_t = [HCO_3^-]\left\{\frac{[H^+]}{K_{a1}} + 1 + \frac{K_{a2}}{[H^+]}\right\}$$

$$C_t = [H_2CO_3]\left\{1 + \frac{K_{a1}}{[H^+]} + \frac{(K_{a1}K_{a2})}{[H^+]^2}\right\}$$

表 2.2 各 pH 水溶液における炭酸の化学種の存在割合

主たる化学種の割合

pH	H_2CO_3	HCO_3^-	CO_3^{2-}	pH	H_2CO_3	HCO_3^-	CO_3^{2-}
1	1.00	0.00	0.00	8	0.02	0.97	0.00
2	1.00	0.00	0.00	9	0.00	0.96	0.04
3	1.00	0.00	0.00	10	0.00	0.70	0.30
4	1.00	0.00	0.00	11	0.00	0.19	0.81
5	0.96	0.04	0.00	12	0.00	0.02	0.98
6	0.68	0.31	0.00	13	0.00	0.00	1.00
7	0.18	0.82	0.00	14	0.00	0.00	1.00

これらの式を用いて各 pH 水溶液における炭酸イオン，炭酸水素イオン，炭酸の全炭酸に対する割合を求めると表 2.2 に示すようになる．なお，表 2.2 の値は小数点以下 2 桁の数字で示したため，0.00 や 1.00 の表示になっているが，これらの化学種が 0 や 1 であることを表しているわけではない．例えば，pH 1 での HCO_3^-，CO_3^{2-} の値はそれぞれ 4.57×10^{-6}，2.00×10^{-15}，H_2CO_3 は 1 からこれらの和を引いた値となり，それぞれの化学種がそれらの割合で存在する．

表からわかるように，酸性の水溶液中では H_2CO_3，中性から弱アルカリ性の水溶液中では HCO_3^-，アルカリ性の水溶液中では CO_3^{2-} が主として存在する．

2.2.4 一酸塩基の解離定数

水溶液中で解離して 1 個の水酸化物イオンを放出する塩基を**一酸塩基**という．代表的な一酸塩基であるアンモニアの解離平衡の化学反応式はすでに (2.4) に，それに相当する質量作用の式を (2.18) に示す．ここでも水分子の濃度は変化しないとして扱う．(2.4) の濃度平衡定数を K_b で表し，b は塩基 base の頭文字であり，K_b を**塩基解離定数**という．表 2.1 には，主な一酸塩基の解離定数 (K_b) とそのマイナス対数値 (pK_b) も示されている．

$$\frac{[NH_4^+][OH^-]}{[NH_3]} = K_b, \quad K_b = 1.8 \times 10^{-5} \,(25℃) \quad (2.18)$$

アンモニアの共役酸であるアンモニウムイオンの解離平衡の化学反応式は (2.19) で与えられ，それに質量作用の法則を当てはめると (2.20) となる．

$$NH_4^+ \rightleftarrows H^+ + NH_3 \quad (2.19)$$

$$\frac{[H^+][NH_3]}{[NH_4^+]} = K_a, \quad K_a = 5.6 \times 10^{-10} \,(25℃) \quad (2.20)$$

2.2.5 水のイオン積

水溶液中では $[H^+]$ と $[OH^-]$ の濃度積が 25℃ で 1×10^{-14} となり，これを**水のイオン積**とよび，K_w で表す．これは (2.21) の解離平衡式の定数である．

$$\left.\begin{array}{c} \mathrm{H_2O} \rightleftarrows \mathrm{H^+} + \mathrm{OH^-} \\ \dfrac{[\mathrm{H^+}][\mathrm{OH^-}]}{[\mathrm{H_2O}]} = K_\mathrm{w} \\ [\mathrm{H_2O}] = \text{一定} \end{array}\right\} \quad (2.21)$$

$$\therefore \ [\mathrm{H^+}][\mathrm{OH^-}] = \text{一定}$$

各温度における水のイオン積を表 2.3 に示す．

表 2.3 各温度における水のイオン積

温度(℃)	$K_\mathrm{w}\ (\times 10^{-14})$	温度(℃)	$K_\mathrm{w}\ (\times 10^{-14})$
0	0.114	20	0.681
5	0.185	25	1.00
10	0.292	30	1.47
15	0.451	50	5.47

各温度における共役酸・共役塩基の解離定数の積は，その温度での水のイオン積に等しい．アンモニアとアンモニウムイオンで，このことを確かめる．

(2.18) と (2.20) の両辺を掛け合わせると，(2.22) が得られる．

$$\frac{[\mathrm{NH_4^+}][\mathrm{OH^-}]}{[\mathrm{NH_3}]} \times \frac{[\mathrm{H^+}][\mathrm{NH_3}]}{[\mathrm{NH_4^+}]} = K_\mathrm{b} \times K_\mathrm{a} \quad (2.22)$$

K_a, K_b に (2.18) と (2.20) の値を用いると，25℃における水のイオン積が得られる．

$$[\mathrm{H^+}][\mathrm{OH^-}] = 5.6 \times 10^{-10} \times 1.8 \times 10^{-5} = 1 \times 10^{-14} \quad (2.23)$$

練習問題 [2.1] 次の酸溶液の水素イオン濃度を計算しなさい．

① $0.1\ \mathrm{mol\ L^{-1}}$ の酢酸溶液 $K_\mathrm{a} = 1.8 \times 10^{-5}$ (25℃)
② $0.1\ \mathrm{mol\ L^{-1}}$ の炭酸溶液 $K_\mathrm{a1} = 4.6 \times 10^{-7}$ (25℃)

$$K_\mathrm{a2} = 4.4 \times 10^{-11}\ (25℃)$$

2.3 溶解平衡

ある温度で難溶性の塩 $\mathrm{A}_x\mathrm{B}_y$ が水に溶解して，(2.24) に示す平衡の状態にあるとする．

$$\underset{\text{固体}}{\mathrm{A}_x\mathrm{B}_y} \rightleftarrows \underset{\text{溶液中}}{x\mathrm{A}^{y+} + y\mathrm{B}^{x-}} \quad (2.24)$$

2.3.1 溶解度積

(2.24) の平衡状態は**溶解平衡**とよばれ，この場合，質量作用の法則における分母の物質は固体である．固体の濃度は分析化学では 1 と扱い，質量作用の法則は (2.25) のように表される．

$$[\mathrm{A}^{y+}]^x [\mathrm{B}^{x-}]^y = K_\mathrm{sp} \quad (2.25)$$

この定数 K_sp を**溶解度積**という．

他の平衡定数と同様に，温度が一定であれば難溶性塩固有の値であり，その塩の水溶液中では

陽イオンと陰イオンの濃度積はこの値を超えることはない．この値により，無機塩の沈殿生成や溶解を考えることができる．

> **ひとくちメモ**
>
> 溶解平衡の定数は，溶解度積 (solubility product) の英語の頭文字 sp を付け，K_{sp} で表し，他の平衡定数と区別する．
>
> 塩化銀の飽和溶液では，溶液中の銀イオンと塩化物イオンの濃度の積は (2.26) に示すように溶解度積に等しい．
>
> $$AgCl_{(S)} \rightleftarrows Ag^+ + Cl^-, \quad [Ag^+][Cl^-] = K_{sp} \quad (2.26)$$
>
> クロム酸銀，フッ化カルシウム，水酸化アルミニウムの溶解平衡および溶解度積を (2.27)〜(2.29) に示す．
>
> $$Ag_2CrO_{4(S)} \rightleftarrows 2Ag^+ + CrO_4^{2-}, \quad [Ag^+]^2[CrO_4^{2-}] = K_{sp} \quad (2.27)$$
> $$CaF_{2(S)} \rightleftarrows Ca^{2+} + 2F^-, \quad [Ca^{2+}][F^-]^2 = K_{sp} \quad (2.28)$$
> $$Al(OH)_{3(S)} \rightleftarrows Al^{3+} + 3OH^-, \quad [Al^{3+}][OH^-]^3 = K_{sp} \quad (2.29)$$

2.3.2 溶解度と溶解度積

固体の液体への溶解度には，主に次のようなものが使われる．

1. 溶媒 100 g 中の溶質のグラム数
2. 溶液 100 g 中の溶質のグラム数
3. 溶液 1 L 中の溶質のグラム数
4. 溶液 1 L 中の溶質のモル数 (モル溶解度)

溶解度と溶解度積との関係を具体的な例をあげて考える．

(a) 沈殿を構成する陽イオンと陰イオンの比が 1 : 1

[例]　$AgCl_{(S)} \rightleftarrows Ag^+ + Cl^-, \quad [Ag^+][Cl^-] = K_{sp}$

飽和溶液中では　$[Ag^+] = [Cl^-] = (K_{sp})^{\frac{1}{2}}$

$BaSO_{4(S)} \rightleftarrows Ba^{2+} + SO_4^{2-}, \quad [Ba^{2+}][SO_4^{2-}] = K_{sp}$

飽和溶液中では　$[Ba^{2+}] = [SO_4^{2-}] = (K_{sp})^{\frac{1}{2}}$

このような塩の場合のモル溶解度は $(K_{sp})^{1/2}$ となる．

(b) 沈殿を構成する陽イオンと陰イオンの比が 2 : 1, 1 : 2

[例]　$Ag_2CrO_{4(S)} \rightleftarrows 2Ag^+ + CrO_4^{2-}, \quad [Ag^+]^2[CrO_4^{2-}] = K_{sp}$

飽和溶液中では　$[Ag^+] = 2[CrO_4^{2-}]$

$$(2[CrO_4^{2-}])^2[CrO_4^{2-}] = K_{sp}$$

$$[CrO_4^{2-}] = \left(\frac{K_{sp}}{4}\right)^{\frac{1}{3}}$$

[例]　$CaF_{2(S)} \rightleftarrows Ca^{2+} + 2F^-, \quad [Ca^{2+}][F^-]^2 = K_{sp}$

飽和溶液中では　$2[Ca^{2+}] = [F^-]$

$$[\text{Ca}^{2+}](2[\text{Ca}^{2+}])^2 = K_{sp}$$

$$[\text{Ca}^{2+}] = \left(\frac{K_{sp}}{4}\right)^{\frac{1}{3}}$$

これらのような塩の場合のモル溶解度は $(K_{sp}/4)^{1/3}$ となる.

(c) 沈殿を構成する陽イオンと陰イオンの比が1:3

[例]　$\text{Al(OH)}_{3(S)} \rightleftarrows \text{Al}^{3+} + 3\text{OH}^-$, 　$[\text{Al}^{3+}][\text{OH}^-]^3 = K_{sp}$

飽和溶液中では　$3[\text{Al}^{3+}] = [\text{OH}^-]$

$$[\text{Al}^{3+}](3[\text{Al}^{3+}])^3 = K_{sp}$$

表2.4 主な難溶性塩の溶解度積 (25℃)

物質名	化学式	K_{sp}	物質名	化学式	K_{sp}
臭化銀	AgBr	5×10^{-13}	水酸化鉄(III)	Fe(OH)$_3$	1×10^{-36}
炭酸銀	Ag$_2$CO$_3$	8×10^{-12}	水酸化鉄(II)	Fe(OH)$_2$	2×10^{-14}
塩化銀	AgCl	1×10^{-10}	シュウ酸鉄(II)	FeC$_2$O$_4$	2×10^{-7}
クロム酸銀	Ag$_2$CrO$_4$	2×10^{-12}	硫化鉄(II)	FeS	4×10^{-19}
シアン化銀	Ag[Ag(CN)$_2$]	2×10^{-12}	硫化水銀(II)	HgS	3×10^{-52}
水酸化銀	AgOH	2×10^{-8}	臭化水銀(I)	Hg$_2$Br$_2$	3×10^{-23}
ヨウ素酸銀	AgIO$_3$	3×10^{-8}	塩化水銀(I)	Hg$_2$Cl$_2$	6×10^{-19}
ヨウ化銀	AgI	1×10^{-16}	炭酸マグネシウム	MgCO$_3$	3×10^{-5}
シュウ酸銀	Ag$_2$C$_2$O$_4$	5×10^{-12}	フッ化マグネシウム	MgF$_2$	7×10^{-9}
硫化銀	Ag$_2$S	1×10^{-48}	水酸化マグネシウム	Mg(OH)$_2$	1×10^{-11}
チオシアン酸銀	AgSCN	1.4×10^{-12}	シュウ酸マグネシウム	MgC$_2$O$_4$	9×10^{-5}
水酸化アルミニウム	Al(OH)$_3$	5×10^{-33}	水酸化マンガン(II)	Mn(OH)$_2$	4×10^{-14}
炭酸バリウム	BaCO$_3$	7×10^{-9}	炭酸マンガン	MnCO$_3$	8×10^{-11}
クロム酸バリウム	BaCrO$_4$	2×10^{-10}	硫化マンガン(II)	MnS	1×10^{-16}
フッ化バリウム	BaF$_2$	3×10^{-6}	硫化ニッケル	NiS	1×10^{-25}
ヨウ素酸バリウム	Ba(IO$_3$)$_2$	6×10^{-10}	炭酸鉛	PbCO$_3$	2×10^{-13}
シュウ酸バリウム	BaC$_2$O$_4$	2×10^{-7}	塩化鉛	PbCl$_2$	1×10^{-4}
硫酸バリウム	BaSO$_4$	1×10^{-10}	クロム酸鉛	PbCrO$_4$	2×10^{-14}
炭酸カルシウム	CaCO$_3$	5×10^{-9}	フッ化鉛	PbF$_2$	5×10^{-8}
フッ化カルシウム	CaF$_2$	4×10^{-11}	水酸化鉛	Pb(OH)$_2$	3×10^{-16}
シュウ酸カルシウム	CaC$_2$O$_4$	2×10^{-9}	ヨウ素酸鉛	Pb(IO$_3$)$_2$	3×10^{-13}
硫酸カルシウム	CaSO$_4$	6×10^{-5}	硫酸鉛	PbSO$_4$	2×10^{-8}
炭酸カドミウム	CdCO$_3$	3×10^{-14}	硫化鉛	PbS	3×10^{-28}
シュウ酸カドミウム	CdC$_2$O$_4$	1×10^{-8}	水酸化スズ(II)	Sn(OH)$_2$	5×10^{-26}
硫化カドミウム	CdS	5×10^{-27}	硫化スズ(II)	SnS	8×10^{-29}
硫化コバルト	CoS	7×10^{-23}	炭酸ストロンチウム	SrCO$_3$	2×10^{-9}
臭化銅(I)	CuBr	6×10^{-9}	フッ化ストロンチウム	SrF$_2$	3×10^{-9}
塩化銅(I)	CuCl	3×10^{-7}	シュウ酸ストロンチウム	SrC$_2$O$_4$	6×10^{-8}
ヨウ化銅(I)	CuI	1×10^{-12}	硫酸ストロンチウム	SrSO$_4$	3×10^{-7}
チオシアン酸銅(I)	CuSCN	4×10^{-14}	炭酸亜鉛	ZnCO$_3$	3×10^{-8}
水酸化銅(II)	Cu(OH)$_2$	2×10^{-19}	水酸化亜鉛	Zn(OH)$_2$	2×10^{-14}
ヨウ素酸銅(II)	Cu(IO$_3$)$_2$	1×10^{-7}	シュウ酸亜鉛	ZnC$_2$O$_4$	3×10^{-9}
シュウ酸銅(II)	CuC$_2$O$_4$	3×10^{-8}	硫化亜鉛	ZnS	1×10^{-24}
硫化銅(II)	CuS	4×10^{-38}			

$$[\mathrm{Al}^{3+}] = \left(\frac{K_\mathrm{sp}}{27}\right)^{\frac{1}{4}}$$

このような塩の場合のモル溶解度は $(1/27 K_\mathrm{sp})^{1/4}$ となる．

表2.4の K_sp を用いて14頁の4のモル溶解度を求め，これと4の塩の分子量から3の溶解度を，溶液の密度と求めた3の溶解度から2の溶解度を求めることができる．

難溶性塩類の溶解度積（25℃）を表2.4に示す．

2.3.3 難溶性の塩の生成，溶解に影響する因子

難溶性塩の生成は，溶液のpH，溶液中の錯形成剤，塩を構成するイオンの共存の有無に影響される．

1. 共通イオン

塩化銀の25℃の水へのモル溶解度は，上で示したとおり $(K_\mathrm{sp})^{1/2}$ であり，表2.4の塩化銀の K_sp 値 1×10^{-10} を用いて計算すると $1 \times 10^{-5}\,\mathrm{mol\,L^{-1}}$ となる．

25℃の $0.1\,\mathrm{mol\,L^{-1}}$ 塩化ナトリウム溶液では，塩化物イオン濃度が $0.1\,\mathrm{mol\,L^{-1}}$ であり，塩化銀の溶解度積から銀イオン濃度は $1 \times 10^{-9}\,\mathrm{mol\,L^{-1}}$ となり，塩化銀はこの濃度までしか溶解できない．

沈殿の構成イオンが共存する場合は，共存しない場合に比べてモル溶解度は減少する．これを**共通イオン効果**という．

2. pH

炭酸カルシウムの沈殿生成へのpHの影響を考える．

表2.4から炭酸カルシウムの K_sp(25℃) は 5×10^{-9} であり，飽和溶液中でのカルシウムイオンと炭酸イオンの濃度積は(2.30)で表される．

$$[\mathrm{Ca}^{2+}][\mathrm{CO}_3^{2-}] = 5 \times 10^{-9}\ (25℃) \tag{2.30}$$

カルシウムイオンは，かなり高いpHで生成する水酸化物を除いて，水溶液のpHによってその化学種を変えることはない．一方，炭酸イオン（CO_3^{2-}）は水溶液のpHにより，炭酸水素イオン（HCO_3^-），炭酸（$\mathrm{H}_2\mathrm{CO}_3$）と化学種が変化する．水溶液中のこれら化学種の濃度の和を全炭酸濃度とすると，これと炭酸イオン濃度との関係は2.2.3項で述べたように，次のように表される．

$$[全炭酸濃度] = [\mathrm{H}_2\mathrm{CO}_3] + [\mathrm{HCO}_3^-] + [\mathrm{CO}_3^{2-}]$$

$$= [\mathrm{CO}_3^{2-}]\left(\frac{[\mathrm{H}^+]^2}{K_{\mathrm{a}2} K_{\mathrm{a}1}} + \frac{[\mathrm{H}^+]}{K_{\mathrm{a}2}} + 1\right)$$

この式の $([\mathrm{H}^+]^2/K_{\mathrm{a}2}K_{\mathrm{a}1} + [\mathrm{H}^+]/K_{\mathrm{a}2} + 1)$ を α_H とおくと，$[\mathrm{CO}_3^{2-}] = [全炭酸濃度]/\alpha_\mathrm{H}$ となる．ただし，$K_{\mathrm{a}1} = [\mathrm{H}^+][\mathrm{HCO}_3^-]/[\mathrm{H}_2\mathrm{CO}_3]$，$K_{\mathrm{a}2} = [\mathrm{H}^+][\mathrm{CO}_3^{2-}]/[\mathrm{HCO}_3^-]$，表2.1から25℃の $K_{\mathrm{a}1}$ は 4.6×10^{-7}，$K_{\mathrm{a}2}$ は 4.4×10^{-11} である．

$$[\mathrm{Ca}^{2+}][\mathrm{CO}_3^{2-}] = 5 \times 10^{-9}\ (25℃)$$

$$[\text{Ca}^{2+}]\frac{[\text{全炭酸濃度}]}{\alpha_\text{H}} = 5 \times 10^{-9}$$

$$[\text{Ca}^{2+}][\text{全炭酸濃度}] = \alpha_\text{H} \times 5 \times 10^{-9}$$

炭酸カルシウムの飽和水溶液中のカルシウムイオンの濃度は，その水溶液のpHで存在する炭酸の化学種の全濃度に等しい．

$$[\text{Ca}^{2+}] = [\text{全炭酸濃度}]$$

$$[\text{Ca}^{2+}]^2 = \alpha_\text{H} \times 5 \times 10^{-9}$$

したがって，各pH水溶液における炭酸カルシウムのモル溶解度は，$(\alpha_\text{H} \times 5 \times 10^{-9})^{1/2}$ となり，各pHでの α_H を計算すれば求めることができる．各pHでの計算結果を表2.5に示す．pH値が小さくなると，モル溶解度が大きくなることがわかる．

表2.5 各pH水溶液での炭酸カルシウムのモル溶解度

水溶液のpH	炭酸カルシウムのモル溶解度 (mol L^{-1})
4	1.58
6	1.91×10^{-2}
8	1.08×10^{-3}
10	1.29×10^{-4}
12	7.08×10^{-5}

3. 溶液中の錯形成剤の影響

アンモニア水（遊離のアンモニアの濃度が 0.1 mol L^{-1}）への塩化銀の溶解度を考える．

塩化銀が溶解して生成する水溶液中の銀イオンは，アンモニアの存在下で Ag(NH$_3$)$^+$ や Ag(NH$_3$)$_2^+$ の錯イオンとなるため，その濃度が減少し，(2.26)の溶解平衡は右にずれる．その結果，アンモニア水への塩化銀の溶解度は水への溶解度よりも大きくなる．

アンモニア水に塩化銀が溶解した場合，塩化物イオンはその化学種が変化しない一方，銀イオンはその化学種がアンモニアの錯イオンへと変化するため，塩化物イオン濃度と等しくなるのは銀の全化学種の濃度の和（銀の全濃度と記す）である．

$$\begin{aligned}[\text{銀の全濃度}] &= [\text{Ag}^+] + [\text{Ag(NH}_3)^+] + [\text{Ag(NH}_3)_2^+] \\
&= [\text{Ag}^+](1 + k_{f1}[\text{NH}_3] + k_{f1}k_{f2}[\text{NH}_3]^2) \\
&= [\text{Ag}^+](1 + 2.34 \times 10^3 \times 0.1 + 1.4 \times 10^7 \times 0.01) \\
&= 140235[\text{Ag}^+] \end{aligned} \quad (2.31)$$

k_{f1}，k_{f2} は (2.32)，(2.33) で示される銀イオンとアンモニアの錯生成定数である．錯生成定数については2.5節で詳細に述べる．

$$\text{Ag}^+ + \text{NH}_3 \rightleftarrows \text{Ag(NH}_3)^+, \quad \frac{[\text{Ag(NH}_3)^+]}{[\text{Ag}^+][\text{NH}_3]} = k_{f1} \quad (k_{f1} = 2.34 \times 10^3)$$

(2.32)

$$Ag(NH_3)^+ + NH_3 \rightleftarrows Ag(NH_3)_2^+, \quad \frac{[Ag(NH_3)_2^+]}{[Ag(NH_3)^+][NH_3]} = k_{f2} \quad (k_{f2} = 6.03 \times 10^3) \tag{2.33}$$

ここで，

$$[Cl^-] = [銀の全濃度]$$

であり，塩化銀のモル溶解度を $x \, mol \, L^{-1}$ とすれば，

$$[Cl^-] = 140235[Ag^+] = x, \quad [Ag^+] = \frac{x}{140235}$$

これらを (2.26) に代入すると

$$\left(\frac{x}{140235}\right)x = 1 \times 10^{-10}, \quad x = 3.73 \times 10^{-3}$$

すなわち，塩化銀のアンモニア水（遊離のアンモニアの濃度が $0.1 \, mol \, L^{-1}$）への溶解度は，$3.73 \times 10^{-3} \, mol \, L^{-1}$ となり，水への溶解度 ($1 \times 10^{-5} \, mol \, L^{-1}$) の 373 倍となる．

練習問題 [2.2]

① 25℃での硫酸バリウム ($BaSO_4$) の溶解度は，溶液 100 mL 当たり 0.23 mg である．この値から硫酸バリウムの溶解度積を求めなさい．

② 25℃でのフッ化カルシウム (CaF_2) の溶解度は，溶液 100 mL 当たり 1.7 mg である．この値からフッ化カルシウムの溶解度積を求めなさい．

2.4 酸化還元平衡

原子，分子，イオンが電子を失うと，それらが**酸化**されたといい，電子を受けとると，それらが**還元**されたという．酸化還元反応は原子，分子，イオン間で電子をやりとりすることで起こり，一方が酸化されれば，他方は還元される．

身近な酸化還元反応の例をいくつか記す．

(1) 銅イオンを含む溶液に金属亜鉛を入れると亜鉛の表面に銅が析出する．
(2) 金属亜鉛は塩酸に溶解する．
(3) 硫酸溶液に亜鉛線と銅線を入れ，それらの線に豆電球を接続すると点灯する．
(4) 水槽内の水の残留塩素を除くために，ハイポを加える．
(5) 環境水中の有機物が消費する過マンガン酸カリウム量で COD 値[*1] が示される．
(6) 炭が空気中で燃焼し，二酸化炭素を生じる．
(7) 鉄が錆びて酸化鉄を生じる．

[*1] 化学的酸素要求量．試料液中の有機物を酸化するのに要した過マンガン酸カリウム量を酸素換算して表示した値（詳細は第 7 章の 7.2 節を参照）．

2.4 酸化還元平衡

それぞれの事項を化学式で表すと次のようになる．

(1)　$Cu^{2+} + Zn \rightleftarrows Cu + Zn^{2+}$

(2)　$Zn + 2H^+ \rightleftarrows Zn^{2+} + H_2$

(3)　$Cu^{2+} + Zn \rightleftarrows Cu + Zn^{2+}$

(4)　$Cl_2 + 2Na_2S_2O_3 \rightleftarrows 2NaCl + Na_2S_4O_6$

(5)　$2MnO_4^- + 5H_2C_2O_4 + 6H^+ \rightleftarrows 2Mn^{2+} + 10CO_2 + 8H_2O$

(6)　$C + O_2 \rightleftarrows CO_2$

(7)　$4Fe + 3O_2 \rightleftarrows 2Fe_2O_3$

電子を受けとって酸化数が減る方向の反応が**還元反応**，電子を放出して酸化数が増える方向の反応が**酸化反応**である．

酸化還元平衡は，酸塩基平衡や溶解平衡に比べ，平衡に達するのに時間がかかる．例えば，水の有機汚濁指標の1つであるCOD試験の100℃での過マンガン酸イオン（MnO_4^-）と有機物の反応では，30分間での反応率を1とした場合，10分間では約0.6である．

ひとくちメモ

酸化数は，単体を0，分子やイオン内の水素の酸化数を+1，酸素の酸化数を-2にすることを基本とする．次の窒素化合物の窒素の酸化数を（）に示す．
　アンモニアNH_3(-3)，ヒドラジンNH_2NH_2(-2)，ヒドロキシルアミンNH_2OH(-1)，
　窒素N_2(0)，次亜硝酸$H_2N_2O_2$(+1)，一酸化窒素NO(+2)，亜硝酸HNO_2(+3)，四酸化二
　窒素N_2O_4(+4)，硝酸HNO_3(+5)

いま，次の式で表される酸化還元平衡を考える．

$$Ox + ne \rightleftarrows Red, \quad K = \frac{a_{Red}}{a_{Ox}}$$

Kは平衡定数，a_{Ox}およびa_{Red}は酸化体および還元体物質の活量濃度（第2章の2.1節のひとくちメモを参照）である．

平衡定数とギブズの自由エネルギー[*2]の変化の間には次のような関係がある．

$$-\Delta G = RT\left(\ln K - \ln \frac{a_{Red}}{a_{Ox}}\right) \tag{2.34}$$

R：気体定数（$8.314\,\mathrm{J\,K^{-1}\,mol^{-1}}$），　$T(\mathrm{K})$：絶対温度（0℃ + 273.15），　ln：自然対数

さらに，自由エネルギーの変化は，nモルの電子が電位Eでする仕事量に等しい．

$$-\Delta G = nFE \tag{2.35}$$

[*2] ある平衡状態から他の平衡状態に移すときに外から加えなければならない仕事の最小値．

n：酸化還元反応においてやりとりされる電子の数
F：ファラデー定数 (96500 C, 厳密には 96485 C)*3

(2.34) と (2.35) から (2.36) が得られる.

$$nFE = RT\left(\ln K - \ln \frac{a_{\text{Red}}}{a_{\text{Ox}}}\right)$$

$$\therefore \quad E = \frac{RT}{nF}\ln K - \frac{RT}{nF}\ln \frac{a_{\text{Red}}}{a_{\text{Ox}}} \tag{2.36}$$

25℃でRedとOxの活量が1のとき，$\ln(a_{\text{Red}}/a_{\text{Ox}})$は0となるので

$$E = \frac{RT}{nF\ln K} = \frac{8.314(\text{J K}^{-1}\text{mol}^{-1})\cdot 298.15(\text{K})}{n\cdot 96500(\text{A}\cdot\text{s})\ln K} = \frac{0.059}{n\log K} \tag{2.37}$$

E は (2.37) となり，平衡定数と電子数だけに依存する定数となる．これを E^0 で表し，**標準酸化還元電位**という．

また，活量係数 (第2章の2.1節のひとくちメモを参照) が一定と見なせる条件下，すなわち希薄溶液では，OxおよびRedの濃度に対して活量の代わりにモル濃度を用いて表すことができる．25℃でRedとOxのモル濃度が $1\,\text{mol L}^{-1}$ のとき，$\ln([\text{Red}]/[\text{Ox}])$ は0となり，活量濃度で表したときと同様に (2.37) が得られる．

各酸化 - 還元対の E^0 は標準水素電極 (normal hydrogen electrode：NHE) を基準とした値で示されている．すなわち，(2.38) で示される酸化還元平衡時において，水素の分圧が1気圧 (101.3 kPa)，水素イオン濃度が $1\,\text{mol L}^{-1}$ のときは (2.39) の E は E^0 となり，この E^0 を 0 V として他の酸化 - 還元対の E^0 が示されている．各酸化 - 還元対の標準酸化還元電位を表2.6に示す．

$$2\text{H}^+ + 2\text{e} \rightleftarrows \text{H}_2 \tag{2.38}$$

$$E = E^0 - \frac{0.059}{2}\log\frac{P_{\text{H}_2}}{[\text{H}^+]^2} \tag{2.39}$$

Ox $+$ ne $\rightleftarrows$ Red における電位の式は次のように表される．

$$E = E^0 - \frac{0.059}{n}\log\frac{[\text{Red}]}{[\text{Ox}]}$$

$$= E^0 + \frac{0.059}{n}\log\frac{[\text{Ox}]}{[\text{Red}]} \tag{2.40}$$

これらの関係は，1889年にネルンスト (W. H. Nernst) によって導びかれ，(2.40) を**ネルンストの式**とよぶ．

---

*3　1C (クーロン) は 1 A (アンペア) の電流が1秒間流れたときの電気量である (第3章の3.1節を参照).

2.4 酸化還元平衡

表 2.6 標準電極電位 E^0 (25℃, pH=0 の水溶液中, 標準水素電極基準)
E^0 の大半は, 物質の標準モル生成ギブズエネルギー $\Delta_f G^0$ をもとにした計算値.

電子授受平衡	E^0 (V vs SHE)	電子授受平衡	E^0 (V vs SHE)
$Li^+ + e = Li$	-3.05	$CuCl + e = Cu + Cl^-$	$+0.12$
$K^+ + e = K$	-2.93	$Sn^{4+} + 2e = Sn^{2+}$	$+0.15$
$Rb^+ + e = Rb$	-2.92	$Cu^{2+} + e = Cu^+$	$+0.16$
$Ba^{2+} + 2e = Ba$	-2.92	$S + 2H^+ + 2e = H_2S$	$+0.17$
$Sr^{2+} + 2e = Sr$	-2.89	$CO_3^{2-} + 6H^+ + 4e = HCHO + 2H_2O$	$+0.20$
$Ca^{2+} + 2e = Ca$	-2.84	$AgCl + e = Ag + Cl^-$	$+0.22$
$Na^+ + e = Na$	-2.71	$Hg_2Cl_2 + 2e = 2Hg + 2Cl^-$	$+0.27$
$Mg^{2+} + 2e = Mg$	-2.36	$Cu^{2+} + 2e = Cu$	$+0.34$
$Be^{2+} + 2e = Be$	-1.97	$Fe(CN)_6^{3-} + e = Fe(CN)_6^{4-}$	$+0.36$
$Al^{3+} + 3e = Al$	-1.68	$Cu^+ + e = Cu$	$+0.52$
$U^{3+} + 3e = U$	-1.66	$O_2 + 2H^+ + 2e = H_2O_2$	$+0.70$
$Ti^{2+} + 2e = Ti$	-1.63	$Fe^{3+} + e = Fe^{2+}$	$+0.77$
$Zr^{4+} + 4e = Zr$	-1.55	$Hg_2^{2+} + 2e = 2Hg$	$+0.80$
$Mn^{2+} + 2e = Mn$	-1.18	$Ag^+ + e = Ag$	$+0.80$
$Zn^{2+} + 2e = Zn$	-0.76	$NO_3^- + 2H^+ + 2e = NO_2^- + H_2O$	$+0.84$
$Cr^{3+} + 3e = Cr$	-0.74	$Hg^{2+} + 2e = Hg$	$+0.85$
$Ag_2S + 2e = 2Ag + S^{2-}$	-0.69	$Pd^{2+} + 2e = Pd$	$+0.92$
$S + 2e = S^{2-}$	-0.45	$NO_3^- + 4H^+ + 3e = NO + 2H_2O$	$+0.96$
$Fe^{2+} + 2e = Fe$	-0.44	$Br_2 + 2e = 2Br^-$	$+1.07$
$Cr^{3+} + e = Cr^{2+}$	-0.42	$Pt^{2+} + 2e = Pt$	$+1.19$
$Cd^{2+} + 2e = Cd$	-0.40	$O_2 + 4H^+ + 4e = 2H_2O$	$+1.23$
$PbSO_4 + 2e = Pd + SO_4^{2-}$	-0.35	$MnO_2 + 4H^+ + 2e = Mn^{2+} + 2H_2O$	$+1.23$
$O_2 + e = O_2^-$	-0.28	$Cl_2 + 2e = 2Cl^-$	$+1.36$
$Co^{2+} + 2e = Co$	-0.28	$Cr_2O_7^{2-} + 14H^+ + 6e = 2Cr^{3+} + 7H_2O$	$+1.36$
$PbCl_2 + 2e = Pb + 2Cl^-$	-0.27	$MnO_4^- + 8H^+ + 5e = Mn^{2+} + 4H_2O$	$+1.51$
$Ni^{2+} + 2e = Ni$	-0.26	$Mn^{3+} + e = Mn^{2+}$	$+1.51$
$V^{3+} + e = V^{2+}$	-0.26	$Au^{3+} + 3e = Au$	$+1.52$
$Mo^{3+} + 3e = Mo$	-0.20	$HClO + 2H^+ + 2e = Cl_2 + 2H_2O$	$+1.63$
$CO_2 + 2H^+ + 2e = HCOOH$	-0.20	$PbO_2 + SO_4^{2-} + 4H^+ + 2e = PbSO_4 + 2H_2O$	$+1.70$
$CuI + e = Cu + I^-$	-0.18	$Ce^{4+} + e = Ce^{3+}$	$+1.71$
$AgI + e = Ag + I^-$	-0.15	$H_2O_2 + 2H^+ + 2e = 2H_2O$	$+1.76$
$Sn^{2+} + 2e = Sn$	-0.14	$Au^+ + e = Au$	$+1.83$
$Pb^{2+} + 2e = Pb$	-0.13	$S_2O_8^{2-} + 2e = 2SO_4^{2-}$	$+1.96$
$2H^+ + 2e = H_2$	(基準) 0.00	$O_3 + 2H^+ + 2e = O_2 + H_2O$	$+2.07$
$AgBr + e = Ag + Br^-$	$+0.07$	$F_2 + 2e = 2F^-$	$+2.87$

(国立天文台 編:「理科年表 平成 25 年版」(丸善出版, 2012) より改変して転載)

19 頁の (1) の反応を, 元素ごとに還元方向 (電子を受けとる) を正反応にして表すと (2.41), (2.42) のようになる.

$$Cu^{2+} + 2e \rightleftarrows Cu \qquad (2.41)$$

$$Zn^{2+} + 2e \rightleftarrows Zn \qquad (2.42)$$

(2.41), (2.42) のネルンストの式は, それぞれ (2.43), (2.44) で表される.

$$E_{\text{Cu}} = E_{\text{Cu}}^0 + \frac{0.059}{2} \log \frac{[\text{Cu}^{2+}]}{[\text{Cu}]} \tag{2.43}$$

$$E_{\text{Zn}} = E_{\text{Zn}}^0 + \frac{0.059}{2} \log \frac{[\text{Zn}^{2+}]}{[\text{Zn}]} \tag{2.44}$$

Cu, Zn は固体なので濃度 1 と扱い, 表 2.6 から E_{Cu}^0 は 0.34 V, E_{Zn}^0 は -0.76 V である. 銅イオンおよび亜鉛イオン濃度がそれぞれ 0.1 mol L^{-1} とすると,

$$E_{\text{Cu}} = 0.34 - 0.0295 = 0.3105$$
$$E_{\text{Zn}} = -0.76 - 0.0295 = -0.7895$$

となる. $E_{\text{Cu}} > E_{\text{Zn}}$ なので, 全反応は Cu^{2+} + Zn $\rightleftarrows$ Cu + Zn^{2+} となり, $E_{\text{Cu}} = E_{\text{Zn}}$ になった時点で反応は停止する (平衡状態).

練習問題 [2.3]

次の酸化還元反応の酸化還元電位を計算し, 全反応を書きなさい.

① Fe^{2+} + 2e $\rightleftarrows$ Fe, $E^0 = -0.44$, Fe^{2+} (0.1 mol L^{-1})
   Cd^{2+} + 2e $\rightleftarrows$ Cd, $E^0 = -0.40$, Cd^{2+} (0.001 mol L^{-1})

② Zn^{2+} + 2e $\rightleftarrows$ Zn, $E^0 = -0.76$, Zn^{2+} (0.1 mol L^{-1})
   Cu^{2+} + 2e $\rightleftarrows$ Cu, $E^0 = 0.34$, Cu^{2+} (0.01 mol L^{-1})

③ MnO$_4^-$ + 8H$^+$ + 5e $\rightleftarrows$ Mn^{2+} + 4H$_2$O, $E^0 = 1.51$
   MnO$_4$ (0.01 mol L^{-1}), Mn^{2+} (0.0001 mol L^{-1}), H$^+$ (0.1 mol L^{-1})
   Fe^{3+} + e $\rightleftarrows$ Fe^{2+}, $E^0 = 0.77$
   Fe^{3+} (0.1 mol L^{-1}), Fe^{2+} (0.0001 mol L^{-1})

2.5 錯生成平衡

ここでは, 金属イオンとアンモニア分子, シアン化物イオン, チオシアン酸イオン, エチレンジアミン四酢酸 (EDTA) などに代表される配位子が反応して錯体を生成する平衡を扱う. 配位子は孤立電子対を有し, この電子対を金属イオンとの間で共有して配位結合を生成する. 配位結合は共有結合の一種であり, 共有する電子対は配位子側からのみ供給される.

配位子 (NH$_3$, CN$^-$, SCN$^-$, EDTA) を L, 金属イオンを M で表すと, 錯生成反応式は (2.45), それに対する質量作用の式は (2.46) で示され, (2.46) の定数 K_f は**錯生成定数**あるいは**錯体の安定度定数**とよばれ, 一定の温度では一定の値となる. f は生成 (formation) の頭文字である.

$$M + L \rightleftarrows ML \tag{2.45}$$

$$\frac{[\text{ML}]}{[\text{M}][\text{L}]} = K_\text{f} \tag{2.46}$$

なお, L, M ともに電荷は省略してある.

2.5.1 金属のアンモニア錯イオン

アンモニアとの反応で安定な錯体を生成する金属イオンの主なものには，銀イオン，カドミウムイオン，銅イオン，ニッケルイオン，亜鉛イオンなどがある．

いま，銅のアンモニア錯イオン (銅のアンミン錯体) の生成反応を考える．銅イオンは 4 個のアンモニア分子を配位することができる．この反応式を (2.47) に，それに対する質量作用の式を (2.48) に示す．

$$Cu^{2+} + 4NH_3 \rightleftarrows Cu(NH_3)_4^{2+} \tag{2.47}$$

$$\frac{[Cu(NH_3)_4^{2+}]}{[Cu^{2+}][NH_3]^4} = K_f \tag{2.48}$$

$$K_f = 7.94 \times 10^{12} \, (25℃)$$

また，銅イオンがアンモニア分子を逐次 1 分子ずつ配位する反応式などを (2.49) 〜 (2.56) に示す．

$$Cu^{2+} + NH_3 \rightleftarrows Cu(NH_3)^{2+} \tag{2.49}$$

$$\frac{[Cu(NH_3)^{2+}]}{[Cu^{2+}][NH_3]} = k_{f1} \tag{2.50}$$

$$k_{f1} = 1.86 \times 10^4 \, (25℃)$$

$$Cu(NH_3)^{2+} + NH_3 \rightleftarrows Cu(NH_3)_2^{2+} \tag{2.51}$$

$$\frac{[Cu(NH_3)_2^{2+}]}{[Cu(NH_3)^{2+}][NH_3]} = k_{f2} \tag{2.52}$$

$$k_{f2} = 3.55 \times 10^3 \, (25℃)$$

$$Cu(NH_3)_2^{2+} + NH_3 \rightleftarrows Cu(NH_3)_3^{2+} \tag{2.53}$$

$$\frac{[Cu(NH_3)_3^{2+}]}{[Cu(NH_3)_2^{2+}][NH_3]} = k_{f3} \tag{2.54}$$

$$k_{f3} = 7.94 \times 10^2 \, (25℃)$$

$$Cu(NH_3)_3^{2+} + NH_3 \rightleftarrows Cu(NH_3)_4^{2+} \tag{2.55}$$

$$\frac{[Cu(NH_3)_4^{2+}]}{[Cu(NH_3)_3^{2+}][NH_3]} = k_{f4} \tag{2.56}$$

$$k_{f4} = 1.51 \times 10^2 \, (25℃)$$

K_f を**全生成定数**，$k_{f1} \sim k_{f4}$ を**逐次生成定数**といい，K_f は (2.57) となる．

$$K_f = k_{f1} \times k_{f2} \times k_{f3} \times k_{f4} \tag{2.57}$$

金属イオンとアンモニアの逐次生成定数を表 2.7 に示す．

表 2.7 金属イオンとアンモニアの逐次生成定数 (25℃)

陽イオン	k_{f1}	k_{f2}	k_{f3}	k_{f4}
銀イオン	2.34×10^3	6.03×10^3		
カドミウムイオン	5.50×10^2	1.62×10^2	2.34×10^1	1.35×10^1
銅イオン	1.86×10^4	3.55×10^3	7.94×10^2	1.51×10^2
ニッケルイオン	2.29×10^2	7.94×10^1	3.55×10^1	1.70×10^1
亜鉛イオン (30℃)	2.34×10^2	2.75×10^2	3.16×10^2	1.41×10^2

銅イオン濃度に対して，大過剰のアンモニアが共存する場合には，4 個のアンモニア分子が配位した最大配位数の錯体が生成する．このことを全生成定数を用いて検証する．

銅イオン濃度 $2 \times 10^{-3}\,\mathrm{mol\,L^{-1}}$ を含む溶液に，大過剰のアンモニア水を加えて深青色のテトラアンミン銅錯体を生成させる．平衡状態に達したときの溶液中の遊離のアンモニア濃度が $0.1\,\mathrm{mol\,L^{-1}}$ であったと仮定する．また，(2.48) の全生成定数が大きく，平衡状態は錯体生成側によっていると推定されることから，銅イオンのほとんどが錯体になっていると仮定する．

$[\mathrm{Cu(NH_3)_4^{2+}}] \simeq 2 \times 10^{-3}\,\mathrm{mol\,L^{-1}}$, $[\mathrm{NH_3}] = 0.1\,\mathrm{mol\,L^{-1}}$ を (2.48) に代入すると次のようになる．

$$\frac{[\mathrm{Cu(NH_3)_4^{2+}}]}{[\mathrm{Cu^{2+}}][\mathrm{NH_3}]^4} = 7.92 \times 10^{12}$$

$$[\mathrm{Cu^{2+}}] = \frac{2 \times 10^{-3}}{7.92 \times 10^{12} \times (0.1)^4} = 2.53 \times 10^{-12}$$

銅イオンのほとんどがテトラアンミン錯体になっていると仮定し，計算した遊離の銅イオン濃度は 2.53×10^{-12} となり，この仮定が正しいと推定できる．

この計算では，平衡時に存在するアンモニアの濃度を既知として計算したが，実際は，銅イオン溶液の濃度とそれに添加するアンモニア水の濃度と体積がわかるだけである．そのような場合の計算法を次に述べる．また，銅イオン溶液の pH は，銅イオン濃度とアンモニア濃度に影響を与えるので，それらの影響も一緒に考える．

(2.46) の金属イオン濃度および配位子濃度をそれぞれの化学種の全濃度で表した式を (2.58) とする．

$$\frac{[\mathrm{ML}]}{C_\mathrm{M} C_\mathrm{L}} = K_\mathrm{f}' \tag{2.58}$$

K_f' は**条件生成定数**，これと区別するために (2.46) の K_f は**絶対生成定数**ともよばれる．C_M は金属イオンの全化学種の濃度の和，C_L は配位子の全化学種の濃度の和である．

いま，溶液内で銅イオンは，配位子と結合していないフリー (以下，遊離) の銅イオンと水酸化物錯イオン $[\mathrm{Cu(OH)_3^-}]$ の 2 種類の化学種で存在していると仮定する．この場合の C_M は (2.59) で表される．

$$C_\mathrm{M} = [\mathrm{Cu^{2+}}] + [\mathrm{Cu(OH)_3^-}] \tag{2.59}$$

銅の水酸化物錯イオン生成平衡は (2.60) で，生成定数は (2.61) で表される．

$$Cu^{2+} + 3OH^- \rightleftarrows Cu(OH)_3^- \tag{2.60}$$

$$\frac{[Cu(OH)_3^-]}{[Cu^{2+}][OH^-]^3} = K_{fOH} \tag{2.61}$$

銅の水酸化物錯イオンの濃度は (2.61) から (2.62) となる.

$$[Cu(OH)_3^-] = K_{fOH}[Cu^{2+}][OH^-]^3 \tag{2.62}$$

(2.62) の関係を (2.59) に代入すると，(2.63) となる.

$$C_M = [Cu^{2+}](1 + K_{fOH}[OH^-]^3) \tag{2.63}$$

(2.63) の（　）を β_1 とおくと $[Cu^{2+}] = C_M/\beta_1$ で表される.

アンモニアは，溶液中でアンモニアとアンモニウムイオンの 2 種類の化学種で存在する.

$$C_L = [NH_3] + [NH_4^+] \tag{2.64}$$

アンモニウムイオンの酸解離定数 K_a を用いると，C_L は (2.65) のようになる.

$$C_L = [NH_3]\left(1 + \frac{[H^+]}{K_a}\right) \quad (\because NH_4^+ \rightleftarrows H^+ + NH_3) \tag{2.65}$$

$$\frac{[H^+][NH_3]}{[NH_4^+]} = K_a, \quad K_a = 5.6 \times 10^{-10} \quad (\text{表 2.1 より})$$

(2.65) の（　）を β_2 とおくと $[NH_3] = C_L/\beta_2$ で表される.

これらの関係を用いて (2.48) を書き換えると (2.66) となり，条件生成定数 K_f' は (2.67) のようになる.

$$\frac{[Cu(NH_3)_4^{2+}]}{[Cu^{2+}][NH_3]^4} = K_f$$

$$\frac{[Cu(NH_3)_4^{2+}]}{C_M C_L^4} = \frac{K_f}{\beta_1 \times (\beta_2)^4} \tag{2.66}$$

$$K_f' = \frac{K_f}{[\beta_1 \times (\beta_2)^4]} \tag{2.67}$$

銅イオンのアンモニア錯体生成の系での条件生成定数 K_f' は，絶対生成定数を (2.63) および (2.65) の β_1, β_2 で割ったものであり，pH と銅イオンの水酸化物錯イオンの生成定数，アンモニウムイオンの酸解離定数と銅イオンとアンモニアの錯生成定数から求めることができる.

これらのことから，配位子や金属イオン濃度が全濃度でしかわからない場合でも条件生成定数を計算し，この値が大きければ錯生成が可能であると推定できる.

2.5.2 多くの化学分析で使用される金属と EDTA との錯生成

EDTA は図 2.1 に示す構造をしており，水中で解離して放出する水素イオンを 4 個有する四塩基酸である．EDTA は，化学分析において比較的濃度の高い金属イオンの測定や金属イオンのマスキングなど多方面に用いられる，極めて有用な試薬である．2.5.1 項のアンモニア

分子は，配位結合に使うことができる孤立電子対を1個有するが，EDTAのようにこれを数個もつ分子やイオンがあり，これらを**キレート形成剤**あるいは**キレート試薬**とよぶ．キレート (chelate) はカニのはさみを意味し，孤立電子対のはさみで金属イオンと配位結合するイメージとなる．

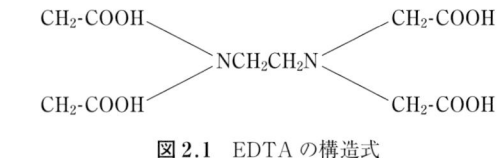

図 2.1 EDTA の構造式

EDTAが四塩基酸であることから，これを H_4Y で示し，この酸の解離平衡式および酸解離定数を (2.68) 〜 (2.75) に示す．

$$H_4Y \rightleftarrows H^+ + H_3Y^- \tag{2.68}$$

$$\frac{[H^+][H_3Y^-]}{[H_4Y]} = k_{a1}, \qquad k_{a1} = 1.02 \times 10^{-2} (25℃) \tag{2.69}$$

$$H_3Y^- \rightleftarrows H^+ + H_2Y^{2-} \tag{2.70}$$

$$\frac{[H^+][H_2Y^{2-}]}{[H_3Y^-]} = k_{a2}, \qquad k_{a2} = 2.14 \times 10^{-3} (25℃) \tag{2.71}$$

$$H_2Y^{2-} \rightleftarrows H^+ + HY^{3-} \tag{2.72}$$

$$\frac{[H^+][HY^{3-}]}{[H_2Y^{2-}]} = k_{a3}, \qquad k_{a3} = 6.92 \times 10^{-7} (25℃) \tag{2.73}$$

$$HY^{3-} \rightleftarrows H^+ + Y^{4-} \tag{2.74}$$

$$\frac{[H^+][Y^{4-}]}{[HY^{3-}]} = k_{a4}, \qquad k_{a4} = 5.50 \times 10^{-11} (25℃) \tag{2.75}$$

EDTA の化学種 H_4Y, H_3Y^-, H_2Y^{2-}, HY^{3-}, Y^{4-} のうち，Y^{4-} が金属イオンと錯生成する化学種と仮定すると，金属イオンとの錯生成反応は (2.76) で，錯生成定数は (2.77) で示される．

$$M^{n+} + Y^{4-} \rightleftarrows MY^{n-4} \tag{2.76}$$

$$\frac{[MY^{n-4}]}{[M^{n+}][Y^{4-}]} = K_f \tag{2.77}$$

(2.77) の K_f を，金属 EDTA 錯体の**絶対生成定数**（あるいは**絶対安定度定数**）という．各金属イオンにおける K_f の値を表 2.8 に示す．

一方，(2.77) の Y^{4-} の濃度は，(2.69)，(2.71)，(2.73)，(2.75) を用いて (2.78) に示すように，EDTA の酸解離定数と水素イオン濃度の関数で表すことができる．

$$\text{EDTA 全濃度} = C_L = [H_4Y] + [H_3Y^-] + [H_2Y^{2-}] + [HY^{3-}] + [Y^{4-}]$$

$$C_L = \frac{[Y^{4-}][H^+]^4}{k_{a1}k_{a2}k_{a3}k_{a4}} + \frac{[Y^{4-}][H^+]^3}{k_{a2}k_{a3}k_{a4}} + \frac{[Y^{4-}][H^+]^2}{k_{a3}k_{a4}} + \frac{[Y^{4-}][H^+]}{k_{a4}} + [Y^{4-}]$$

$$= [Y^{4-}]\left(\frac{[H^+]^4}{k_{a1}k_{a2}k_{a3}k_{a4}} + \frac{[H^+]^3}{k_{a2}k_{a3}k_{a4}} + \frac{[H^+]^2}{k_{a3}k_{a4}} + \frac{[H^+]}{k_{a4}} + 1\right) \tag{2.78}$$

2.5 錯生成平衡

表2.8 金属イオンとEDTAの絶対生成定数 (25℃)

陽イオン	K_f	陽イオン	K_f
Ag^+	2.09×10^7	Mg^{2+}	4.90×10^8
Al^{3+}	1.35×10^{16}	Mn^{2+}	3.80×10^{13}
Ba^{2+}	5.75×10^7	Ni^{2+}	3.63×10^{18}
Ca^{2+}	5.01×10^{10}	Pb^{2+}	2.00×10^{18}
Cd^{2+}	3.89×10^{16}	Sr^{2+}	4.27×10^8
Co^{2+}	1.62×10^{16}	Th^{4+}	1.58×10^{23}
Cu^{2+}	6.17×10^{18}	TiO^{2+}	2.00×10^{17}
Fe^{2+}	2.14×10^{14}	VO^{2+}	5.89×10^{18}
Fe^{3+}	1.26×10^{25}	Zn^{2+}	1.82×10^{16}
Hg^{2+}	6.31×10^{21}		

（　）内をαとおくと，Y^{4-}の濃度はC_L/αとなる．

pH 12 の α を計算する．

$$k_{a1}k_{a2}k_{a3}k_{a4} = 8.31 \times 10^{-22}, \quad k_{a2}k_{a3}k_{a4} = 8.14 \times 10^{-20}$$
$$k_{a3}k_{a4} = 3.81 \times 10^{-17}, \quad k_{a4} = 5.50 \times 10^{-11}$$

$$\therefore \alpha = \frac{(1 \times 10^{-12})^4}{8.31 \times 10^{-22}} + \frac{(1 \times 10^{-12})^3}{8.14 \times 10^{-20}} + \frac{(1 \times 10^{-12})^2}{3.81 \times 10^{-17}} + \frac{1 \times 10^{-12}}{5.50 \times 10^{-11}} + 1 \approx 1$$

同様にして他のpHのαの値も計算し，各pHにおけるαの値を表2.9に示す．また，表には$\log \alpha$も示してある．

表2.9 各pHにおけるEDTAのα

pH	α	$\log \alpha$	pH	α	$\log \alpha$
2	2.75×10^{13}	13.44	8	1.95×10^2	2.29
3	3.98×10^{10}	10.60	9	1.95×10^1	1.29
4	3.02×10^8	8.48	10	2.88	0.46
5	2.82×10^6	6.45	11	1.17	0.07
6	4.57×10^4	4.66	12	1	0
7	2.14×10^3	3.33			

このαの値を使って亜鉛イオンとEDTAの錯体の条件生成定数K_f'を計算する．(2.76)および(2.77)を亜鉛イオンに適用すると，(2.79)，(2.80)となる．

$$Zn^{2+} + Y^{4-} \rightleftarrows ZnY^{2-} \tag{2.79}$$

$$\frac{[ZnY^{2-}]}{[Zn^{2+}][Y^{4-}]} = K_f \tag{2.80}$$

表2.8から，K_f(25℃)は1.82×10^{16}である．

EDTAの全濃度をC_Lとすると，Y^{4-}の濃度は(2.78)からC_L/αなので，これを(2.80)に代入すると，

$$\frac{[\text{ZnY}^{2-}]}{[\text{Zn}^{2+}]C_\text{L}/\alpha} = K_\text{f}$$

となり，(2.81) が得られる．

$$\frac{[\text{ZnY}^{2-}]}{[\text{Zn}^{2+}]C_\text{L}} = \frac{K_\text{f}}{\alpha} = K_\text{f}' \tag{2.81}$$

(2.81) は，亜鉛イオンはその化学種が変化せずに遊離イオンのまま，EDTA は溶液の pH によってその化学種が変化する条件での条件生成定数の式である．

K_f' は表 2.9 の α の値を使って計算できる．また，(2.81) の $K_\text{f}/\alpha = K_\text{f}'$ の両辺で対数をとると $\log K_\text{f}' = \log K_\text{f} - \log \alpha$ となり，表 2.8 および表 2.9 の値を用いても計算ができる．例えば pH 12 では，

$$\log K_\text{f} - \log \alpha = 16.26 - 0 = 16.26, \qquad K_\text{f}' = 1 \times 10^{16.26} = 1.82 \times 10^{16}$$

pH 9 では，

$$\log K_\text{f} - \log \alpha = 16.26 - 1.29 = 14.97, \qquad K_\text{f}' = 1 \times 10^{14.97} = 9.33 \times 10^{14}$$

となる．

他の pH での条件生成定数も計算し，これを表 2.10 に示す．pH 値が小さくなると，条件生成定数が小さくなるのがわかる．他の金属イオン溶液の各 pH における条件生成定数は，その金属イオンと EDTA の絶対生成定数を各 pH での EDTA の α 値で割ることにより求められる．

表 2.10　各 pH における Zn と EDTA の条件生成定数

pH	条件生成定数	pH	条件生成定数
2	6.61×10^{2}	8	9.33×10^{13}
3	4.57×10^{5}	9	9.33×10^{14}
4	6.03×10^{7}	10	6.31×10^{15}
5	6.46×10^{9}	11	1.55×10^{16}
6	3.98×10^{11}	12	1.82×10^{16}
7	8.51×10^{12}	13	1.82×10^{16}

金属イオンの水酸化物錯イオンやアンモニア錯イオン生成の影響を考える場合は，(2.63) や (2.66) と同様にして考え，条件生成定数を求める．

練習問題 [2.4]

① アンモニア水 (0.24 mol L^{-1}) 1 L に硫酸銅 0.01 mol を溶解させたとき，溶液中の遊離の銅イオン濃度を求めなさい．ただし，銅イオンのアンモニアの最大配位子数は 4，全生成定数 K_f は $1 \times 10^{12.9}$，アンモニウムイオンの濃度は無視できるとする．

② カルシウムイオンと EDTA が 5 mmol ずつ加えられた溶液 100 mL の pH 値が 5 の場合，遊離のカルシウムイオン濃度を求めなさい．ただし，カルシウムイオンと EDTA の生成定数 K_f は $1 \times 10^{10.7}$ とする．

2.6 分配平衡

化学分析の前処理として用いられる溶媒抽出，固相抽出，あるいは各種クロマトグラフ法における分析目的成分の抽出や分離の度合いは，目的成分の2相間の分配平衡定数に基づく．溶媒抽出や液・液クロマトグラフ法では，異なる2つの液相間の主に溶解度に基づく分配平衡を，固相抽出，イオン交換，固・液クロマトグラフ法では，固相と液相間の主に吸着やイオン交換に基づく分配平衡を考える．

2.6.1 溶媒抽出平衡

分析目的成分 x が互いに混ざり合わない2種類の液体に分配され，平衡に達したときに，A の2つの相における濃度の間には次のような関係が成立する．

$$\frac{a_{x1}}{a_{x2}} = K_\mathrm{d} \tag{2.82}$$

K_d を**分配係数** (distribution coefficient) といい，温度が一定な条件では一定である．a_{x1} は液相1での x の活量濃度で，a_{x2} は液相2での x の活量濃度である．

希薄溶液中では，2.1節のひとくちメモでふれたように活量濃度はモル濃度に近似できるので

$$\frac{[x]_1}{[x]_2} = K_\mathrm{d} \tag{2.83}$$

となる．

「一定温度で平衡状態にある2相の各相における溶質の濃度比は一定」という関係を**分配の法則**という．分配係数 (2.83) は注目する化学種に対する濃度の比によるもので，各相に他の化学種が存在し，それらを考えた場合は，分配比 D が定義される．

2.6.2 分配係数と分配比

① 弱酸の分配

弱酸 HA は有機相でも水相でも単量体として存在し，陰イオンは有機相に溶け込まないと仮定する．水相での弱酸の化学種は HA と A^-，有機相での化学種は HA である．上に述べたように，分配係数は2つの相におけるある化学種のみの分配を扱うが，分配比はすべての化学種について扱う．以下では，両者がどのような関係にあるかを考えてみる．また，[ ]$_\mathrm{(org)}$，[ ]$_\mathrm{(aq)}$ は有機相および水相での化学種のモル濃度を表す．

$$\text{分配比}：D = \frac{[\mathrm{HA}]_\mathrm{(org)}}{[\mathrm{HA}]_\mathrm{(aq)} + [\mathrm{A}^-]_\mathrm{(aq)}} \tag{2.84}$$

$$\text{HA の分配係数}：K_\mathrm{dHA} = \frac{[\mathrm{HA}]_\mathrm{(org)}}{[\mathrm{HA}]_\mathrm{(aq)}} \tag{2.85}$$

$$\text{HA の酸解離定数}：K_\mathrm{a} = \frac{[\mathrm{H}^+]_\mathrm{(aq)}[\mathrm{A}^-]_\mathrm{(aq)}}{[\mathrm{HA}]_\mathrm{(aq)}} \tag{2.86}$$

(2.85) より　$[\mathrm{HA}]_\mathrm{(org)} = K_\mathrm{dHA}[\mathrm{HA}]_\mathrm{(aq)}$

(2.86) より　$[A^-]_{(aq)} = \dfrac{K_a[HA]_{(aq)}}{[H^+]_{(aq)}}$

(2.84) にこれらを代入　$D = \dfrac{K_{dHA}[HA]_{(aq)}}{[HA]_{(aq)} + \dfrac{K_a[HA]_{(aq)}}{[H^+]_{(aq)}}}$

$$= \dfrac{K_{dHA}}{1 + \dfrac{K_a}{[H^+]_{(aq)}}}$$

弱酸の分配比は，弱酸の分配係数 K_{dHA}，酸解離定数 K_a，水相の水素イオン濃度に依存することがわかる．

② 金属キレートの抽出

金属イオン M^{n+} がキレート形成剤 HX と反応して金属キレート MX_n が有機相に抽出される系を考える．キレート形成剤の多くは 2.5.2 項の EDTA のように弱酸の形をしている．キレート形成剤を過剰存在させる系では，水相中の $MX^{+(n-1)}$, MX_{n-1}^{+1} の低次の金属キレートの生成は無視できる．

$$M^{n+} + nHX \rightleftarrows MX_n + nH^+$$
$$M^{n+} + nX^- \rightleftarrows MX_n$$

$$\dfrac{[MX_n]_{(aq)}}{[M^{n+}]_{(aq)}[X^-]_{(aq)}^n} = K_f \quad (K_f\text{ は金属キレート } MX_n \text{ の錯生成定数}) \tag{2.87}$$

$$HX \rightleftarrows H^+ + X^-$$

$$\dfrac{[H^+]_{(aq)}[X^-]_{(aq)}}{[HX]_{(aq)}} = K_a \quad (K_a\text{ はキレート形成剤 HX（弱酸）の酸解離定数}) \tag{2.88}$$

$$\dfrac{[MX_n]_{(org)}}{[MX_n]_{(aq)}} = K_d \quad (K_d\text{ は金属キレート } MX_n \text{ の分配係数}) \tag{2.89}$$

$$\dfrac{\text{有機相の金属全濃度}(C_{Morg})}{\text{水相の金属全濃度}(C_{Maq})} = D \quad (D\text{ は金属の分配比}) \tag{2.90}$$

$$\text{水相中の金属の全濃度：} C_{M(aq)} = [M^{n+}]_{(aq)} + [MX_n]_{(aq)} \tag{2.91}$$

(2.91) において，金属キレート MX_n はほとんど有機相に分配すると仮定すると

$$C_{M(aq)} = [M^{n+}]_{(aq)} \tag{2.92}$$

また，有機相に存在する化学種は MX_n のみとする．

(2.89) より，$[MX_n]_{(org)} = K_d[MX_n]_{(aq)}$ である．これと (2.92) を (2.90) に代入すると，

$$D = \dfrac{K_d[MX_n]_{(aq)}}{[M^{n+}]_{(aq)}} \tag{2.93}$$

(2.87) より　$[M^{n+}]_{(aq)} = \dfrac{[MX_n]_{(aq)}}{[X^-]_{(aq)}^n K_f} \tag{2.94}$

(2.88) より　$[X^-]_{(aq)} = \dfrac{K_a[HX]_{(aq)}}{[H^+]_{(aq)}} \tag{2.95}$

2.6 分配平衡

(2.94) を (2.93) に代入すると,

$$D = \frac{K_d[MX_n]_{(aq)}}{\frac{[MX_n]_{(aq)}}{[X^-]^n_{(aq)}K_f}}$$

$$= K_d[MX_n]_{(aq)}\frac{[X^-]^n_{(aq)}K_f}{[MX_n]_{(aq)}}$$

$$= K_d[X^-]^n_{(aq)}K_f \tag{2.96}$$

(2.95) を (2.96) に代入し,

$$D = K_d K_f K_a^n \frac{[HX]^n_{(aq)}}{[H^+]^n_{(aq)}} \tag{2.97}$$

$$HX の分配係数:K_d' = \frac{[HX]_{(org)}}{[HX]_{(aq)}} \tag{2.98}$$

とすると,(2.97) は (2.99) のように書き換えられる.

$$D = K_d K_f K_a^n \frac{[HX]^n_{(org)}}{[H^+]^n_{(aq)} K_d'^n} \tag{2.99}$$

(2.99) に示されるように,金属の分配比 D は,金属キレートの分配係数 K_d,生成定数 K_f,キレート形成剤の酸解離定数 K_a,分配係数 K_d',水相の水素イオン濃度および有機相のキレート形成剤の濃度によることがわかる.(2.99) の種々の定数を (2.100) のように抽出定数 K_{ex} としてまとめると,金属の分配比 D は (2.101) となる.

$$抽出定数:K_{ex} = \frac{K_d K_f K_a^n}{K_d'^n} \tag{2.100}$$

$$D = \frac{K_{ex}[HX]^n_{(org)}}{[H^+]^n_{(aq)}} \tag{2.101}$$

$$\log D = \log K_{ex} + n\log[HX]_{(org)} - n\log[H^+]_{(aq)}$$

pH に対する $\log D$ のグラフは,勾配が n で,$\log D$ 軸上の切片が $\log K_{ex} + n\log[HX]_{(org)}$ となり,金属の分配比,すなわち金属の有機相への抽出に対する pH の影響を知ることができる.

また,ある溶質の有機相への抽出率を E とすると,E は (2.102) で示される.

$$E = \frac{[S]_{(org)}V_{(org)}}{[S]_{(aq)}V_{(aq)} + [S]_{(org)}V_{(org)}} \quad \begin{array}{l} [S]_{(aq)},\ V_{(aq)}:溶質の水相の濃度と体積 \\ [S]_{(org)},\ V_{(org)}:溶質の有機相の濃度と体積 \end{array} \tag{2.102}$$

練習問題 [2.5]

① 水と四塩化炭素間のヨウ素の分配係数 K_d(有機相/水相)は 100 である.0.01 mol L^{-1} のヨウ素水溶液 100 mL を四塩化炭素 10 mL で抽出した.水溶液に残るヨウ素の mol 数を計算しなさい.

② 水とクロロホルム間のある溶質の分配比 D(有機相/水相)を 10 とする.次の(ア)および(イ)の場合について,水 50 mL からクロロホルム 20 mL に抽出される溶質のパーセントをそれぞれ計算しなさい.

（ア） 20 mL 1 回で抽出した場合

（イ） 10 mL ずつ 2 回で抽出した場合

2.6.3 イオン交換平衡

イオン交換樹脂は，ポリスチレンとジビニルベンゼンの共重合体である 3 次元網目構造の高分子に，陽イオン交換樹脂と陰イオン交換樹脂で別の置換基が導入されたものである．陽イオン交換樹脂の場合はスルホン酸基やカルボキシル基が，陰イオン交換樹脂の場合は第四級アンモニウム塩，アミノ基，イミノ基が導入されている．図 2.2 に，スルホン酸基が導入された陽イオン交換樹脂および第四級アンモニウム塩が導入された陰イオン交換樹脂を示す．

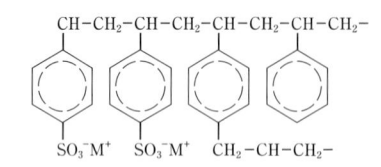

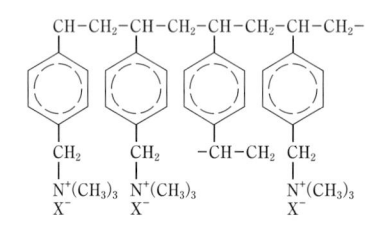

図 2.2 イオン交換樹脂

陽イオン交換樹脂のうち，スルホン酸基（-SO$_3$H）が導入されたものは強酸性型，カルボキシル基（-COOH）が導入されたものは弱酸性型とよばれる．また，陰イオン交換樹脂のうち，第四級アンモニウム塩（-N$^+$(CH$_3$)$_3$Cl）が導入されたものは強塩基性型，アミノ基（-NH$_2$）やイミノ基（-NH）が導入されたものは弱塩基性型とよばれる．

いま，重合体をスルホン化して -SO$_3$H を導入した陽イオン交換樹脂を考える．樹脂に水を加えると (2.103) のように解離するが，スルホン酸基が樹脂に保持されているため，解離した水素イオンは樹脂孔内の水相中での移動を制限される．樹脂内では電気的中性が保たれているために，水素イオンは他の陽イオンに置き換えられない限り，樹脂から離れない．水素イオンが陽イオンに置き換えられる過程は (2.104) で示され，イオン交換は平衡過程と考えられる．

$$\text{R-SO}_3^- \cdot \text{H}^+ \rightleftarrows \text{R-SO}_3^- + \text{H}^+ \tag{2.103}$$

$$\text{R-SO}_3^- \cdot \text{H}^+ + \text{Na}^+ \rightleftarrows \text{R-SO}_3^- \cdot \text{Na}^+ + \text{H}^+ \tag{2.104}$$

$$\frac{[\text{R-SO}_3\text{Na}][\text{H}^+]}{[\text{R-SO}_3\text{H}][\text{Na}^+]} = K \tag{2.105}$$

(2.105) の K を**イオン交換定数**という．これらの式では水素イオンとナトリウムイオンの

イオン交換平衡を扱っているが，他の1価の陽イオンも同様に扱い，温度が一定ならば，Kの値はそれぞれの陽イオン固有のものである．2価や3価の陽イオンは2分子，3分子の陽イオン交換樹脂との平衡反応になる．

陰イオン交換樹脂の平衡反応式を (2.106)，(2.107) に，質量作用の式を (2.108) に示す．ただしこの場合は，陰イオン交換樹脂の対イオンに，陰イオンクロマトグラフ法で溶離液としてよく使用されている炭酸水素イオンを用いた．試料溶液の陰イオン X^- は炭酸水素イオンとイオン交換し，そのイオン交換係数は陰イオン X^- により異なる．すなわち，K の大きさの違いにより陰イオン X^- が分離される．

$$\underset{\boxed{\text{陰イオン交換樹脂}}}{\text{R-N(CH}_3)_3 \cdot X^-} + \underset{\boxed{\text{溶離液}}}{\text{HCO}_3^-} \rightleftarrows \text{R-N(CH}_3)_3 \cdot \text{HCO}_3^- + X^- \qquad (2.106)$$

X^- は購入時の陰イオン交換樹脂の対イオンであり，多くは塩化物イオンである．

$$\underset{\boxed{\text{陰イオン交換樹脂}}}{\text{R-N(CH}_3)_3 \cdot \text{HCO}_3^-} + \underset{\boxed{\text{試料イオン}}}{X^-} \rightleftarrows \text{R-N(CH}_3)_3 \cdot X^- + \text{HCO}_3^- \qquad (2.107)$$

$$\frac{[\text{R-N(CH}_3)_3 X^-][\text{HCO}_3^-]}{[\text{R-N(CH}_3)_3 \text{HCO}_3^-][X^-]} = K \qquad (2.108)$$

練習問題の解答

[2.1]
 ① $1.34 \times 10^{-3}\,\text{mol L}^{-1}$
 ② $2.14 \times 10^{-4}\,\text{mol L}^{-1}$

[2.2]
 ① 硫酸バリウムの溶解度積は 1×10^{-10}
 ② フッ化カルシウムの溶解度積は 4.14×10^{-11}

[2.3]
 ① $E_{Fe} = -0.4695\,\text{V}$，$E_{Cd} = -0.4885\,\text{V}$，$E_{Fe} > E_{Cd}$ なので，$Fe^{2+} + Cd \rightleftarrows Fe + Cd^{2+}$
 ② $E_{Zn} = -0.7895\,\text{V}$，$E_{Cu} = 0.281\,\text{V}$，$E_{Cu} > E_{Zn}$ なので，$Cu^{2+} + Zn \rightleftarrows Cu + Zn^{2+}$
 ③ $E_{MnO_4} = 1.4392\,\text{V}$，$E_{Fe3/Fe2} = 0.947\,\text{V}$，$E_{MnO_4} > E_{Fe3/Fe2}$ なので，
   $MnO_4^- + 8H^+ + 5Fe^{2+} \rightleftarrows Mn^{2+} + 4H_2O + 5Fe^{3+}$

[2.4]
 ① $7.87 \times 10^{-13}\,\text{mol L}^{-1}$ ② $1.68 \times 10^{-3}\,\text{mol L}^{-1}$

[2.5]
 ① $9.1 \times 10^{-5}\,\text{mol}$ ②（ア）80%，（イ）89%

3 機器測定法の原理

　我々の生活環境は経済発展・技術革新により飛躍的に改善され，快適な生活が継続的に営まれている．その反面，生命体の維持が危ぶまれる大気・水質汚染が地球規模で拡大しており，危険と隣り合わせの生活環境になっている．それにともない，国内でも環境基準の見直しが行なわれ，低レベル化の方向にある．したがって，環境汚染物質の高感度分析法が求められている．利便性の高い種々の機器分析装置が開発されているが，ここでは汎用性の高い機器について述べる．

3.1 電気化学的方法

　電気化学的原理を利用する分析法は，**電気化学分析法** (electrochemical analysis) あるいは単に**電気分析法** (electroanalysis) といわれ，溶液中の化学種と電気エネルギーとの相互作用を利用して，分析対象試料溶液の中に存在する物質の定性分析や定量分析を行なう方法である．電気化学分析法では，分析対象試料溶液に複数個の電極を浸したときに生じる電位差，電流，電気伝導度を測定する方法，分析対象物質を電解（電気分解）析出させて質量あるいは電解中に流れた電気量を測定する方法，電流 – 電位曲線を測定する方法，電場中で起こるイオンの移動速度の違いを測定する方法，などがある．

3.1.1 電気化学的方法の種類

　普通の化学反応は溶液中の化学物質同士で反応が進むのに対し，電気化学反応では電極と溶液中の化学物質との間で反応が進む．電流 (i, アンペア：A)，抵抗 (R, オーム：Ω)，電位 (V, ボルト：V) の3つが基本的な量であり，このうちの1つあるいは複数個を測定することで物質の定性，定量分析を行なうことができる．

　次頁の表3.1に，主な電気化学的方法をまとめた．なお，(B) の系では，測定において電気化学反応は直接関与していないが，陽極と陰極間のイオン移動を観察するものであり，電気化学分析法に含めた．

3.1.2 電気化学的方法の原理

　電気化学的分析法に関係する主要な法則は，電解に関するファラデーの法則と電極電位に関するネルンストの式である．

（1） ファラデーの法則

　物質を電気分解する場合に，ファラデー (M. Faraday) は次の2点が成立することを見出した (1834年).

表 3.1 化学分析に用いられる主な電気化学的方法

電極反応の有無	測定法	関連分析法
（A）電子移動が直接関与する系		
（1）ファラデー電流がゼロの場合	（a）ポテンシオメトリー（電位差測定法），3.1.3 項の（1）参照	電位差滴定法［pH 滴定や ORP（酸化還元）滴定］
	（b）ボルタンメトリー（電流-電位測定法），3.1.3 項の（4）参照	ポーラログラフィー，サイクリックボルタンメトリー，アノディックストリッピング（陽極溶出）ボルタンメトリー等
（2）ファラデー電流が流れる場合	（c）アンペロメトリー（電流測定法），3.1.3 項の（5）参照	電流滴定法
	（d）クーロメトリー（電量測定法），3.1.3 項の（3）参照	電量滴定法 定電位電解法 定電流電解法
	（e）電解分析法，3.1.3 項の（2）参照	電解質量分析法
（B）電子移動が直接関与しない系		
（1）溶液の物理量を測定する場合	（f）電気伝導度測定法，3.1.3 項の（6）参照	電気伝導度滴定法
（2）イオンの物理量を測定する場合	（g）イオン移動度測定法，3.1.3 項の（7）参照	電気泳動法（キャピラリー電気泳動法，等速電気泳動法等）

(a) 電極反応によって生成，あるいは溶解する物質の質量は，流れた電気量に比例し，その物質の化学当量に比例する．すなわち，電解された物質の質量 W(g) は，流れた電気量 Q(クーロン：C, Q =（電流 i A）×（時間 t s）），化学当量 Eq（式量 M を電荷 n で割った値 M/n）と次の関係にある（k は比例定数）．

$$W = k \times Q \times Eq \tag{3.1}$$

(b) 1 グラム当量の物質（M/n）が電解により生成，あるいは溶解するときに流れる電気量は $1F$（ファラデー）であり，$1F$ = 96500 C（厳密には，96485 C）である．F はファラデー定数といわれる．なお，1 C = 1 A × 1 s であり，$k = 1/96500$ となる．

したがって，(3.1) は次のように表される．

$$W = \frac{M}{n} \times \frac{i \times t}{96500} \tag{3.2}$$

（2） 電極電位に関するネルンストの式

ネルンスト（W. H. Nernst）は，1889 年に単極電位差（E）を熱力学的に求める式，すなわち次式で示されるネルンストの式を導いた．

$$\mathrm{Ox} + n\mathrm{e} \rightleftarrows \mathrm{Red}$$

$$E = E^0 + \frac{RT}{nF} \ln \frac{a_{\mathrm{Ox}}}{a_{\mathrm{Red}}} \tag{3.3}$$

ここで，E^0 は標準酸化還元電位，R は気体定数 ($8.314 \, \mathrm{J \, K^{-1} \, mol^{-1}}$)，$F$ はファラデー定数，T は絶対温度 (K)，a_Ox，a_Red は共役な酸化剤，還元剤の活量である．活量係数が一定と見なせる条件下では，(3.3) の活量の代わりにモル濃度を用いて表すと，(3.3)′ となる．

$$E = E^0 + \frac{0.059}{n} \log \frac{[\mathrm{Ox}]}{[\mathrm{Red}]} \tag{3.3}'$$

共役な酸化剤–還元剤の標準酸化還元電位 E^0 の値は，第 2 章の表 2.6 に示した．これらの E^0 は標準水素電極 (normal hydrogen electrode：NHE) を基準とした値である．

(3.3)′ の具体例として，$\mathrm{MnO_4^-/Mn}$ 系の電位 E は (3.4) で表される．

$$\mathrm{MnO_4^- + 8H^+ + 5e \rightleftarrows Mn^{2+} + 4H_2O}$$

$$E_{\mathrm{MnO_4^-/Mn^{2+}}} = E^0_{\mathrm{MnO_4^-/Mn^{2+}}} + \frac{0.059}{5} \log \frac{[\mathrm{MnO_4^-}][\mathrm{H^+}]^8}{[\mathrm{Mn^{2+}}]} \tag{3.4}$$

(3.4) のように，ネルンストの式の分子，分母はそれぞれ左辺，右辺に含まれる化学種をすべて含まなければならない．したがって，過マンガン酸イオンの酸化力は，$\mathrm{H^+}$ の濃度が増すにつれて (pH が低下するにつれて) 強くなることがわかる．

次のような沈殿生成反応をともなう場合には，酸化還元電位は (3.5) のように表される．

$$\mathrm{Ag^+ + Cl^- \rightleftarrows AgCl_{(S)}}, \quad K_\mathrm{sp} = [\mathrm{Ag^+}][\mathrm{Cl^-}]$$

$$\mathrm{Ag^+ + e \rightleftarrows Ag_{(S)}}$$

$$\begin{aligned}
E_{\mathrm{Ag^+/Ag}} &= E^0_{\mathrm{Ag^+/Ag}} + 0.059 \log \frac{[\mathrm{Ag^+}]}{[\mathrm{Ag}]_{(S)}} \\
&= E^0_{\mathrm{Ag^+/Ag}} + 0.059 \log [\mathrm{Ag^+}] \\
&= E^0_{\mathrm{Ag^+/Ag}} + 0.059 \log \frac{K_\mathrm{sp}}{[\mathrm{Cl^-}]} \\
&= E^0_{\mathrm{Ag^+/Ag}} + 0.059 \log K_\mathrm{sp} - 0.059 \log [\mathrm{Cl^-}] \tag{3.5}
\end{aligned}$$

(3.5) は，参照電極としてしばしば用いられる銀/塩化銀 (Ag/AgCl) 電極の電位を表す式であり，$[\mathrm{Cl^-}]$ により電位が決まることを表している．また，電位を測定することにより，溶解度積 K_sp が求まることを表している．

(3.4)，(3.5) で表されるような反応を**半電池反応**あるいは**単極電位**という．半電池は，次のように簡略化した形で表すことができる．なお，(3.4) のように，酸化剤，還元剤がいずれも溶液中に溶解している場合には，Pt やカーボンのような不活性な電極を用いなければならない．

$$\mathrm{Pt \, | \, MnO_4^-, \, Mn^{2+}, \, H^+ \, \|} \tag{3.4}'$$

$$\mathrm{Ag, \, AgCl_{(s)} \, | \, Cl^- \, \|} \tag{3.5}'$$

半電池反応を 2 つ組み合わせれば，電池を構成できる (ガルバニ電池という)．例えば，ダニエル電池 ($\mathrm{Zn \, | \, Zn^{2+} \, \| \, Cu \, | \, Cu^{2+}}$) の起電力 $\varDelta E$ (右側の半電池の電位から左側の電位を差し引く) は，$[\mathrm{Cu^{2+}}] = [\mathrm{Zn^{2+}}]$ のとき，約 1.1 V である．

$[\text{Cu}^{2+}] = [\text{Zn}^{2+}] = 0.01 \text{ mol L}^{-1}$ のとき,

電極反応 $\quad \text{Cu}^{2+} + \text{Zn} \rightleftarrows \text{Zn}^{2+} + \text{Cu}$ (3.6)

電池 $\quad \text{Zn} \,|\, \text{Zn}^{2+}(0.01 \text{ mol L}^{-1}) \,\|\, \text{Cu}^{2+}(0.01 \text{ mol L}^{-1}) \,|\, \text{Cu}$

起電力 $\quad \Delta E = \left(E^0_{\text{Cu}^{2+}/\text{Cu}} + \dfrac{0.059}{2} \log 0.01\right) - \left(E^0_{\text{Zn}^{2+}/\text{Zn}} + \dfrac{0.059}{2} \log 0.01\right)$

$\qquad\qquad = E_{\text{Cu}^{2+}/\text{Cu}} - E_{\text{Zn}^{2+}/\text{Zn}}$

$\qquad\qquad = 0.34 - 0.059 - (-0.76 - 0.059) = 1.10 \text{ V}$

酸化剤または還元剤が気体の場合には,気体を吸収保持するような不活性電極を用いて半電池を構成することができる.例えば,水素電極には白金黒付白金 (水素 H_2 をよく吸収する) を用いる.水素の分圧 1 気圧 (101.3 kPa),水素イオン濃度 1 mol L^{-1} の水素電極 (Pt, H_2(1 atm) $|\,\text{H}^+(1 \text{ mol L}^{-1})$ の電位 $E_{2\text{H}^+/\text{H}_2} = E^0_{2\text{H}^+/\text{H}_2} + (0.059/2) \log ([\text{H}^+]^2/[\text{H}_2]_{(g)})$ は 0.00 V となり,すべての電位の基準となっている (標準水素電極,NHE).

いま,標準水素電極と $[\text{Cl}^-] = 1 \text{ mol L}^{-1}$ のときの (3.5)′ を組み合わせた電池の起電力を測定し,0.222 V であったとすると,銀/塩化銀 (Ag/AgCl) 電極の標準電位は以下のように計算され,0.222 V となる.

$$\text{Pt, H}_2(1 \text{ atm}) \,|\, \text{H}^+(1 \text{ mol L}^{-1}) \,\|\, \text{Cl}^-(1 \text{ mol L}^{-1}) \,|\, \text{AgCl}_{(S)}, \text{Ag}$$

この電池の右側の電極反応およびネルンストの式は (3.7) で示される.塩化物イオン濃度が 1 mol L^{-1} なので,$E_{\text{AgCl}/\text{Ag}} = E^0_{\text{AgCl}/\text{Ag}}$ となる.

電池の左側の $E_{2\text{H}^+/\text{H}_2}$ は標準水素電極の条件であるので 0.00 V である.

$$\text{AgCl}_{(S)} + \text{e} \rightleftarrows \text{Ag}_{(S)} + \text{Cl}^-$$

$$E_{\text{AgCl}/\text{Ag}} = E^0_{\text{AgCl}/\text{Ag}} + 0.059 \log \dfrac{1}{[\text{Cl}^-]} \tag{3.7}$$

したがって,測定された起電力 ΔE は,次で示されるように $E^0_{\text{AgCl}/\text{Ag}}$ となる.

$$\Delta E = E_{\text{AgCl}/\text{Ag}} - E_{2\text{H}^+/\text{H}_2} = E^0_{\text{AgCl}/\text{Ag}} - 0.00 = 0.222$$

逆に,Ag/AgCl 電極を対照にして,濃度未知の水素イオンの溶液の電位を測定すれば,水素イオンの濃度を求めることもできる.これは,次頁で述べるポテンシオメトリーの原理である.

ネルンストの式で表される電位は,電池の起電力および電極の正極,負極を決めるために使用できる.また,酸化力の強弱を示し,電位の高いものほど酸化力が強い.例えば,(3.6) で表される反応は,

$$E^0_{\text{Cu}^{2+}/\text{C}} + \dfrac{0.059}{2} \log [\text{Cu}^{2+}] \quad > \quad E^0_{\text{Zn}^{2+}/\text{Zn}} + \dfrac{0.059}{2} \log [\text{Zn}^{2+}]$$

のとき右へ進み,

$$E^0_{\text{Cu}^{2+}/\text{Cu}} + \dfrac{0.059}{2} \log [\text{Cu}^{2+}] = E^0_{\text{Zn}^{2+}/\text{Zn}} + \dfrac{0.059}{2} \log [\text{Zn}^{2+}]$$

になった時点で停止する (平衡状態).

3.1.3 電気化学的分析法の原理と測定装置
（1） ポテンシオメトリー（電位差測定法）

試料溶液中に，目的イオンに対して選択的に応答する電極（指示電極という）と，銀/塩化銀電極のような参照電極（ある条件下で酸化還元電位が決まっている）を浸して起電力（電位差）を測定すると，得られた電位差から，目的イオンの濃度（活量）を求めることができる．

例えば，指示電極に銅イオン選択性電極を，参照電極に Ag/AgCl 電極を用いて試料溶液中の銅イオンを測定したとすると，測定される電位差 ΔE は次の電池の起電力に相当する．

$$\text{Ag, AgCl}_{(S)} | \text{Cl}^- (1 \text{ mol L}^{-1}) \| \text{Cu}^{2+} (0.01 \text{ mol L}^{-1}) | \text{Cu} \tag{3.8}$$

$$\text{AgCl}_{(S)} + e \rightleftarrows \text{Ag}_{(S)} + \text{Cl}^-, \quad E_{\text{Ag/AgCl}} = 0.22 + 0.059 \log \frac{1}{[\text{Cl}^-]} = 0.22$$

$$\text{Cu}^{2+} + 2e \rightleftarrows \text{Cu}, \quad E_{\text{Cu}^{2+}/\text{Cu}} = 0.34 + \frac{0.059}{2} \log[\text{Cu}^{2+}] = 0.34 - 0.059 = 0.281$$

$$\Delta E = E_{\text{Cu}^{2+}/\text{Cu}} - E_{\text{Ag/AgCl}} \tag{3.9}$$

あるイオンに選択的に応答する電極（イオン選択性電極，ion selective electrode：ISE）には，水素イオンやナトリウムイオンに応答するガラス電極，金属イオンやハロゲン化物イオンに応答する固体膜電極や多孔質板膜を用いた液膜型電極，ガス透過膜を用いた気体感応電極，酵素に応答する酵素電極などがある（図3.1を参照）．

ポテンシオメトリーに用いられる装置（電位差測定装置）は，pH測定に用いられるpH計と原理的には同じものでよい．pH計は電位差測定装置であり，利便性を考え，装置にpH目盛を付しただけである．詳細は第5章の5.2節で述べる．電位差測定装置で測定される電位は，厳

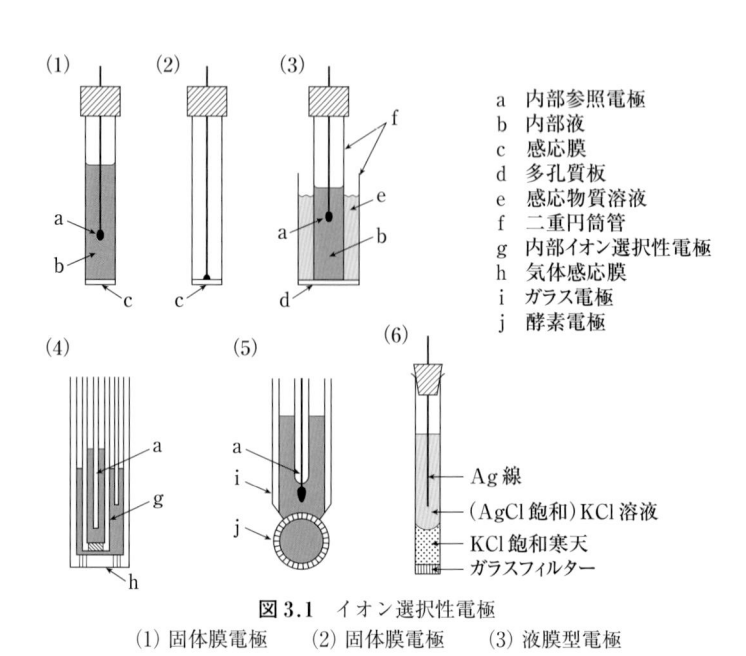

図3.1 イオン選択性電極
(1) 固体膜電極　(2) 固体膜電極　(3) 液膜型電極
(4) 気体感応電極　(5) 酵素電極　(6) 参照電極

a 内部参照電極
b 内部液
c 感応膜
d 多孔質板
e 感応物質溶液
f 二重円筒管
g 内部イオン選択性電極
h 気体感応膜
i ガラス電極
j 酵素電極

Ag線
(AgCl飽和)KCl溶液
KCl飽和寒天
ガラスフィルター

密には活量の対数値と直線関係にあるが，装置校正に既知のモル濃度の溶液を用いれば，測定結果は直接モル濃度と関係づけてもよい．

ポテンシオメトリーでは，直接 pH や金属イオン濃度，塩化物イオン濃度などを測定することができるが，電位は濃度の対数 $\log[M^{n+}]$ と関係づけられており，$\log[M^{n+}]$ から $[M^{n+}]$ を求めると有効数字は少なく，測定誤差の範囲は大きい．したがって，ポテンシオメトリーで正確なモル濃度を求めるためには，滴定法と組み合わせなければならない．ただし，滴定により求められる濃度範囲は $10^{-1} \sim 10^{-4}$ mol L^{-1} に限られる．

（2） 電解質量分析法

試料溶液中に白金などの一対の不活性電極（作用電極（working electrode）と対電極（counter electrode））を浸し，直流電圧をかけて，電気分解により目的物質を作用電極上に析出させ，析出した物質の質量を測定することにより定量する（**電解質量分析法**）．電解質量分析法では，図 3.2 (a) に示すような電解分析装置を使用する．金属イオンの定量では，作用電極［陰極（カソード）：金属イオンの還元が起こる］と対電極［陽極（アノード）：水や陰イオンの酸化が起こる］を浸し，直流を通じて電気分解をする．両極間にかける電位差（加電圧 E_{app} という）が小さいときには電解は起こらないが，E_{app} がある値以上になると電流が流れ，電解が起こる．

例えば，硫酸銅の硫酸酸性溶液の電気分解を考えてみる．電極上での反応は次のとおりである．

$$\text{陰極（カソード）} \quad Cu^{2+} + 2e \rightarrow Cu \tag{3.10}$$

$$\text{陽極（アノード）} \quad H_2O \rightarrow 2H^+ + \frac{1}{2}O_2 + 2e \tag{3.11}$$

陰極および陽極の電位を E_c，E_a とすると次式で表される．

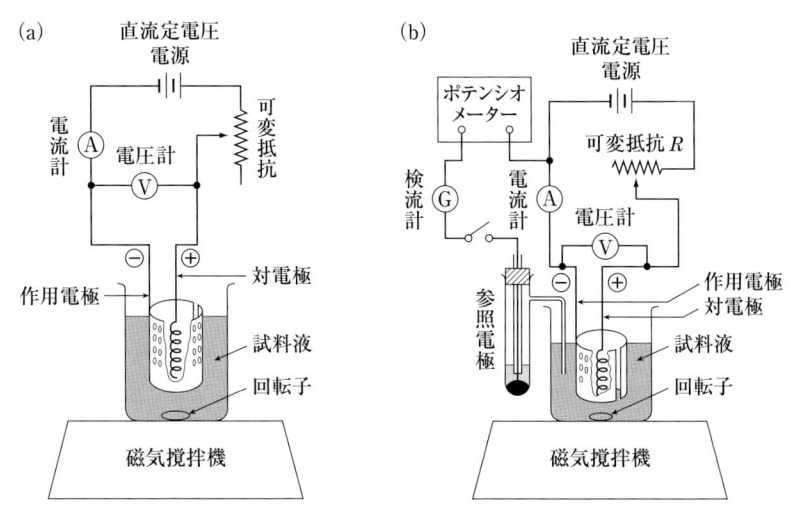

図 3.2 直流定電位電解分析装置
(a) 2 電極方式　　(b) 3 電極方式

$$E_c = E^0_{Cu^{2+}/Cu}(=0.34) + \frac{0.059}{2}\log[Cu^{2+}] \qquad (3.12)$$

$$E_a = E^0_{O_2/H_2O}(=1.23) + \frac{0.059}{2}\log[H^+]^2[O_2]^{\frac{1}{2}} \qquad (3.13)$$

このときの加電圧 E_{app},電解電流 I,溶液の抵抗 R の関係は次式で表される.

$$E_{app} = E_a - E_c + E_{ov} + IR = (E_a + \omega_a) - (E_c - \omega_c) + IR \qquad (3.14)$$

(3.14) の ω_a および ω_c は電流 I で電解を行なわせるために陽極,陰極に加える電圧で**過電圧** (over voltage) とよばれ,電極反応の種類や電極材料によって異なる.(3.14) からわかるように,電解を行なうためには,両極の電位差 $E_a - E_c$ の他に過電圧 $E_{ov} = \omega_a + \omega_c$ および IR を加えた電圧 E_{app} をかける必要がある.また,複数の物質が電極反応に関与する場合には,陰極では E_c が高く,陽極では E_a の低いものから順次電解される.しかし,電極電位 E_a,E_c は,(3.12),(3.13) で示されるように,ネルンストの式に従って物質濃度の減少とともに変化するので,同じ電圧で電解しても複数の物質が電解されることがある.

例えば,銀イオンと銅イオンを同濃度含む試料では,電解を始めるときは (過電圧を無視する),

$$E_{c(Ag)} = E^0_{Ag^+/Ag}(=0.78) + 0.059\log[Ag^+] > E_{c(Cu)} = E^0_{Cu^{2+}/Cu}(=0.34) + \frac{0.059}{2}\log[Cu^{2+}]$$

であるので,Ag^+ が電解還元されて Ag が電解析出する (過電圧を無視する).しかし,Ag 析出とともに Ag^+ が減少し ($E_{c(Ag)}$ が小さくなり),$E_{c(Ag)} < E_{c(Cu)}$ となり,Cu の析出が起こる.

通常の電解では,ある決まった電圧 E_{app} をかけるが,作用電極の電位を制御し,決まった電位に設定することもできる.このような装置をポテンシオスタット (定電位設定装置) という.例えば,Ag^+,Cu^{2+} を含む溶液では,まず Ag^+ の電位に設定し,Ag を電解析出させ,次に Cu^{2+} の電位に設定して Cu を析出させる.このような電解方法を**定電位電解法** (図 3.2 (b)) という.

(3) 電量測定法

電解に用いられた電気量 (電量) を測定することにより,電解された物質量を求めることもできる.このような方法を**電量分析**という.方法としては,ポテンシオスタットを用いる定電位法とガルバノスタットを用いる定電流法が用いられる.前者では,電流値は電解が進むにつれて減少していくので,電解の間に流れた電気量を積算する.後者では,ある決まった電流 (i A) を流すことができるので,電解に要した時間 (t s) を測定し,電気量 ($i \times t$) を求める.最近では,電気的積算回路を用いたクーロメトリーにより,容易・正確に電気量を測定することができる.そして物質量は,電気量から (3.2) を用いて求めることができる.

(4) ボルタンメトリー

電極反応に基づく電流 – 電位曲線 (ボルタモグラム) の解析を利用する電気化学分析法を**ボルタンメトリー** (voltammetry) という.滴下水銀滴を用いるポーラログラフィーが典型的な例であるが,水銀の毒性の観点から,最近では実際の分析には使用されていない.水銀滴の

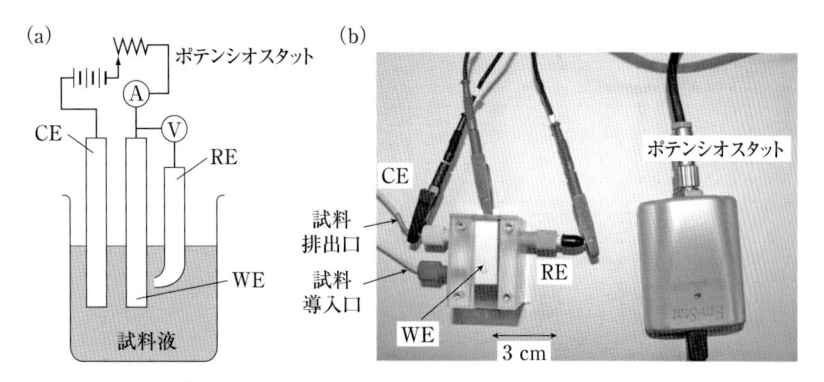

WE：作用電極［グラッシーカーボン電極（GCE）など］，RE：参照（基準）電極（Ag/AgCl電極など），CE：対電極（白金電極など）

図3.3 ボルタンメトリー装置
(a) ボルタンメトリー装置の概念図
(b) フローボルタンメトリー用装置の写真

代わりに，グラッシーカーボン電極（GCE），カーボンペースト電極（CPE），スクリーンプリントカーボン電極（SPCE）などを用いたボルタンメトリーが金属イオンや有機化合物の測定にしばしば用いられている．ボルタンメトリー用装置の概略図を図3.3に示す．

（a）サイクリックボルタンメトリー

図3.3の装置を用い，ポテンシオスタットの電圧を一定速度で掃引（スイーピング）し，流れた電流を電位に対してプロットし，ボルタモグラムを得る．作用電極の電位を，ある電位からスタートし，折り返し電位に到達後，逆に掃引してスタート電位に戻る．この間の電流電位曲線を**サイクリックボルタモグラム**という．

（b）ストリッピングボルタンメトリー

図3.3の装置を用い，電解セル中に作用電極としてカーボンペースト電極（GCE）などの電極，対電極および参照電極を浸し，定電位電解を行ない，試料溶液中の目的イオンを作用電極上に電解析出させる（前電解過程という）．前電解終了後，作用電極の電位を逆方向に変えて一定の速度で掃引し，そのときの電流-電位曲線を求める．このためには，ポテンシオスタットが用いられる．

例えば，アノーディックストリッピングボルタンメトリー（ASV：陽極溶出ボルタンメトリー）では，前電解で金属イオンを陰極に電解析出させ，その後，電位を正方向に掃引して，金属イオンを順次溶出させると，金属イオンに対応したピークが得られる．ピークの電位から金属イオンの定性分析，ピークの高さ，あるいは面積から濃度が求められる．図3.4にはグラッシーカーボン電極を用いた場合のボルタモグラムを示す．前電解過程で濃縮効果を利用できるので，金属イオンの高感度測定が可能となる．

カソーディックストリッピングボルタンメトリー（CSV）も可能である．例えば，塩化物

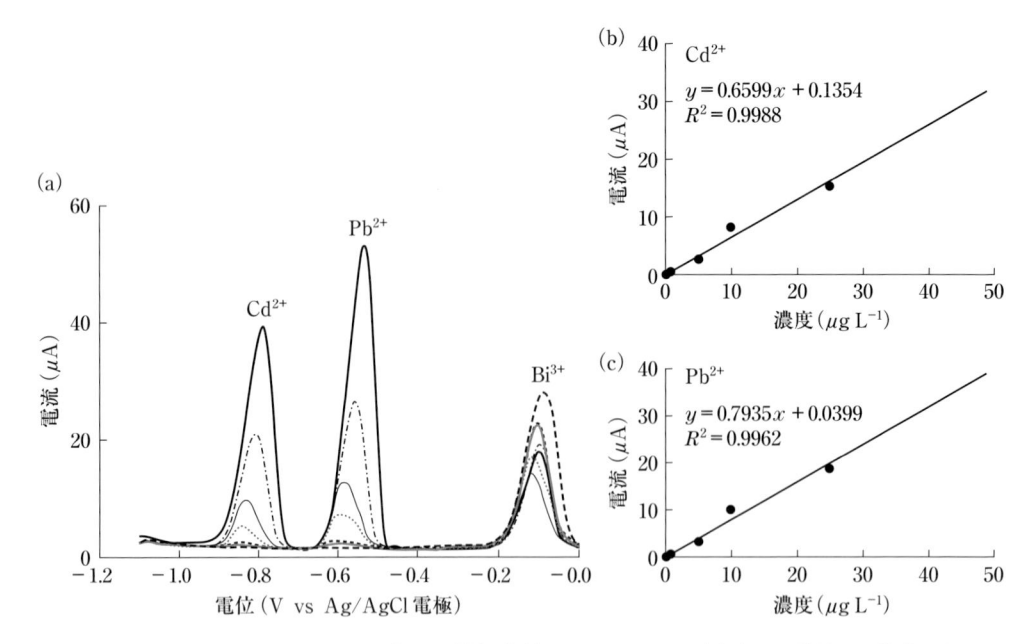

図3.4 アノーディックストリッピング（陽極溶出）ボルタモグラム（a）とその結果から作成したカドミウム（b）および鉛（c）の検量線　作用電極：ビスマスの薄膜形成カーボンペースト電極
(W. Wonsawat, et al.：Talanta, **100**, 282-289 (2012) による)

イオンを含む溶液に銀の作用電極を用いて，前電解過程で電極上にAgClを析出させ，電位を負方向に掃引すると，AgClの還元波（AgCl$_{(S)}$ + e → Ag$_{(S)}$ + Cl$^-$）が得られる．

（5）　アンペロメトリー（電流測定法）

電解電位をある値に固定し，流れる電流を記録する．電流は，電解される物質の濃度に比例するので，定量分析ができる．流れ分析（HPLCやFIAなど）の検出法としても利用できる．

（6）　電気伝導度測定法

水溶液の電気伝導度は，イオン間同士の反応が無視できるときには，イオン濃度の増加と共に増大する．測定法も比較的簡単で容易に測定できるので，溶存イオン量の指標として工業用水，工場排水，河川水および超純水などの水質管理に欠かせない測定法として重宝されている．

電気伝導度計は検出部と指示部からなる．検出部には図3.5のセル（一定の距離にある2枚の白金黒電極から成る）が，指示部には図3.6のコールラッシュブリッジを組み込んだものが用いられる．セルを試料溶液に挿入し，電極間にあるイオンに相当する電気伝導度を測定する．これは試料溶液がもつ電気抵抗（Ω，オーム）の逆数に相当し，S（ジーメンス），mS（ミリジーメンス）の単位で表す．図3.6の可変抵抗R_1とR_2の比を一定にし，Gに電流が流れないように可変抵抗R_3と可変容量Cとを調整すると，試料溶液を入れたセルの抵抗R_mは$R_3 \times R_1/R_2$で与えられる．この値が電気伝導度計に抵抗Ωあるいは電気伝導度Sで示される．測定される抵抗R_mは，試料溶液中のイオン量だけでなく，電極の大きさ，電極間の距離にも依存することから，面積1 cm^2，電極間の距離1 cmのセルを用いた場合の値である電気伝導率に換算され，

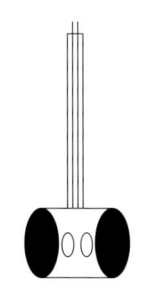

図 3.5 電気伝導率測定セル
（白金黒電極）の例

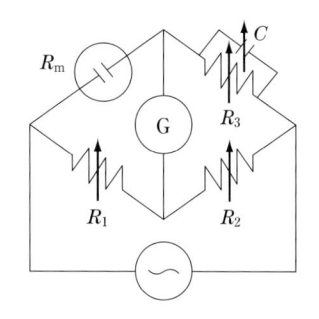

図 3.6 コールラッシュブリッジ

μS cm^{-1} の単位で表される．なお，SI 単位系での表示は mS m^{-1}，μS m^{-1} となる．電気伝導率 6 mS m^{-1} は 60 μS cm^{-1} と同じ試料溶液で求められた値であり，前者は面積 1 m^2，距離 1 m 間，後者は面積 1 cm^2，距離 1 cm 間の電極間に試料溶液があるときの値に相当する．なお，実際の測定法は第 10 章で記述する．

（7） 電気泳動法

イオン性物質を含む溶液に陽極と陰極を浸し，電圧をかけると，陽イオンは陰極に向かい，陰イオンは陽極に向かって泳動する．イオンの泳動速度（イオン移動度）はイオンの電荷や大きさにより異なるので，それぞれのイオンを分離することができる．

分離場に細管あるいはシリカ製キャピラリー（内径 50 ～ 100 μm 程度）を用いると，イオンを効率よく分離できる．シリカ製キャピラリーを用いた場合には，電気浸透流が陽極から陰極に向かって流れる．陽極側から試料を導入し，陰極側に測定装置（例えば吸光検出器：セルはキャピラリー窓を用いる）を置き，電場（5 ～ 30 kV）を印加すると，イオンは泳動を始める．まず，検出器には陽イオン（移動度の大きい順）が到達し，次に無電荷の物質が到達する．その後に，陰イオンが移動度の小さい順に到達する．陰イオンでは，電気浸透流速度よりも大きい移動度をもつ陰イオンは陽極へ泳動し，検出器には到達しない．

長鎖第 4 級アンモニウム塩溶液でシリカの表面をコーティングすることにより，電気浸透流を逆転させることもできる．このようなキャピラリーを用いると泳動速度の大きい陰イオンの分離，検出も可能となり，イオンクロマトグラフ法と同様なイオン分離分析ができる．

3.1.4 電気化学的方法による環境化学分析

水の一般的性状として，pH や電気伝導度測定，酸化還元電位は必須の測定項目である．pH の原理と測定法は第 5 章に，電気伝導度のそれらは第 10 章に，酸化還元電位については本章，第 2 章の 2.4 節，第 7 章で述べた．また，イオン選択性電極を用いて陰イオンや陽イオン，アンモニアなどが測定される．排ガス中の二酸化硫黄を吸収液に吸収し，電気伝導度測定なども行なわれる．

水試料や土壌試料中の重金属汚染にかかわるカドミウム，鉛，亜鉛，銅，水銀，ヒ素，クロムなどがボルタンメトリーにより測定される．

またHPLCやFIAなどの流れ分析の検出器として，伝導度測定法や定電位電流測定法などを用いることができる．

3.2 吸光光度法

吸光光度法は，第1章の環境分析のための公定法でも多数の測定項目で使用されている方法であり，多くの場合には，分析目的成分と特異的に反応して発色する発色剤を用いる．発色の度合いによって目的成分を定量するが，発色物質をメンブランフィルターに捕集・濃縮するなど，反応系の工夫によっては高感度化も可能となる．

実際の測定法については第11章で述べる．

3.2.1 吸光光度法の原理

図3.7にカラーサークルの概念図を示す．我々が色を感知する波長領域はだいたい400～700 nmである．400～435 nmの光はすみれ色であるが，このすみれ色が物質等に吸収されると，その補色である黄緑色が目に映る．

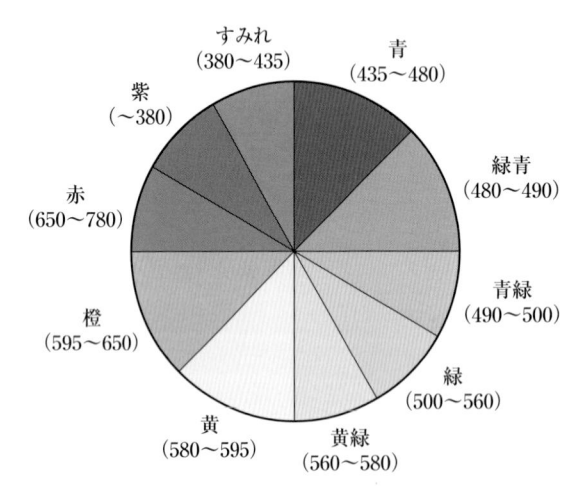

図3.7 光の色とその光を吸収した溶液の色とが補色関係となることを示すカラーサークル

物質が固有の光を吸収するときの吸収の程度を利用して，溶液中の物質濃度を測定することができる．この原理に基づく方法が**吸光光度法**である．

3.2.2 光吸収の法則

図3.8に光吸収の原理を示す．ある波長の入射光強度をI_0，透過した光の強度をIとし，液層の長さ（光路長）をl，溶液の溶質濃度をCとする．

入射光I_0と透過光Iとの比(I/I_0)を透過率Tとよび，表示はしばしば百分率（％）で行なわれ，これをパーセント透過率という．

I/I_0を透過度と定義すると，透過率T(％)は

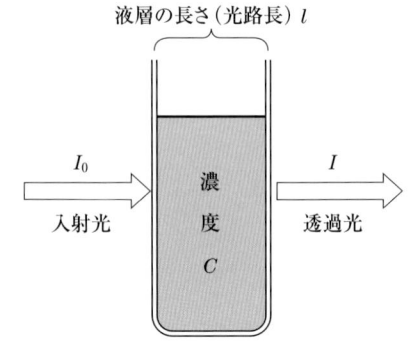

図3.8 光吸収の原理

$$T(\%) = \frac{I}{I_0} \times 100 \tag{3.15}$$

また，吸光度 A は次のように定義される．

$$A = -\log \frac{I}{I_0} \tag{3.16}$$

ランバートは $-\log I/I_0$ が液層の長さ l に比例することを見出した．

$$-\log \frac{I}{I_0} = k_1 l \quad \text{(ランバートの法則)} \tag{3.17}$$

また，ベールは $-\log I/I_0$ が溶液の溶質濃度 C に比例することを見出した．

$$-\log \frac{I}{I_0} = k_2 C \quad \text{(ベールの法則)} \tag{3.18}$$

ここで，それぞれの k_1, k_2 は比例定数であり，これら2つの式をまとめると次のようになる．

$$-\log \frac{I}{I_0} = kCl$$

k は**吸収係数** (absorptivity) とよばれる定数であるが，溶液の濃度を $1\,\mathrm{mol\,L^{-1}}$，液層の長さを $1\,\mathrm{cm}$ としたときの係数を**モル吸光係数** (molar absorptivity) といい，$\varepsilon\,(\mathrm{L\,mol^{-1}\,cm})$ で表す．

ランバートの法則とベールの法則を合わせて**ランバート–ベールの法則**とよび，(3.19) で表される．

$$-\log \frac{I}{I_0} = \varepsilon C l \tag{3.19}$$

$-\log I/I_0$ は，上で定義したように吸光度 A である．

モル吸光係数の大きい反応系を用いた方が高感度な分析法となる．モル吸光係数 ε は断面積と光吸収による遷移確率に比例し，遷移確率は有機試薬で $0.1 \sim 1$，無機試薬で 0.01 以下といわれている．

断面積とモル吸光係数との関連についての例として，鉄 (II) イオンの発色試薬をあげる．六員環2つのジピリジン，3つの 1,10 - フェナントロリン，5つの 4,7 - ジフェニル - 1,10 - フェナントロリンのモル吸光係数は，それぞれ 8600，11000，22400 であり[4]，断面積が大きいほど大きい．

測定では，発色させた試料溶液（紫外部に吸収がある場合は，発色は見られない）の吸収スペクトル（波長と吸光度の関係線）をとり，原則として最も吸光度の高い波長（極大吸収波長）を測定波長として選択する．

3.2.3 分光光度計

分光光度計は光源，分光部，セル保持部，検出器，記録部の5つからなる．光源は紫外吸収

を利用する場合は重水素ランプ[*1],可視部に対してはハロゲンタングステンランプ[*2]を用いる.分光部では,入射した白色光から特定波長を回折格子[*3]を用いて分光する.測定溶液を入れたセル[*4]を透過した光は,受光部である光電子増倍管[*5]あるいはフォトダイオード[*6]で検出される.

最近はダブルビーム分光光度計が使われる(図3.9).この装置は分光された光が二分され,試料側セルと対照側セルを通るため,対照側セルが着色していても相殺された吸光度が得られ,正味の吸光度(ブランクを差し引いたもの)が測定される.

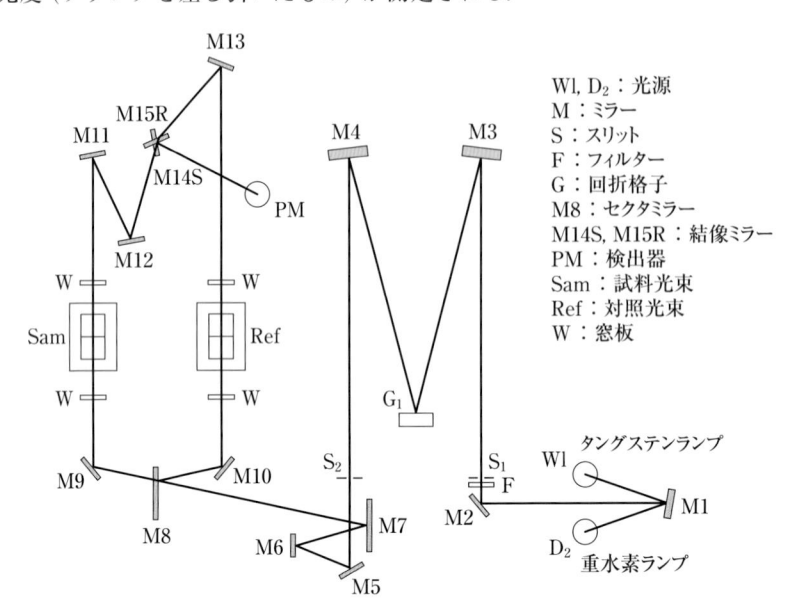

図3.9 ダブルビーム分光光度計(日本分光製)の光学系
(「技術資料」(日本分光(株))による)

3.3 蛍光光度法

蛍光光度法は高感度な測定法の1つであり,蛍光試薬の適切な選択により,金属イオンや多くの有機物などの測定が可能である.実際の測定法については第12章で述べる.

[*1] 石英の窓をもち,一対の電極からなるガラス管内に重水素が低圧で封入されている.電極に高圧をかけると,電子の放電が起こり,およそ180〜350 nmにわたる連続のスペクトルを放射する.

[*2] 白熱電球の一種であり,管球に石英ガラスを使用し,ハロゲン(ヨウ素や臭素)が封入してある.管内の内壁に付着したタングステンがハロゲン化タングステンとなってフィラメント上で分解し,再びフィラメントに戻される.タングステンの蒸発によるフィラメントの折損が抑制されるため,白熱電球に比べて明るく,長寿命である.

[*3] アルミニウムのような金属やガラスの平面に多数の溝(1 mmに500から数千本)が等間隔で平行に刻まれており,光の回折現象を利用して分光する.

[*4] 吸光度を測定するために測定対照溶液を入れるもので,ガラス製,石英製,プラスチック製などがあり,通常は光路長10 mmのものが用いられる.濃度がうすい場合は,20や50 mmの光路長が用いられる場合もある.なお,紫外部に測定波長がある場合には,石英セルを用いなければならない.

[*5] 陰極光電面(アンチモンや銀の表面にセシウムなどを蒸着させたもの)に光が当たると,光電効果により光電子が生成し,これを静電場で加速・増幅して検出する.

[*6] 光が当たると光電流が流れる半導体を用いて検出する.

3.3.1 蛍光光度法の原理

基底状態にある分子,イオンなどに外部からエネルギーを与えると,電子をエネルギーの高い軌道に励起することができる.励起された電子は不安定なため,エネルギー $E\ (=h\nu)$ を放射して基底状態に戻るが,このときエネルギーが光として放射される.ところが図3.10に示すように,励起された電子は無放射による遷移によって励起1重項状態の最も低いエネルギーレベルに達し,そこでエネルギーを放出して基底状態に戻ろうとする性質がある.これが**蛍光**である.一方,励起1重項状態から励起3重項状態に無放射遷移し,この状態から光を放射して基底状態に戻ることもある.これは**りん光**とよばれる.蛍光の寿命は $10^{-8}\sim10^{-4}\,\mathrm{s}$ で,りん光の場合は $10^{-4}\sim10\,\mathrm{s}$ と長い.図3.11に蛍光測定の原理を示す.

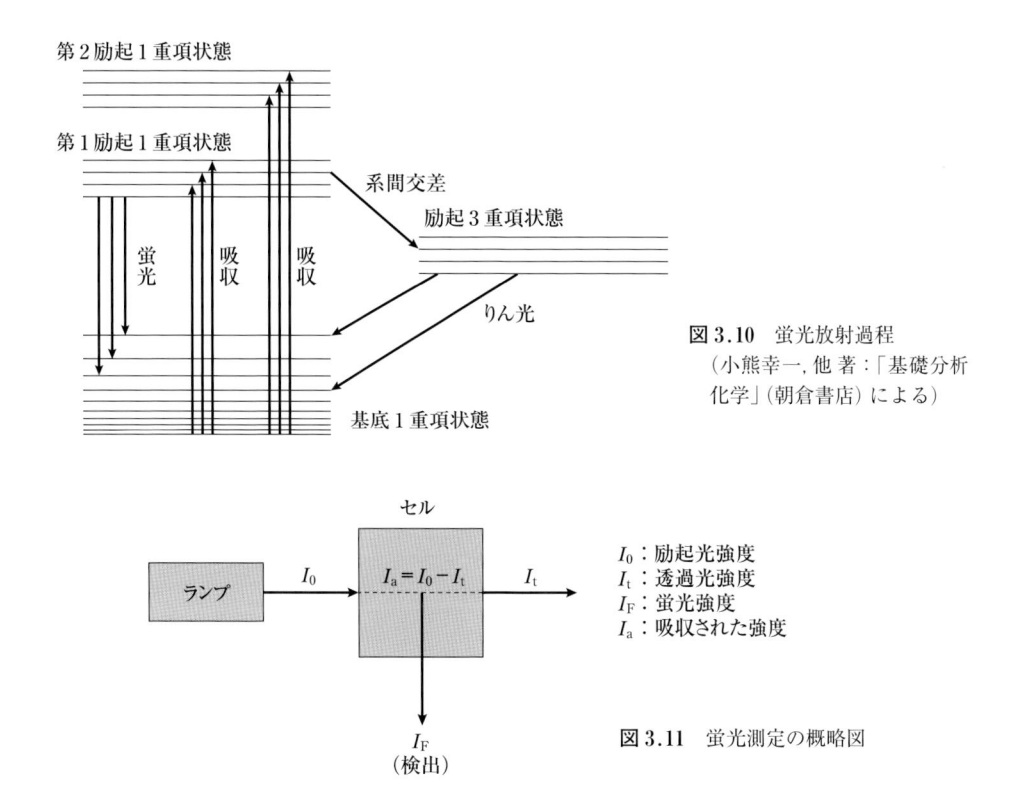

図3.10 蛍光放射過程
(小熊幸一,他著:「基礎分析化学」(朝倉書店)による)

図3.11 蛍光測定の概略図

I_0:励起光強度
I_t:透過光強度
I_F:蛍光強度
I_a:吸収された強度

光源(キセノンランプ)[*7]からの入射光 I_0 がセルを通過し,透過光 I_t となり,I_F の蛍光を発したとする.そのとき,I_F, I_0, I_t との関係は(3.20)で表される.

$$I_F = \Phi(I_0 - I_t) \tag{3.20}$$

---

*7 キセノンガス中での放電による発光を利用したランプ.
　光源Lからの光は,まず励起光側の回折格子(G1)に入射し,励起光波長が選択される.選択された励起光は四面が透明なセルに到達し,試料中の蛍光物質により,蛍光を放射する.その蛍光は蛍光波長を選択するための回折格子(G2)に到達し,ここで最適な蛍光波長が選択される.この波長の蛍光の強度が光電子増倍管PM2で測定される.

I_F, I_0, I_t はそれぞれ蛍光，入射光，透過光の強さで，Φ は量子収率を表す．I_0 と I_t の間に成り立つランバート - ベールの法則の式 $I_t/I_0 = 10^{-klC}$ を (3.20) に代入すると，(3.21) が得られる．

$$I_F = \Phi(I_0 - I_0 \times 10^{-klC}) = \Phi I_0(1 - 10^{-klC}) \tag{3.21}$$

(3.21) の指数項をテイラー展開すると

$$I_F = \Phi I_0 \left[2.3klC - \frac{(2.3klC)^2}{2!} + \frac{(2.3klC)^{-3}}{3!} + \cdots \right] \tag{3.22}$$

となり，$klC < 0.05$ ならば，(3.22) の角括弧の第 1 項を除き無視できるので (3.23) が得られる．

$$I_F = \Phi I_0 2.3klC \tag{3.23}$$

したがって，蛍光強度 I_F は，量子収率 Φ，入射光の強度 I_0，化学種の吸光係数 k，セルの光路長 l と化学種の濃度 C に比例する．分析に当たっては，光路長一定のセルに，ある量子収率 Φ と吸光係数 k をもった対象物質を入れ，一定の強度の入射光を当てることから，これらはすべてある定数になり，蛍光強度は物質濃度に比例する（$klC < 0.05$ が成立する範囲）．蛍光分析の場合，入射光を**励起光**ともよぶ．

3.3.2 蛍光光度計

蛍光光度計の光源には紫外から可視領域において強い光強度をもつキセノンランプが用いられる．装置の光学系を図 3.12 に示す．

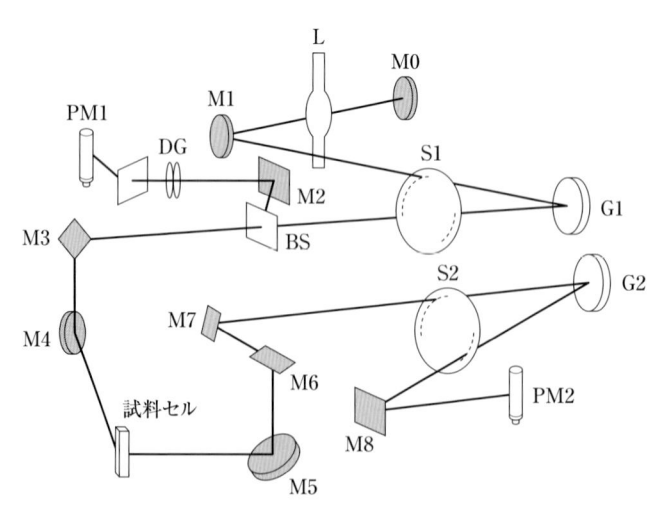

L：キセノンランプ（150W）　BS：ビームスプリッタ　M0, M2, M8：凹面鏡　M1：楕円鏡
M4, M5：トロイダル鏡　M3, M6, M7：平面鏡　G1, G2：凹面回折格子（1800本 mm^{-1}）
S1：励起側の分光器スリット　S2：蛍光側の分光器のスリット　PM1：光電子増倍管
PM2：光電子増倍管　DG：減光器

図 3.12 分光蛍光光度計（日本分光製）の光学系
（「技術資料」（日本分光(株)）による）

3.4 原子吸光光度法

原子吸光光度法は吸光光度法と比べ,感度がよく,選択性にも優れており,元素分析として有用である.また,第1章で述べた通り,多くの測定項目の公定法にも採用されている.実際の測定法については,第13章で述べる.

3.4.1 原子吸光光度法の原理

基底状態の原子は,基底準位と励起準位のエネルギー $E(=h\nu)$ の差に相当する光を吸収して励起される.この過程が**原子吸光**である.また,フレームやプラズマなどを用いて試料中の原子を熱により励起させ,励起状態から基底状態へ戻るときにそのエネルギー差に相当する光を放出する発光過程を**原子発光**という.図3.13にその概念図を示す.

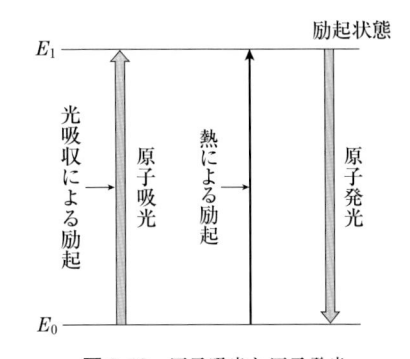

図3.13 原子吸光と原子発光

特定の波長をもつ入射光強度を $I_{0\nu}$ とし,この光が通過する原子蒸気層の長さを l,透過してきた光強度を I_ν とすると

$$-\log \frac{I_\nu}{I_{0\nu}} = k_\nu l$$

が成り立つ.ただし,k_ν は吸収線に関する吸収係数であり,基底状態の原子密度 N とスペクトル線の振動子強度 f に比例した大きさをもち,スペクトル線ごとに一定の値をもつ.

吸光度 A は次式で表すことができる.

$$A = -\log \frac{I_\nu}{I_{0\nu}} = k \cdot N \cdot f \cdot l$$

k は比例定数である.l は一定であるので,吸光度 A は目的元素の基底状態の原子密度 N(元素濃度)に比例することになる.したがって原子吸光光度法では,吸光度を測定して目的元素濃度を求めることができる.

原子化は以下のように起こる.

CaCl₂(溶液) → CaCl₂(固体) → CaCl₂(ガス) → Ca(ガス) + Cl(ガス)

原子吸光光度法の特徴・利点

1) 光源からの放射線の波長は,元素固有のものである.
2) 化合物から原子を熱解離するので,原子の大部分を対象にした分析である.
3) 発光分析と比べ,バックグラウンドの影響が少ない.

原子吸光光度法の欠点

1) 元素ごとに光源が異なる.
2) フレームを用いる場合は精度が若干低い.

3.4.2 原子吸光装置

原子吸光光度法では，分析対象の基底状態の原子蒸気にその原子固有の波長の光を吸収させるため，試料溶液を化学炎あるいは黒鉛炉（グラファイトファーネス）に導入して，原子蒸気を生成させる．

原子化を前者で行なう場合をフレーム原子吸光光度法（flame atomic absorption spectrometry, FAAS），後者で行なう場合をグラファイトファーネス原子吸光光度法（graphite furnace atomic absorption spectrometry, GFAAS）とよぶ．FAAS の化学炎として一般的に空気 - アセチレンが用いられ，GFAAS では黒鉛炉に電流を流し，ジュール熱により原子化を行なう．

また，GFAAS は，化学炎を用いないという意味でフレームレス原子吸光光度法，あるいは黒鉛炉に高電流を流して加熱するため電気加熱原子吸光光度法（electrothermal AAS, ETAAS）ともよばれる．

なお，水銀の原子吸光光度法では，冷原子吸光光度法ともよばれるように化学炎や加熱の必要はない．塩化スズ（II）などの還元剤によって試料溶液中の水銀イオンを還元して水銀とし，これに空気や窒素を送って水銀蒸気とする．

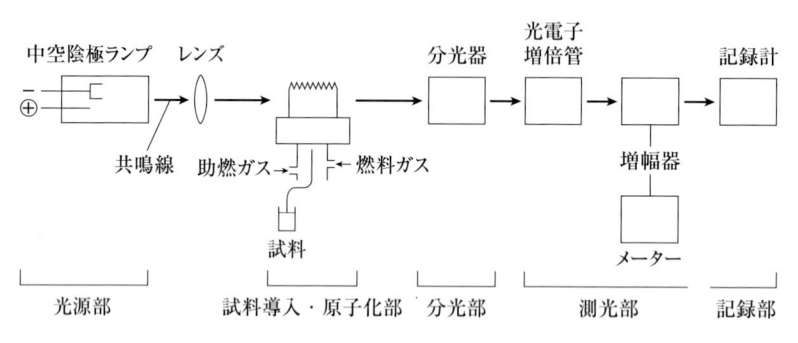

図 3.14 フレーム原子吸光光度計の構成

フレーム原子吸光光度計は，光源部，試料導入・原子化部（アトマイザー），分光部，測光部，記録部から構成される（図 3.14）．光源には中空陰極ランプ（hollow cathode lamp）が用いられる．中空陰極ランプの基本構造の概略図を図 3.15 に示す．陰極面には目的元素が含まれ，両極間に電圧が印加されると封入されているアルゴンあるいはネオンガスがイオン化され，中空陰極面に衝突し，発光スペクトルが発生する．元素固有の波長の光が分析線（共鳴線）として使われる．表 3.2 に主な元素の吸収線を示す．

試料溶液の導入は，FAAS ではキャピラリーチューブでの吸引で行なわれる．吸引された溶液はネブラ

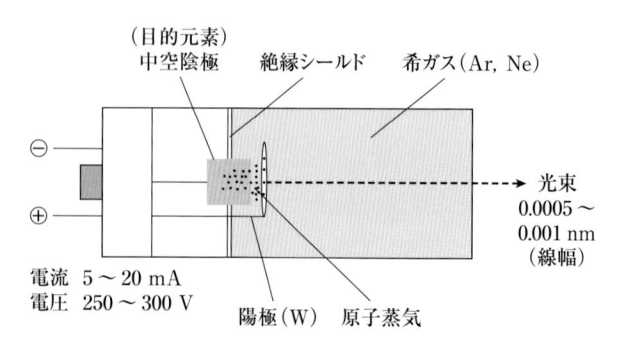

図 3.15 中空陰極ランプの構造

表 3.2 主な元素の吸収線 (nm)

元素	吸収線	元素	吸収線	元素	吸収線
Ag	328.1	Hg	253.7	Si	251.6
Al	309.3	K	766.5	Ti	364.3
As	193.7	Li	670.8	U	351.4
B	249.7	Mg	285.2	V	318.4
Ca	422.7	Mn	279.5	W	400.9
Cd	228.8	Na	589.0		
Co	240.7	Ni	232.0		
Cr	357.9	Pb	238.3		
Cu	324.7	Sb	217.5		
Fe	248.3	Se	196.0		

表 3.3 FAAS に用いる助燃ガスと燃料ガス

助燃ガス	燃料ガス	最高温度 (℃)	最大燃焼速度 (cm s^{-1})
空気	プロパン	1900	80
空気	水素	2100	440
空気	アセチレン	2300	160
酸素	プロパン	2800	390
酸素	水素	2900	1150
酸素	アセチレン	3100	2480
一酸化二窒素	アセチレン	2800	180

イザーで霧状(ミスト, 4〜7 μm)となり, 噴霧室で助燃ガス・燃料ガスと混合されて化学炎中に導かれる. 吸引された試料の 90〜95%はドレインで排出されるので, 試料効率はよくない. よく使われる化学炎を表 3.3 に示す. 最も一般的なものは空気-アセチレンで, 温度は 2300℃である. アルミニウム, バナジウム, タングステンなどの元素は

表 3.4 多燃料フレームによる感度増幅

元素	フレーム	アセチレン流量 (L min^{-1})	感度の増加率
As	C$_2$H$_2$/Air	3.3	4.2
Ca	C$_2$H$_2$/Air	3.3	2.3
Cr	C$_2$H$_2$/Air	3.6	6.4
Mg	C$_2$H$_2$/Air	3.3	1.1
Mn	C$_2$H$_2$/Air	3.3	1.3
Pb	C$_2$H$_2$/Air	3.3	1.3
Al	C$_2$H$_2$/N$_2$O	6.3	7.0
B	C$_2$H$_2$/N$_2$O	6.2	7.8
V	C$_2$H$_2$/N$_2$O	6.2	3.2

空気流量:9.4 L min^{-1}, 亜酸化二窒素:5.9 L min^{-1}

原子化に高い温度が必要で, 亜酸化窒素-アセチレンが使われる. また, 燃料ガスを多く流すと, 還元的雰囲気となり, 感度の増幅が見られる(表 3.4). 酸化物を形成しやすい元素, ヒ素, クロム, アルミニウム, ホウ素, バナジウムは燃料過多の方が感度を高めることができる.

燃焼に用いられるバーナーはスロットバーナーとよばれ, 光の通過する方向に対して原子蒸気層の長さ 10 cm のものが主として用いられる. GFAAS では, 黒鉛管(長さ 5 cm, 内径 4.5 mm)の注入口からマイクロピペットを用いて試料 10〜20 μL を注入する. 黒鉛管の両端は金属電極に接続されている. 電流を流し, 黒鉛管を加熱して試料を乾燥(100〜300℃)→灰化(500〜800℃)→原子化(1500〜2800℃)し, 吸光度を測定する. 原子化は瞬時に起こる. 黒鉛炉が燃焼しないよう, 周囲にアルゴンガスを流す. また, 試料注入時は常温のため, 加熱された黒鉛炉を冷却する冷却水も周囲に流す. 黒鉛炉は加熱, 冷却を繰り返すために, その寿命に注意する必要がある.

3.4.3 ピーク形状の違い

原子吸光光度法は吸光度を測定するが, 記録装置には吸光度の他にピークの高さなども記録される. したがって, 時間とピークの高さの関連を示すシグナルの形状を把握しておく必要が

フレーム法でのピークシグナル

黒鉛炉法でのピークシグナル

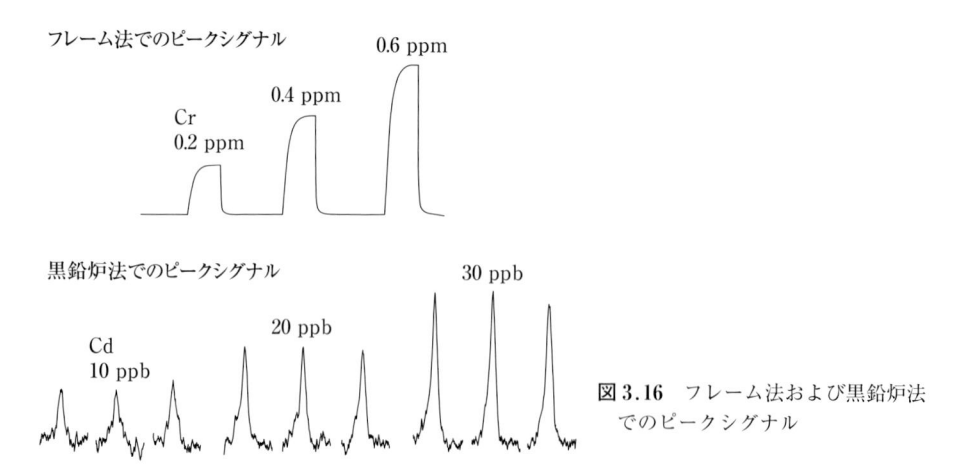

図 3.16 フレーム法および黒鉛炉法でのピークシグナル

ある．フレーム法では，試料は化学炎中で原子化されるので，一定のピークの高さが得られるまで試料吸引を行なう．

図 3.16 にピーク形状を示す．吸引が始まるとピークは立ち上がり，定常状態となり，吸引が終わるとベースラインに戻る．定常状態では若干化学炎の影響を受け，のこぎり状のピークになることもあるが，この場合は，のこぎり状のピーク高さの平均値を測定値とすればよい．黒鉛炉法では，発生した原子蒸気は瞬時に生成され，また，不活性ガスにより系外に排出されるので，鋭いピークとなる．さらに，黒鉛炉法ではフレーム法で見られる化学炎による原子蒸気の希釈はなく，原子蒸気は炉の中に閉じ込められることから原子密度は大きくなり，感度はフレーム法より 10 ～ 100 倍程度よくなる．

3.5 ICP 発光分光分析法

高周波誘導結合プラズマ (inductively coupled plasma : ICP) 発光分光分析法 (atomic emission spectrometry : AES, optical emission spectrometry : OES) は，多元素の同時分析が可能なことから，第 1 章で述べた通り，環境水での多くの測定項目の公定法にも採用されている．実際の測定法については，第 14 章で述べる．

ICP 発光分光分析法の原理および装置の概略

通常の化学炎の温度は約 2000℃ であり，励起できる元素が限られる．プラズマ光源を励起源とすると 6000 ～ 8000 K の高温で励起できるので，多くの元素の発光分析が可能となる．現在では，高周波を用いる高周波誘導結合プラズマ発光分光分析法が環境分析の領域にも広く使われている．

プラズマは高温で電離した陽イオンに加え，陽イオンと同数の電子，中性分子で構成され，空間電荷がゼロの中性電離気体であり，アルゴンがプラズマガスとして使われる．3 重管のトーチ (図 3.17) にプラズマ生成用 (プラズマガス)，プラズマトーチ保護用 (補助ガスあるいはクーラントガス)，試料輸送用 (キャリヤーガス) のためのアルゴンガスを流し，誘導コイル

3.5 ICP発光分光分析法

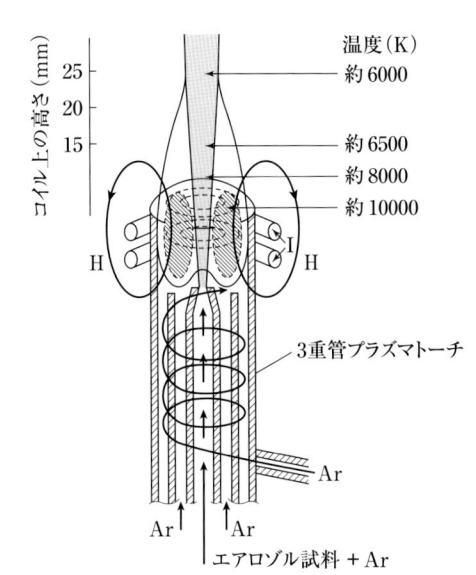

図3.17 3重管のプラズマトーチとアルゴンプラズマの温度分布
(N. Furuta and G. Horlick : Spectrochimica Acta Part B, **37**, 53-64(1982)による)

により高周波をかけ，高周波磁界を生じさせる．アルゴンガスを放電させ，イオン化し，プラズマを生成させる．試料は，ネブライザーによりエアロゾル化され，スプレーチャンバーを経由して，プラズマに導入される．原子吸光光度法と同様に，粒径の大きな水滴はドレインに排出される．エアロゾル中の原子は高温中で励起され，基底状態に戻るとき，そのエネルギー差の光を放出する．放出された光の波長により元素を特定し，その強さで定量する．

　検出法としては，マルチチャンネル型とシーケンシャル型がある．前者の概略図を図3.18に示す．プラズマから放出された光は図3.18中の凹面回折格子により分光され，それぞれの波長位置に設置された光電子増倍管によって検出される．この回折格子と光電子増倍管の仕組みをポリクロメーターとよぶ．装置に設置された光電子増倍管の数が測定可能な元素数になり，現在，48元素が数十秒間に同時測定できるものが市販されている．しかし，装置が大型，

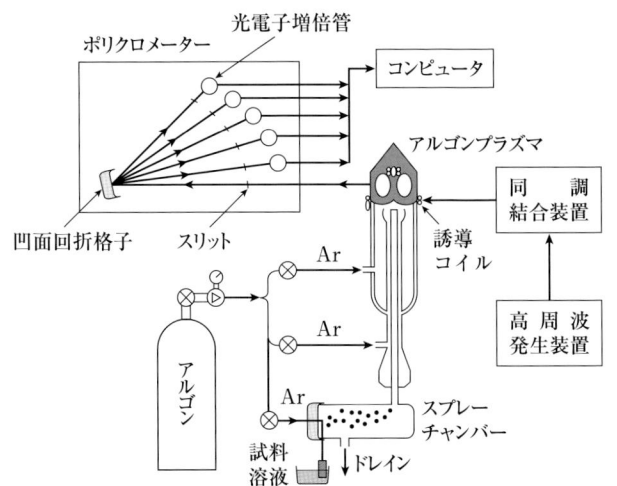

図3.18 マルチチャンネル型 ICP - AES 分析装置
(赤石英夫，他著：「分析化学」(丸善出版)による)

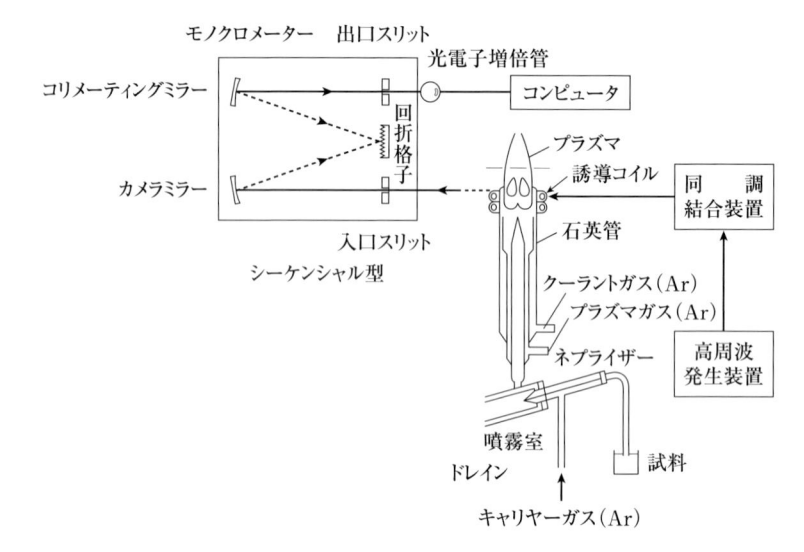

図 3.19 シーケンシャル型 ICP‑AES 分析装置

高価となる．

後者は，図 3.19 に示されるように分解能の高い回折格子と光電子増倍管 1 個から構成され，コンピュータ制御されたモーターによって回折格子が高速で駆動し，プラズマからの発光線が選択され，光電子増倍管に送られて検出される．同時に測定する元素数が多くなるにつれ，必要とする駆動時間が長くなり，測定に時間を要する．

ICP‑AES では，試料中のマトリックス（試料の主組成成分）の影響を避けるために，試料中にはほとんど含まれることがないと考えられるイットリウム，インジウム，イッテルビウムなどを標準液や試料溶液に添加して，目的元素とこれらの元素との発光強度の比を求めて定量する．添加するこれらの元素を**内標準元素**とよぶ．

ICP‑AES の特徴・利点

1) 種々の元素に適用でき，感度がよい．
2) 検量線の直線範囲が広い．
3) 化学干渉が少ない．
4) 多元素同時分析ができる．

ICP‑AES の欠点

1) アルゴンガスを 15～20 L min^{-1} で流すのでその消費量が多く，ランニングコストが高い．
2) 装置が高い．

表 3.5 に ICP 発光分光分析に用いられるスペクトル線と検出限界を示す．また，原子吸光光度法と ICP 発光法の機能の比較を表 3.6 に示す．

表 3.5 ICP 発光分光分析用発光線と検出限界

元素	スペクトル線 (nm)	検出限界 (ppb)	元素	スペクトル線 (nm)	検出限界 (ppb)
Ag	328.07	2	Hg	184.96	1
Al	396.15	1	K	766.49	30
Al	308.22	7	Mg	279.55	0.01
As	193.76	25	Ni	352.45	2
Ca	393.37	0.0005	P	253.56	30
Cd	228.80	0.3	Pb	220.35	15
Co	238.89	0.4	Pb	283.31	10
Cr	267.72	0.5	V	309.31	0.2
Cr	357.87	1	W	276.43	5
Fe	259.94	0.2	Zn	213.86	0.3
Fe	261.19	7			

表 3.6 原子吸光光度法と ICP 発光分析法との比較

測定法		対象元素	検出元素数	定量範囲 ($\mu g\,L^{-1}$)	精度 (%)	熟練
AAS	FAAS	酸化物をつくり	1元素	0.1 ~ 10	0.1 ~ 1	無
	GFAAS	にくい元素	1元素	0.01 ~ 1	0.5 ~ 5	要
ICP-AES		ほとんどの元素	多元素	0.1 ~ 10	0.1 ~ 2	要

3.6 高周波誘導結合プラズマ - 質量分析法

　高周波誘導結合プラズマ - 質量分析法 (inductively coupled plasma - mass spectrometry, 以下，ICP - MS) は，高感度な多元素の同時分析が可能なことから，第1章で述べた通り，環境水での多くの測定項目の公定法にも採用されていると同時に，生体試料，工業製品など様々な分野において活用されている．実際の測定法については，第15章で述べる．

ICP - MS の原理および装置の概略

　装置の概略図を図 3.20 に示す．アルゴンプラズマ中に試料が導入されると，プラズマの高温中で試料中の原子がイオン化する．プラズマトーチは 3.5 節の ICP - AES と同様に石製の 3 重管（図 3.17 を参照）を用いるが，設置方向は ICP - AES とは異なり横向きである．試料は，ネブライザーによりエアロゾル化され，スプレーチャンバーを経由して，アルゴンプラズマに導入される．ICP - AES と同様に，粒径の大きな水滴はドレインに排出される．エアロゾル中の多くの原子は，高温プラズマ中で 90% 以上イオン化される．プラズマ内で生成したイオンは，サンプリングコーン[*8]とスキマコーン[*9]のインターフェイス部を経て質量分析部に導かれる．インターフェイス部と質量分析部の間はロータリーポンプにより約数百 Pa までに排気される．インターフェイス部を通して引き込まれたイオンは，イオンレンズによりその軌道を

[*8, 9] オリフィス径（流体の噴出穴の径）が 0.5 から 1 mm の 2 つの金属でできた円錐状の形状のものであり，プラズマ中のイオンを質量分析部に引き込む役割をする．

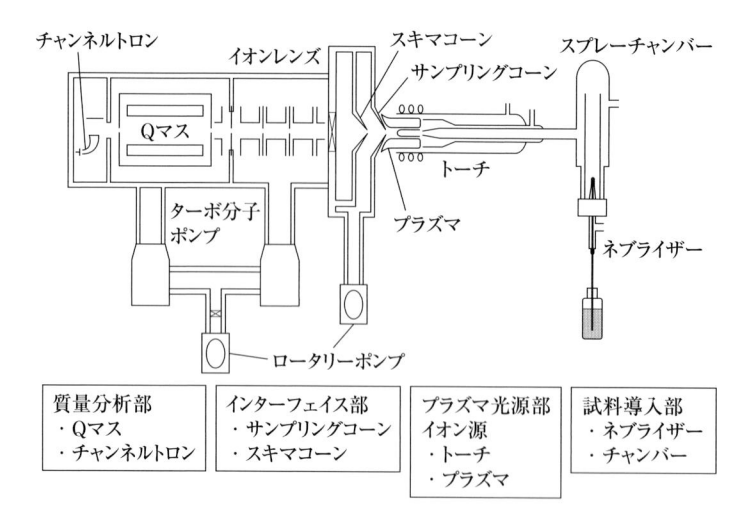

図 3.20 ICP‐MS 装置の構成

質量分析計へ収束される．イオンレンズ，質量分析部はターボ分子ポンプにより，それぞれ 1×10^{-3}，1×10^{-4} Pa までに排気される．質量分析部で4重極マスフィルター（後述の 3.8.2 項を参照）により質量ごと（質量/電荷）に分離され，イオン検出部（例えば2次電子増倍管：後述の 3.8.3 項を参照）で検出される．

ICP‐MS には次のような特徴・利点があり，現在，多くの分野で使用されている．一方，装置が高価で，アルゴンガス消費量が多く，ランニングコストが高いのが難点である．

ICP‐MS の特徴・利点
1) 種々の元素に適用でき，高感度である．
2) 検量線の直線範囲が広い．
3) 原子吸光光度法で見られる酸化物生成等の化学干渉が少ない．
4) 多元素同時分析ができる．
5) 同位体分析ができる．

表 3.7 に ICP‐MS で分析に用いられる質量数と定量範囲の例を，表 3.8 にプラズマ内で生じた分子イオンの干渉の例をそれぞれ示す．表 3.8 に示すようにアルゴンや窒素などに由来した多原子イオンがプラズマ内に生成し，これが測定元素の質量数と重なり，スペクトル干渉の原因となる．例えば，アルゴンプラズマ中で生成するアルゴンと酸素が結合した ArO^+ の質量数は 56 で，鉄イオンの質量数と重なり，正の妨害を与える．最近の多くの装置では，これらの多原子イオンを解離させるためのコリジョンセルやリアクションセル（詳細は第 15 章を参照）が取り付けられている．分析に際しては，用いる装置での多原子イオンの影響を抑制できるかを確認する．抑制が困難な場合は，他の質量数を利用する．

表3.7 ICP-MSでの各元素の定量範囲と測定質量数

元素	定量範囲(μg L^{-1})	質量数	元素	定量範囲(μg L^{-1})	質量数
Al	0.5～500	27	Fe	1～300	54, 56
As	0.5～500	75	Mn	0.5～500	55
B	2～200	11	Ni	0.5～500	60, 58
Bi	0.5～500	209	Pb	0.5～500	66, 68, 64
Cd	0.5～500	111, 114	Se	0.5～500	82, 77, 78
Co	0.5～500	59	V	0.5～500	51
Cr	0.5～500	53, 53, 50	Zn	0.5～500	66, 68, 64
Cu	0.5～500	63, 65	In	—	115
Y	—	89			

JIS K 0102 工場排水試験方法で規格されている元素

表3.8 多原子イオンの干渉例

元素	m/z (存在比, %)	水（硝酸）	塩酸	硫酸
As	75 (100)		^{40}Ar^{35}Cl$^+$	
Br	79 (50.69)	^{38}Ar^{40}ArH$^+$		
Br	81 (49.31)	^{40}Ar^{40}ArH$^+$		
Ca	40 (96.94)	^{40}Ar$^+$		
Cr	52 (83.78)	^{40}Ar^{12}C$^+$	^{35}Cl^{16}OH$^+$	
Fe	54 (5.8)	^{40}Ar^{14}N$^+$		
Fe	56 (91.72)	^{40}Ar^{16}O$^+$		
Ga	69 (60.10)		^{37}Cl^{16}O^{16}O$^+$	
K	39 (93.25)	^{38}ArH$^+$		
Mn	55 (100)	^{40}Ar^{14}NH$^+$		
P	31 (100)	^{14}N^{16}OH$^+$		
Sc	45 (100)	^{12}C^{16}O^{16}OH$^+$		
Se	78 (23.78)	^{38}Ar^{40}Ar$^+$		
Se	80 (49.61)	^{40}Ar^{40}Ar$^+$		
Si	28 (92.23)	^{14}N^{14}N$^+$, ^{12}C^{16}O$^+$		
Ti	48 (73.8)			^{32}S^{16}O$^+$
V	51 (99.75)		^{35}Cl^{16}O$^+$	
Zn	64 (48.6)			^{32}S^{16}O^{16}O$^+$, ^{32}S^{32}S$^+$
Zn	66 (27.9)			^{34}S^{16}O^{16}O$^+$, ^{32}S^{34}S$^+$

（井田 巖，小塚祥二，望月 正：ぶんせき，No.5, p.212 (2008) による）

3.7 クロマトグラフ法

クロマトグラフ法（chromatography）には，ガスクロマトグラフ法，薄層クロマトグラフ法，カラムクロマトグラフ法，高速液体クロマトグラフ法，イオンクロマトグラフ法など多くの種類があり，環境中の種々の物質の定量やそのための前処理などに広く用いられている．いずれの場合も分析対象物質の固定相（カラム）あるいは移動相（キャリヤーガスや溶離液）との親和力（分離機構）の差を利用している．

3.7.1 クロマトグラフ法の種類

クロマトグラフ法の分類では，固定相と移動相との組み合わせや吸着，分配，イオン交換などの分離機構による分類の他，固定相の形によってカラムクロマトグラフ法と平面クロマトグラフ法に分けることもある．

表3.9には，各種のクロマトグラフ法における移動相，固定相等についての概略を示す．

表3.9 各種のクロマトグラフ法

種類	移動相	固定相	分離機構
ペーパークロマト	液体（展開溶媒）	液体（ペーパー表面の水）	分配
薄層クロマト	液体（展開溶媒）	固体（シリカゲル，アルミナ）	吸着
ガスクロマト	①気体（キャリヤーガス）	①固体（シリカゲル，モレキュラーシーブ，活性炭，アルミナ，多孔質有機性ポリマー）	①吸着
	②気体（キャリヤーガス）	②液体（分離カラムの担体上の液相）	②分配
液体クロマト・高速液体クロマト	液体（溶離液）	固体（シリカゲル系，有機系ポーラスポリマー）	吸着
		液体（分離カラムの担体上の液相）	分配
イオンクロマト	液体（溶離液）	固体（イオン交換樹脂）	イオン交換
ゲルクロマト	液体（溶離液）	固体（ゲル）	分子ふるい

移動相として用いられる液体の呼称は，ペーパークロマトや薄層クロマトのように，固定相が平面の場合には展開溶媒，他のカラムを用いるクロマトの場合は溶離液となる．

3.7.2 クロマトグラフ法における分離原理

クロマトグラフ法での溶質分離の原理を図3.21の溶媒抽出から考える．1〜4の分液ロートには同じ体積の水が入っている．分析ロート1の水には溶質Aが800 mg溶解している．ここに水と同体積の有機溶媒を入れ，振り混ぜて分配平衡とした後，有機相を水のみが入った分析ロート2に移す．ただし，分配平衡定数（分配係数ともいい，第2章の2.6節を参照）は1とする．分液ロート1には新しい有機溶媒を入れる．分析ロート1, 2を振り混ぜて分配平衡とした後，それぞれの有機相を分液ロート2, 3に移す．分液ロート1への新しい有機溶媒の導入を5回繰り返した場合に，それぞれの分液ロートの水相に存在する溶質Aは，25, 100, 150, 100 mgとなり，3の分液ロートで最大となる．

他の分配係数をもつ溶質の場合には，これらの値が異なり，水相の溶質量が最大となる分液ロートの番号が異なる．ある長さの固定相を等間隔に分けた場合の1間隔がそれぞれの分液ロートに，移し換える有機溶媒が移動相に相当する．これらのことからクロマトグラフ法での混合物の分離が説明される．

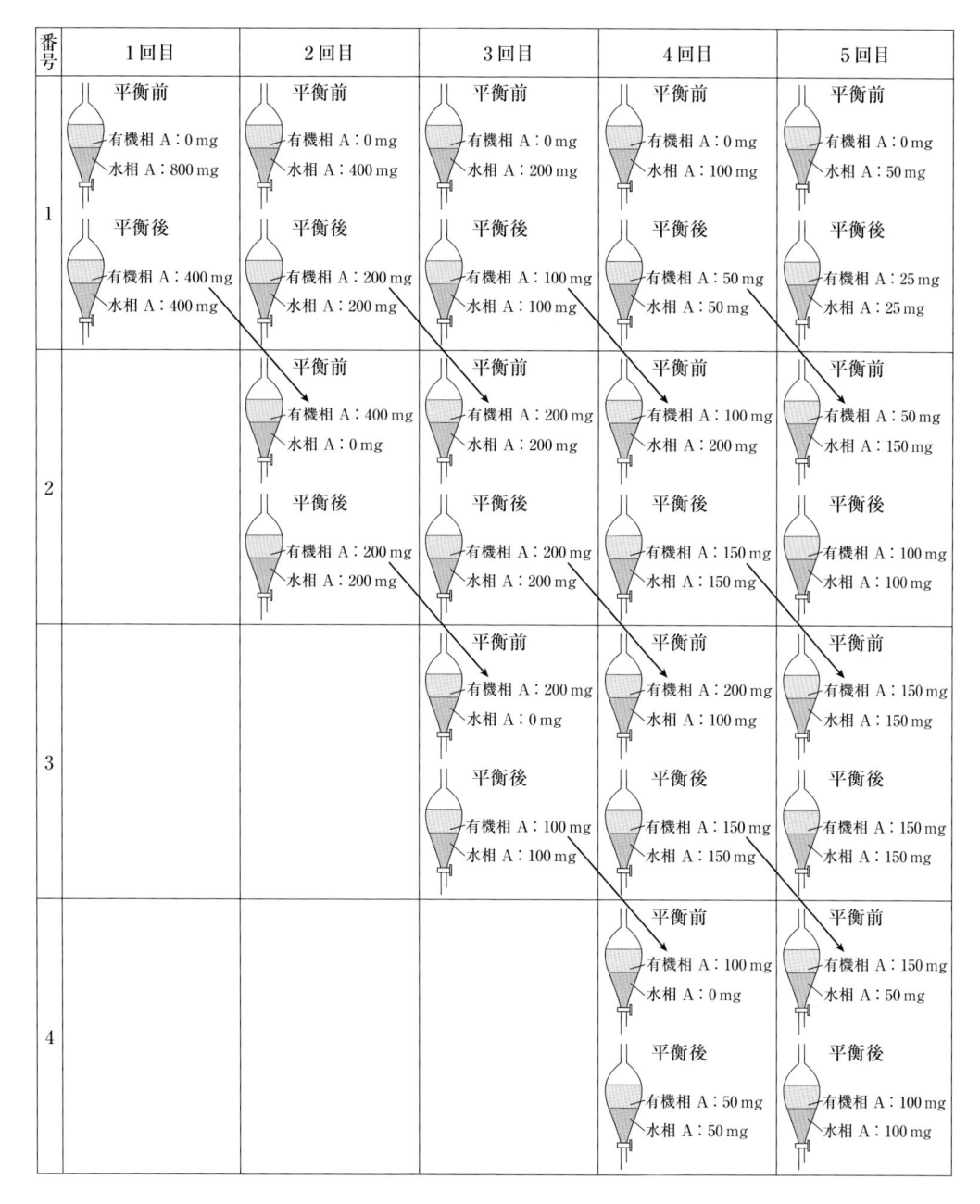

番号	1回目	2回目	3回目	4回目	5回目
1	平衡前 有機相 A：0 mg 水相 A：800 mg 平衡後 有機相 A：400 mg 水相 A：400 mg	平衡前 有機相 A：0 mg 水相 A：400 mg 平衡後 有機相 A：200 mg 水相 A：200 mg	平衡前 有機相 A：0 mg 水相 A：200 mg 平衡後 有機相 A：100 mg 水相 A：100 mg	平衡前 有機相 A：0 mg 水相 A：100 mg 平衡後 有機相 A：50 mg 水相 A：50 mg	平衡前 有機相 A：0 mg 水相 A：50 mg 平衡後 有機相 A：25 mg 水相 A：25 mg
2		平衡前 有機相 A：400 mg 水相 A：0 mg 平衡後 有機相 A：200 mg 水相 A：200 mg	平衡前 有機相 A：200 mg 水相 A：200 mg 平衡後 有機相 A：200 mg 水相 A：200 mg	平衡前 有機相 A：100 mg 水相 A：200 mg 平衡後 有機相 A：150 mg 水相 A：150 mg	平衡前 有機相 A：50 mg 水相 A：150 mg 平衡後 有機相 A：100 mg 水相 A：100 mg
3			平衡前 有機相 A：200 mg 水相 A：0 mg 平衡後 有機相 A：100 mg 水相 A：100 mg	平衡前 有機相 A：200 mg 水相 A：100 mg 平衡後 有機相 A：150 mg 水相 A：150 mg	平衡前 有機相 A：150 mg 水相 A：150 mg 平衡後 有機相 A：150 mg 水相 A：150 mg
4				平衡前 有機相 A：100 mg 水相 A：0 mg 平衡後 有機相 A：50 mg 水相 A：50 mg	平衡前 有機相 A：150 mg 水相 A：50 mg 平衡後 有機相 A：100 mg 水相 A：100 mg

図 3.21 溶媒抽出から考える分離

3.7.3 ガスクロマトグラフ法

ガスクロマトグラフ法は，第1章でも述べたように環境水や排水中の有機物の測定に多用されている．この方法に関する本も多数出版されていることから，本書では，原理や機構の記述にとどめる．

（1） ガスクロマトグラフ法の原理および装置の概略

移動相に気体を用いるクロマトグラフ法を**ガスクロマトグラフ法**（gas chromatography, GC）とよぶ．装置の概略を図3.22に示す．

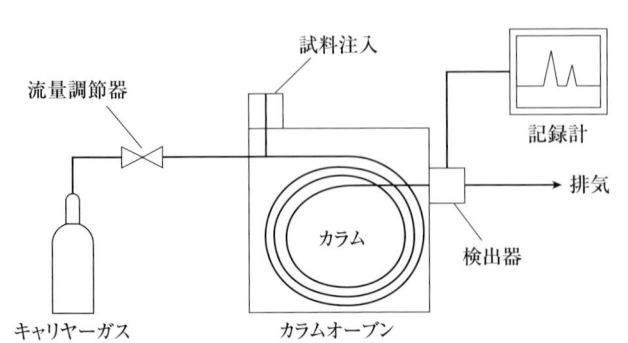

図3.22 ガスクロマトグラフ装置

移動相であるキャリヤーガスの流れに試料を注入すると，分析対象物質は固定相であるカラム内で分離され，検出器で検出される．試料を注入してから検出されるまでの時間を，**保持時間**（retention time, t_R）という．同一カラムを用いて，キャリヤーガスの流量，カラム温度を一定とした場合，保持時間は物質固有のものである．

保持時間と分配係数

保持時間が物質固有のものであることを，分配平衡から考える．

いま，ある温度で成分Aが固定相と移動相との間で分配平衡に達したとすると（3.24）に示す関係が成立し，定数は**分配係数**（partition coeffcient あるいは distribution coeffcient，第2章の2.6節を参照）とよばれる．

$$K_d = \frac{C_s}{C_m} \quad (C_s：成分Aの固定相中での濃度，C_m：成分Aの移動相中での濃度) \quad (3.24)$$

分析対象成分が任意の時間に移動相中に存在する割合 R は，全分子数に対する移動相の分子数の割合であり，次の式で表すことができる．

$$R = \frac{C_m \cdot V_m}{C_m \cdot V_m + C_s \cdot V_s} = \frac{1}{1 + C_s \cdot V_s/(C_m \cdot V_m)}$$

ここで，（3.24）から C_s/C_m は K_d なので（3.25）が得られる．

$$R = \frac{1}{1 + K_d \cdot V_s/V_m} \quad (V_s：固定相の体積，V_m：移動相の体積) \quad (3.25)$$

いま，$K_d \cdot V_s/V_m$ を k' とおくと，（3.25）の分母は $1 + k'$ となり，（3.26）が得られる．k' は**保持係数**（retention factor）とよばれる．

$$R = \frac{1}{1 + k'} \quad (3.26)$$

3.7 クロマトグラフ法

分析対象成分の平均移動速度は，移動相の線速度 u（流量/断面積）と任意の時間にその成分が存在する割合 R の積で表され，(3.27) で表される．

$$\text{分析目的成分の平均移動速度} = uR = \frac{u}{1 + k'} \tag{3.27}$$

保持時間は，カラムの長さ (L) を平均移動速度 (uR) で割った (3.28) で表される．

$$t_R = \frac{\text{カラムの長さ}}{\text{移動速度}} = \frac{L}{uR} \tag{3.28}$$

R は (3.27) より $1/(1 + k')$ であり，移動相がカラムを通過する時間 t_m は L/u で表されるので，(3.28) は (3.29) で表すことができる．

$$t_R = \frac{L}{u(1 + k')} = t_m(1 + k') \quad \text{ただし，} k' = K_d \cdot \frac{V_s}{V_m} \tag{3.29}$$

クロマトグラフ法では，次の①～③が成り立っている．

① 移動相の速度はすべての成分に対して同じである．
② 固定相体積と移動相体積の比はすべての成分に対して同じである．
③ 分配係数は各成分に特有である．

①の条件は t_m が一定，②の条件は V_s/V_m が一定であることを示す．したがって，保持時間 t_R は分配係数 K_d に依存する．K_d は物質固有の値であることから，保持時間も物質固有の値となる．

保持時間 (t_R) に移動相の流量 (F) を掛けた値は**保持容量**（retention volume, V_R）とよばれ，(3.30) で表される．

$$\begin{aligned} V_R &= \text{保持時間} \times \text{移動相の流量} = t_R F = t_m(1 + k')F = V_m(1 + k') \\ &= V_m + K_d \cdot V_s \quad \text{（移動相の保持容量 } V_m = t_m \times F\text{）} \end{aligned} \tag{3.30}$$

クロマトグラムの保持時間，ピーク幅等を図 3.23 に示す．

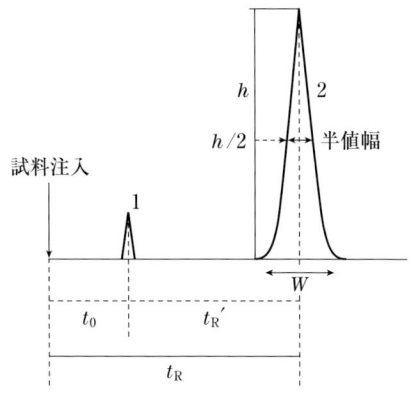

t_R：保持時間
t_R'：固定相に保持された正味の時間
t_0：ホールドアップ時間（移動相が試料注入口から検出器に到達するまでの時間）
半値幅：クロマトグラムのピーク高の1/2の幅
成分1はカラムに保持されない
成分2はカラムに保持される

図 3.23 クロマトグラムの保持時間

理論段 (theoretical plates) の概念

カラムは多数の等しい区分"理論段"で構成されており，それぞれの理論段で分配平衡が成立していると考える．カラムの理論段数 n は，経験式として (3.31) で表される．

$$n = \left(\frac{4t_R}{W}\right)^2 \quad (t_R：保持時間，W：ピーク幅) \tag{3.31}$$

n を増大させるには，次の2つの方法が考えられる．

① カラムの長さを長くする．
② 各理論段が占める長さ（H，理論段相当高さという）を小さくする．

しかし，カラムの長さを2倍にすれば保持時間も ((3.28) より) 2倍になり，ピーク幅の広がりも ((3.31) より) $\sqrt{2}$ 倍になる．

各理論段で分配平衡が成立しているとすれば，同じ長さのカラムを比較した場合，H が小さい方が理論段数 n が大きく，これは3.7.2項で述べたように分液ロートの数が増すことを意味し，試料成分の分離にとって有利となる．n の増大には②の方が適しており，理論段数の大きいカラムの方がクロマトグラフ分析に有利である．

理論段相当高さ H は (3.32) で表され，また，その値は (3.33) (Van Deemter 式) で表されるカラムの不均一性に基づく渦拡散，濃度勾配による長さ方向の拡散，物質移動における非平衡に依存する．

$$H = \frac{L}{n} = \frac{L}{16\,(W/t_R)^2} \tag{3.32}$$

H = 渦拡散 + 長さ方向の拡散 + 物質移動における非平衡

$$= A + \frac{B}{u} + Cu \tag{3.33}$$

渦拡散： 充填粒子の大きさ，形状によって生じた隙間等に基づく拡散で，流速に無関係である．

長さ方向の拡散： 濃度勾配による拡散で，流速に反比例する．

非平衡： 流速に比例する．

A, B, C は，上に述べた渦拡散，長さ方向の拡散，非平衡のそれぞれの現象に基づく値であり，異なる三流速におけるクロマトグラムの保持時間とピーク幅から実験的に求められる．

A の値は，キャピラリーカラムではパックドカラムに比べて小さい．

キャピラリーカラム： キャピラリーの内壁に固定相の液相がコーティングしてある．

パックドカラム： 固定相として充填粒子が充填してある．

固 定 相

固定相に固体のシリカゲル，モレキュラーシーブ，活性炭，アルミナ，多孔質有機ポリマーなどを用いた場合，試料成分の分離はそれらの固相に対する吸着平衡定数に基づく．この方法は，

3.7 クロマトグラフ法

表3.10 ガスクロマトグラフ法の固定相液体の例

固定相液体			典型的な対象物質
種類	極性	使用温度	
スクアラン	無	20～150℃	炭化水素
アピエゾンL	無	50～300℃	高沸点炭化水素, エステル, エーテル
シリコーン	弱	20～300℃	ステロイド, 殺虫剤, アルカロイド, エステル
ポリエチレングリコール	強	20～200℃	アルコール, ケトン, エステル, アルデヒド
ジオクチルフタレート	中	20～150℃	アルコール, エステル
シアノプロピルシリコーン	微	20～270℃	高沸点化合物
ポリジメチルシロキサン	無	50～280℃	炭化水素, 高沸点成分溶媒, PCB, フェノール
ジメチルポリシロキサン/ジフェニルシロキサン	弱	350℃	ハロゲン化合物, フェノール, 農薬

無機ガスや低沸点炭化水素類の定量に利用されている．検出には移動相と試料成分の熱伝導の差を用いる熱伝導検出器が主として用いられる．

　固定相に液相が用いられる場合，試料成分の分離は固定相と移動相における分配平衡定数に基づく．パックドカラムの場合は固定相内の担体に，キャピラリーカラムの場合はキャピラリー内部に液相がコーティングされている．代表的な液相の例を表3.10に示す．

　固定相に液体を用いる方法を気液クロマトグラフ法とよび，この方法は，多数の有機物の分離分析に利用されている．検出には，(2)に示すような種々の検出器が用いられる．

(2) 検出器

　ガスクロマトグラフ法での主な検出器の特徴などを表3.11に示す．

表3.11 ガスクロマトグラフ法における検出器

検出器	検出原理	特徴	定量範囲
電子捕獲型検出器 (ECD)	^{63}Niからのβ線を試料気体中の親電子化合物が捕獲する結果による電流の減少	ハロゲン化合物に高感度	0.1 ppb～10 ppm
水素フレームイオン化検出器 (FID)	水素フレーム中で試料に起因して生成する炭素陽イオンによるイオン電流	有機物に高感度，汎用，検量線の直線範囲が広い	10 ppb～10%
炎光光度検出器 (FPD)	水素過剰のフレーム中で硫黄やリン化合物から生じる励起状態の硫黄分子やリン化合物の発光 (硫黄：394 nm, リン：526 nm)	SおよびPを含む化合物に高感度	10 ppb～100 ppm
熱イオン化検出器 (FTD)	FIDと同様のフレーム上に置かれたアルカリ金属塩へ窒素やリン含有の試料気体を導入すると，これらとアルカリ金属原子間との電子移動が起こり，イオン電流が増大	NおよびPを含む化合物に高感度	1 ppb～100 ppm
質量分析計 (MS)	イオン化部でイオン化されたイオンの質量	定性，定量に威力	0.1 ppb～100%
熱伝導度検出器 (TCD)	移動相のキャリヤーガスと試料ガスとの熱伝導度の差	汎用，感度が低い	10 ppm～100%

TCD：thermal conductivity detector, FID：flame ionization detector, ECD：electron capture detector, FPD：flame photometric detector, FTD：flame thermionic detector, MS：mass spectrometry

3.7.4 液体クロマトグラフ法

移動相に液体を用いるクロマトグラフ法を**液体クロマトグラフ法** (liquid chromatography, LC) とよぶ．

（1） 液体クロマトグラフ法の原理・特徴

ガスクロマトグラフ法は揮発成分を対象にした分析法であるが，液体クロマトグラフ法は溶媒に可溶な揮発成分や不揮発成分が分析対象物質となり，適用範囲が広い．ガスクロマトグラフ法と比較して特筆すべきことを以下にあげる．

液体クロマトグラフ法は，室温付近での操作が可能なので，熱的に不安定な物質や高沸点で気化しにくい物質の分析ができる．また，紫外・可視分光光度計 (UV 計)，赤外分光光度計 (IR 計)，蛍光光度計，屈折計 (RI 計)，電気化学的装置，質量分析計，液体シンチレーションカウンターなど多種類の検出器が使用でき，UV, IR, 蛍光などの検出器ではスペクトルの観察が可能となる．また，移動相の組成や pH を時間とともに変化させる移動相のグラジエントが可能である（表 3.14 を参照）．

一方，溶質の液体中での拡散速度は気体中よりも 5 桁小さいといわれ，(3.33) (Van Deemter 式) の C 項は，通常の流速では A 項や B 項より大きい．すなわち，(3.33) の H は低流速で最大となり，分析に時間がかかることになる．これを解決したのが高速液体クロマトグラフ法 (high pressure liquid chromatography, HPLC) あるいは高分離液体クロマトグラフ法 (high performance liquid chromatography, HPLC) とよばれる方法である．ここでは，カラムに充填された粒径の小さい固定相，内容積の小さい検出器，高圧の移動相が用いられ，これらのことにより拡散距離を減少させて，分析時間を短縮している．これらの点に着目した液体クロマトグラフ法 (LC) と高速液体クロマトグラフ法 (HPLC) との比較を表 3.12 に示す．

表 3.12 LC と HPLC の比較

クロマトの種類	LC	HPLC
充填剤の粒径	100 μm 以上	5 μm 程度
検出器の容積	50 μL	5 μL 程度
分析時間	60 分間以上	数分間

（2） 液体クロマトグラフ法の種類

液体クロマトグラフ法の主な種類を表3.13に示す．それぞれの方法における分離機構については，3.7.5項の（1）に記述する．

表3.13 液体クロマトグラフ法の種類

クロマトグラフ法の種類 （　）内は分離機構		固定相の例	移動相の例
サイズ排除クロマト （溶質のサイズ）	ゲルろ過	・デキストラン，アガロース，ポリアクリルアミド，セルロース等を架橋・調製した比較的柔らかい親水性ゲル ・ポリビニルアルコール骨格の高分子ゲル，ジオール基導入のシリカゲル等，耐圧性の親水性充填剤	・水系溶媒（低圧，低流量） ・水系溶媒（高圧，高流量）
	ゲル浸透	耐圧性の架橋ポリスチレン系のゲル	非水溶媒
吸着クロマト （固定相表面との静電相互作用や水素結合等の相互作用）	順相	シリカゲル，アルミナ（極性大）	n-ヘキサン，ベンゼン（極性小）
	逆相	PSゲル（スチレンとジビニルベンゼン共重合体）（極性中）	メタノール（極性大）
分配クロマト（順相：固定相液体と移動相液体との溶解度の差，逆相：疎水性相互作用による分離）	順相	多孔性シリカゲル等の表面に溶離液とは混合しない溶液を染みこませたもの（例えばトリメチレングリコール）（極性大）	n-ヘキサン（極性小）
	逆相	シリカゲルの表面にオクタデシル基を化学結合させたもの（極性小）	メタノール-水混合系，アセトニトリル-水混合系（極性大）
イオン交換クロマト （イオン交換）	陽イオン交換クロマト	スルホン基やカルボキシル基等の陰イオンを固定した陽イオン交換体	陽イオンを含む溶離液
	陰イオン交換クロマト	第4級アンモニウム塩等の陽イオンを固定した陰イオン交換体	陰イオンを含む溶離液
イオンクロマト （イオン交換）	陽イオンクロマト	低交換容量の陽イオン交換体	硫酸溶離液
	陰イオンクロマト	低交換容量の陰イオン交換体	炭酸系溶離液，ホウ酸系溶離液

（3） 検出器の種類

液体クロマトグラフ法の主な検出器とそれらの特徴を表3.14に示す．

表3.14 主な検出器とその特徴

種類 （原理）	検出限界量/g	分析対象物	グラジェント溶離	温度の影響	移動相流量の影響
光散乱検出器 （試料に入射させた光の散乱を利用）	10^{-7}	不揮発性粒子	可能	△	×
示差屈折率検出器 （移動相と試料との屈折率の差を利用）	10^{-7}	全ての物質	不可能	○	×
電気伝導度検出器 （3.1.3項を参照）	10^{-8}	イオン	困難	○	○
質量分析検出器 （3.8節を参照）	10^{-10}	有機化合物	可能	○	○
電気化学的検出器 （3.1.3項を参照）	10^{-12}	被酸化性物質	困難	○	○
吸光光度検出器 （3.2節を参照）	10^{-10}	紫外や可視部に吸収を有する物質	可能	△	×
蛍光検出器 （3.3節を参照）	10^{-12}	蛍光物質	可能	○	×
化学発光検出器 （試料が発光物質の場合，その発光を利用）	10^{-14}	化学発光する物質	可能	○	○

○：影響有，△：影響小さい，×：影響なし

3.7.5 高速液体クロマトグラフ法

液体クロマトグラフ法は3.7.4項に示したような特徴を有するため，環境試料や生体試料など多方面の分析に広く用いられている．

（1） 高速液体クロマトグラフ法の原理

固定相が充塡されたカラムに溶離液を流し，そこに試料を注入すると，試料中の分析目的成分と充塡剤との間の次のような分離機構により目的成分が分離され，表3.14に示すような検出器で検出される．

　　（a）吸着クロマト： 極性の大きなシリカゲル（SiO_2）やアルミナ（Al_2O_3）などが充塡されたカラムを固定相として用いる．固相の表面の水酸基と試料中の分析目的成分の水素結合などの相互作用の強弱により，分離が起こる．例として，シリカゲルを用いるフェノール類との相互作用を示す．シリカゲル表面のシラノール基と4-ニトロフェノール，フェノール，2,6-キシノールとはいずれも相互作用を示すが，極性の大きさは4-ニトロフェノール＞フェノール＞2,6-キシノールの順であるため，溶出する順は4-ニトロフェノール＜フェノール＜2,6-キシノールとなる．溶離にはn-ヘキサンやベンゼンなどの極性の低い溶媒が使われる．

炭化水素類は相互作用をもたないので，分離分析の対象にはならない．

（b） **分配クロマト**： 分析目的成分が固定相液体と移動相液体のどちらに分配されやすいかの性質を利用して成分を分離する．固定相に極性の大きい液相，移動相に極性の小さい溶液を用いる場合を**順相クロマトグラフ法**（normal phase chromatography）といい，この逆のモードを**逆相クロマトグラフ法**（reversed phase chromatography）という．ここでは汎用されている逆相クロマトグラフ法の例を示す．シリカゲル表面のシラノール基にオクタデシルシリル基（－$C_{18}H_{37}$）を化学修飾したODSカラムがよく利用される．移動相にはアセトニトリル，メタノールなどの極性溶媒が単独あるいは混合溶媒として用いられる．

陰イオン界面活性剤の分析例を図3.24に示す．ここでは，ODSカラムの1つである市販のWakopak WS AS - Aqua[*10]（4.6 mm内径 × 250 mm長）が用いられている．

このカラムを用いるとアルキルベンゼンスルホン酸ナトリウム（C_{10} 〜 C_{14}）が分離され，蛍光検出器（励起波長221 nm，蛍光波長284 nm）で検出される．移動相は0.1 mol L^{-1} 過塩素酸ナトリウム溶液とアセトニトリルとの混合溶媒（アセトニトリル/水：65/35）が使用される．炭素数の増加にともない，溶出時間が長くなっている．

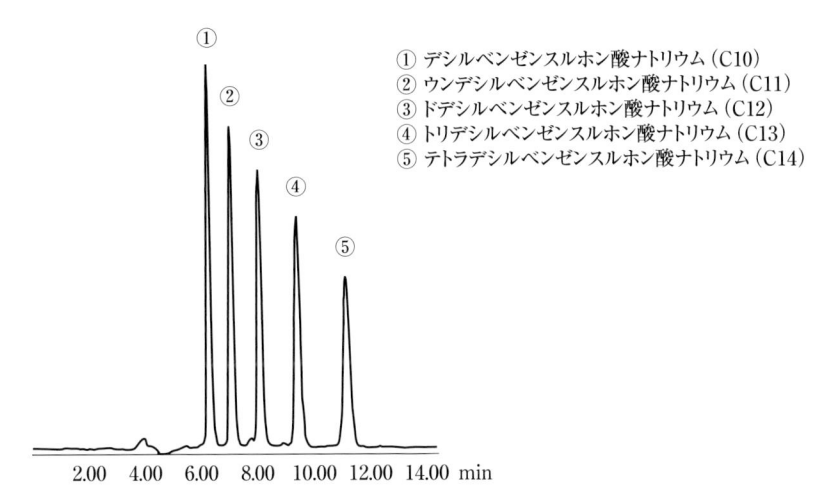

① デシルベンゼンスルホン酸ナトリウム（C10）
② ウンデシルベンゼンスルホン酸ナトリウム（C11）
③ ドデシルベンゼンスルホン酸ナトリウム（C12）
④ トリデシルベンゼンスルホン酸ナトリウム（C13）
⑤ テトラデシルベンゼンスルホン酸ナトリウム（C14）

分離カラム，Wakopak Ws-Aqua（4.6 mmI.D.×250 mmL），移動相：0.1 M 過塩素酸ナトリウム/（アセトニトリル/（水）），流量：0.7 mL min^{-1}，カラム温度：40℃，検出波長：221 nm，成分：アルキルベンゼンスルホン酸ナトリウム（各 10 mg L^{-1}），注入量：20 μL

図3.24 HPLCによるアルキルベンゼンスルホン酸の分析
（LC application data, No. 820018H（日本分光(株)）による）

（c） **イオン交換クロマト**： 固定相にはイオン交換基を有するものが用いられ，このイオン交換基に保持されているイオンと，分析目的成分の無機イオン，有機酸，アミノ酸などのイオン性物質とのイオン交換反応の起こりやすさにより，それらが分離される．陽イオンの分離には，

[*10] 陰イオン界面活性剤の迅速分離に有効なカラムである．

強酸性イオン交換基としてスルホン酸基（-SO₃H），弱酸性イオン交換基としてカルボキシル基（-COOH）が用いられ，陰イオンの分離には，イオン交換基として第4級アンモニウム基（-N⁺(CH₃)₃Cl）などが用いられる．詳細は，3.7.6項のイオンクロマトグラフ法で述べる．

(d) サイズ排除クロマト： 固定相には網目構造の多孔性ゲルが用いられ，このゲルの網目構造が分子ふるい的な役割をもち，分析目的成分のサイズの大きさの順に溶出される．移動相は，水系では水や緩衝液が用いられる．

（2） 高速液体クロマトグラフ装置

この装置は，移動相溶媒（溶離液），高圧プランジャーポンプ（送液ポンプ），試料注入装置（サンプルインジェクタ），分離カラム（オーブンに内蔵），検出器，記録部の6つのパーツからなる．基本構成を図3.25に示す．移動相溶媒には単一溶媒もしくは一定組成の均一混合溶媒が用いられ，これを**単一溶媒溶離**（isocratic elution）という．溶出の速さが異なる混合物の分離，ピークが広がりをもつ成分などに対しては移動相の組成を順次変えること（gradient elution）により，混合成分を効率的に分離できる．

送液ポンプには主としてプランジャーポンプ（50～400 kg cm⁻²）が使われる．精度よく送液でき，脈流のないものが適している．脈流を防ぐために，ポンプの後にダンパー（緩衝器）を接続することがある．

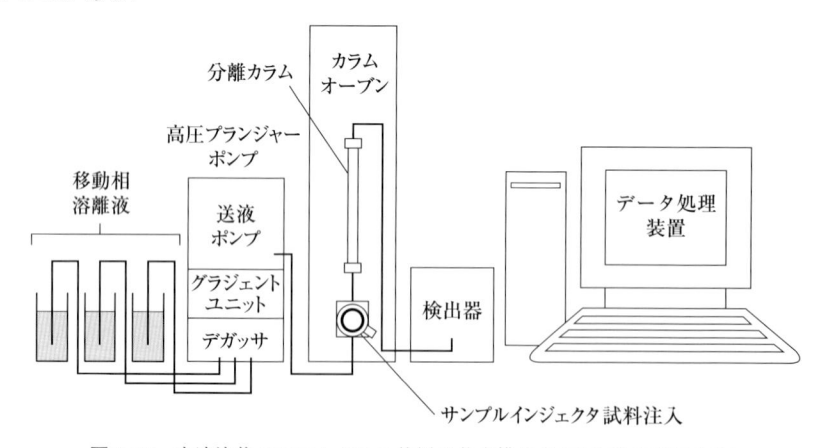

図3.25 高速液体クロマトグラフ装置の基本構造（日本分光（株）による）

試料の注入は，マイクロシリンジを用いてセプタム[*11]を通して注入する場合と，サンプルループを設置した六方インジェクションバルブを使う場合がある．

カラムは充填剤を含むクロマト管で，HPLCでは耐圧・耐溶媒性に優れたステンレス管が使われるのが一般的である．内径は5 mm，長さ25 cmなど種々のカラムが市販されている．

（3） 定 量

成分の定性は保持時間で行なうが，定量はピーク面積法で行なうのが一般的である．

---

*11 シリンジ針を突き刺すことができる天然ゴム製・シリコンラバー製の栓．

$$\text{ピーク面積} = h \times W_{1/2}$$

ただし，h はピーク高さ，$W_{1/2}$ は半値幅（図 3.23 を参照）を示す．検量線は縦軸にピーク面積，横軸に濃度を目盛って作成する．また，試料と保持値が異なる安定な物質を基準物質とする内標準法が用いられることもある．内標準物質のピーク面積と目的物質のピーク面積の比を縦軸にとり，目的成分濃度を横軸にとった検量線を作成する．この操作により，マトリックス（試料の主組成分）の影響を取り除くことができる．

3.7.6 イオンクロマトグラフ法

イオンクロマトグラフ法 (ion chromatography, IC) は，**イオンクロマトグラフィー**ともいわれ，環境基準の測定法，水道法，上水試験法，衛生試験法などの公定分析法において，広く採用されている．環境水試料（河川水，湖沼水，水道水，排水，雨水など）中の主要な陽イオン，陰イオンの分析では，この方法がコストパフォーマンス，簡便性，感度・精度の点で推奨される．

（1） イオンクロマトグラフ法の原理

イオンクロマトグラフ法 (IC) は，分離カラムに充填する固定相に低交換容量のイオン交換体（疎水性イオンによる修飾も含む）を用いるイオン交換クロマトグラフ法 (ion exchange chromatography, IEX) のことであり，高速液体クロマトグラフ法 (HPLC) の一種である．固定相に保持されているイオンと移動相中のイオンのイオン交換反応が分離の主要因である．固定相を形成するイオン交換基とその反対電荷のイオン（対イオン）の間に生じる静電的相互作用の強弱が分離の源となる．

IC には，イオン排除効果，疎水性相互作用効果，分子ふるい効果などの分離機構に基づくイオンのカラム分離/HPLC も含まれる．

（a） IC におけるイオンの保持機構と分離法

イオンの保持機構とそれに基づく分離法の主要なものには，次の 3 種類がある．

（ⅰ） イオン交換機構： イオン交換クロマトグラフ法

イオン交換機構におけるイオン分離の挙動は，固定相上のイオン交換基の電荷とその対イオンである試料イオン（分析対象イオン）の正・負電荷間における静電的相互作用の強弱に基づいている．分析対象イオンが陰イオン（A^-）の場合，カラム固定相のイオン交換体としては $R-NX_3^+$（R：基材，X：アルキル基，アリル基，H など）が用いられる．$R-NX_3^+$ と A^- の相互作用は静電的相互作用が主であるが，両者の疎水性相互作用も寄与している．

静電的相互作用は，イオン半径が小さく，電荷が大きいものほど強い．ただし，IC におけるイオン交換反応は水溶液中で行なわれるため，この場合のイオン半径としては，水和イオンの半径を用いなければならない．一方，水中における疎水性相互作用は，イオン半径が大きくイオンの価数が小さいほど，また，イオンの疎水性が高く，イオン交換樹脂の基材 (R) およびイオン交換基（$-NX_3^+$）の疎水性が高いほど強い．R は無機基材のシリカゲルよりも有機ポリマーの方が疎水性が高く，疎水性陰イオン交換基 $-NX_3^+$ は，$-X$ がアルキル基，アリル基の場

表3.15　ICにおけるイオンの保持力および溶出順

イオンの保持力
弱い ←――――――――――――――――――――――――――→ 強い

イオンの溶出順
速い ←――――――――――――――――――――――――――→ 遅い

(a) 陰イオン交換の場合の溶出順
1価陰イオン：$OH^- < F^- < ClO_3^- < BrO_3^- < HCOO^- < IO_3^- < CH_3COO^- < H_2PO_4^- < HCO_3^- < Cl^-$
$< CN^- < NO_2^- < Br^- < NO_3^- < I^- < SCN^- < ClO_4^- < C_6H_4(OH)COO^-$
2価陰イオン：$CO_3^{2-} < HPO_4^{2-} < SO_3^{2-} < SO_4^{2-} < C_2O_4^{2-} < CrO_4^{2-} < MoO_4^{2-} < WO_4^{2-} < S_2O_3^{2-}$

(b) 陽イオン交換の場合の溶出順
1価陽イオン：$Li^+ < H^+ < Na^+ < NH_4^+ < K^+ < Rb^+ < Cs^+ < Ag^+ < Tl^+$
2価陽イオン：$UO_2^{2+} < Mg^{2+} < Zn^{2+} < Co^{2+} < Cu^{2+} < Cd^{2+} < Ni^{2+} < Ca^{2+} < Sr^{2+} < Pb^{2+} < Ba^{2+}$
3価陽イオン：$Al^{3+} < Sc^{3+} < Y^{3+} < Eu^{3+} < Pr^{3+} < Ce^{3+} < La^{3+}$

　これらの溶出順は絶対的なものではなく，基材およびイオン交換基など充填剤の種類，溶離イオンの種類，濃度などにより変動する．特に，多価イオンの溶出は溶離イオンの価数およびその濃度の影響を受け，これらが変わると，1価イオンとの溶出順序は大きく変わることがある．この理論的な裏づけは，後述の(b)に記した．

合に比較的疎水性が高い．また，-Xのメチレン基数が多く，鎖の長いものほど，疎水性が高くなる．したがって，このようなイオン交換体には過塩素酸イオン（ClO_4^-），チオシアン酸イオン（SCN^-），有機化合物イオンなどの疎水性イオンが強く保持される．

　分析対象イオンが陽イオン（C^+）の場合，カラム固定相のイオン交換体には，$R-SO_3^-$や$R-COO^-$が用いられる．これらのイオン交換基とC^+との相互作用の強さは，陰イオンの場合と同様に，静電的相互作用と疎水性相互作用から説明できる．$R-COO^-$は弱酸であり，酸性領域では水素付加体（-COOH）となるので，弱酸性陽イオン交換体といわれ，酸性が強い溶液（pHが低い）ほど陽イオンの保持力は弱く，交換容量も小さくなる．$R-SO_3^-$は強酸の性質をもち，酸性領域でも水素付加体を生成しにくいので，強酸性イオン交換体といわれる．

　この分離機構におけるイオンの一般的な保持の強さ（選択係数ともいわれる）は表3.15の順となる（前出のものほど速く溶出する）．

　（ⅱ）イオン会合（イオン対）の分配機構：　イオン会合クロマトグラフ法

　イオン会合クロマトグラフ法は，逆相系（3.7.5項の（1）(b)を参照）の固定相（例えばODSなど）を用い，移動相に疎水性の高いイオン（イオン相互作用試薬：ion interaction reagent, IIRという）および水と混ざる有機溶媒（メタノールなど）を含む溶離液を用いる．IIR^+としては，ヘキサデシルトリメチルアンモニウムイオン（$C_{16}H_{33}N(CH_3)_3^+$），IIR^-としては，ドデシルベンゼンスルホン酸イオン（$C_{12}H_{25}-C_6H_4-SO_3^-$）などが用いられる．

　本質的原理は，IIRと分析対象イオンの間で形成されるイオン会合体（イオン対）の固定相－移動相間における分配であるが，固定相表面の疎水場にIIRのイオン会合体が保持され，イオン交換体に類する状態になっていると考えてもよい．

（ⅲ）　イオン排除機構：　イオン排除クロマトグラフ法

イオン排除クロマトグラフ法は，ドナン (Donnan) 膜平衡の原理を利用した分離法である．例えば，強酸性陽イオン交換樹脂 (相Ⅰとする) を用い，溶離液 (相Ⅱとする) に強酸 (HE とする) を用いたクロマトグラフ法を例に考えてみる．イオン交換樹脂が存在する相Ⅰと溶離液の相Ⅱの間に仮想的な膜 (ドナン膜) を考える．相Ⅰには，膜を透過することができない陰イオン交換体 (P^{n-}) と自由に膜を透過できる H^+ が n 個存在する．一方，相Ⅱには，強酸の陰イオン E^- と H^+ が存在し，相Ⅰと相Ⅱは平衡状態を保っている (ドナン膜平衡)．

ドナン膜平衡状態のところへ，仮に試料中の陰イオン A^- が近づいたとしても，これらの陰イオンは相Ⅰには入っていくことはできない．しかし，水素イオン付加体の電気的中性の物質 HA は膜を自由に透過して相Ⅰに保持される．すなわち，塩酸，硝酸などの強酸は保持されないが，弱酸の酢酸や炭酸などはその酸解離の度合いに応じて保持される．

イオン排除機構におけるイオンのカラム保持を示す基本式は次式で示される．

$$V_r = V_0 + K_d \cdot V_i \tag{3.34}$$

(3.34) において，V_r はイオンの保持容量，V_0 は分離カラム内でイオン交換樹脂の粒子間に含まれる溶媒量，V_i はイオン交換体の内部に含まれる溶媒量，K_d は分配係数である．

上述のように，強酸性陽イオン交換樹脂 ($R\text{-}SO_3H$ など) を用い，酸性の溶離液を用いるとき，強酸から生じた陰イオン (Cl^-，Br^-，I^-，ClO_4^-，NO_3^-，SO_4^{2-} など) は，ドナン排除によりほとんど保持されない ($K_d \fallingdotseq 0$) が，弱酸から生じた陰イオン A^- や A^{n-} で HA あるいは H_nA となり得る陰イオンはイオン交換樹脂に保持される ($0 < K_d < 1$)．酸解離定数が小さい (pK_a が大きい) ものほど保持されやすい．表3.16 に陰イオンの分配係数を示す．

表3.16　イオン排除クロマトグラフ法における陰イオンの分配係数 K_d

陰イオンの分配係数			
酸	K_d	酸	K_d
HI (強酸)	0	HF (pK：3.2)	0.36
HBr (強酸)	0	HCOOH (pK：3.7)	0.43
$HClO_4$ (強酸)	0	C_6H_5COOH (pK：4.2)	1.02
HCl (強酸)	0	CH_3COOH (pK：4.7)	0.65
H_2SO_4 (−，1.9)	0	C_2H_5COOH (pK：4.9)	0.81
HNO_3 (強酸)	0	H_2CO_3 (pK：6.3，10.4)	1.00
$(COOH)_2$ (pK：1.2，4.2)	0.01	HCN (pK：9.1)	1.00
H_3PO_3 (pK：1.3，6.6)	0.06	H_3BO_3 (pK：9.2)	1.00
H_3PO_4 (pK：2.2，7.2，12.3)	0.09	CH_3OH	0.98
H_2SO_3 (pK：1.8，7.2)	0.11	H_2S (pK：7.0，15.0)	1.40

* pK：酸解離定数のマイナス対数値

(b)　イオン交換クロマトグラフ法 (IEX) の原理

IC の主な分離機構3種類について説明したが，現在，実際のイオン分析に最も多用されており，しかも基本となるのはイオン交換クロマトグラフ法 (IEX) であるので，ここでは，IEX を

例に述べる.

固定相‐移動相（溶離液）間で起こる陰イオンのイオン交換反応および平衡定数 K_E は，それぞれ (3.35) および (3.36) で表される.

$$mS^{n-} + nE^{m-}{}_{(r)} \rightleftarrows nE^{m-} + mS^{n-}{}_{(r)} \tag{3.35}$$

$$K_E = \frac{[E^{m-}]^n [S^{n-}]_{(r)}{}^m}{[S^{n-}]^m [E^{m-}]_{(r)}{}^n} \tag{3.36}$$

(3.35) および (3.36) において，S^{n-} は n 価の試料イオン，E^{m-} は m 価の溶離イオンを示す．また，下付きの (r) および $[\ ]_{(r)}$ はイオン交換体中のイオンおよび濃度を表し，下付きのないものおよび $[\ ]$ は移動相中のイオンおよび濃度を表す．保持係数 (retention factor；以前はキャパシティーファクター (capacity factor) などともいわれていた) k は (3.37) で表される.

$$k = \frac{[S^{n-}]_{(r)}}{[S^{n-}]} = \frac{t_R - t_0}{t_0} \tag{3.37}$$

(3.37) において，t_R は試料イオン S^{n-} の溶出（保持）時間，t_0 は全く保持されない成分の溶出時間である．これらは実験的に容易に求められる.

(3.36)，(3.37) から (3.38) の関係が導かれる.

$$K_E = k^m \times \frac{[E^{m-}]^n}{[E^{m-}]_{(r)}{}^n} \tag{3.38}$$

(3.38) の両辺の対数をとり，整理すると (3.39) が得られる.

$$\log k = -\frac{n}{m} \times \log[E^{m-}] + \frac{1}{m} \times (\log K_E + n \log[E^{m-}]_{(r)}) \tag{3.39}$$

イオン交換体中では，通常 $[S^{n-}]_{(r)} \ll [E^{m-}]_{(r)}$ であり，(3.39) の第 2 項（　）内の値は定数と見なすことができる．したがって，(3.37) から実験的に求まる $\log k$ を $\log[E^{m-}]$ に対してプロットすると，傾き $-(n/m)$ の直線となる．すなわち，価数 (n) の大きいイオンほど溶離イオンの濃度の影響を受けやすい（負の傾きが大きくなる）ことを示しており，溶離イオン濃度により，1 価イオンと多価イオンの溶出順序は逆転することもあり得ることを意味する．通常は，1 価イオンのハロゲン化物イオンよりも 2 価イオンの硫酸イオンが遅れて溶出するが，溶離イオンの価数と濃度を適宜調整することで，逆転させることもできる.

さらに (3.39) は，直線の傾きから試料イオンの価数 (n)，溶離イオンの価数を推定できることを示している（スロープ解析法）．このスロープ解析法により，試料イオンの水溶液中での存在形態を知ることができる.

（2） イオンクロマトグラフ装置

イオンクロマトグラフ法で用いられる装置を**イオンクロマトグラフ**という．その基本構成を図 3.26 に示す．IC 装置の主要部は，溶離液槽，送液部（ポンプ），試料注入部（試料注入バルブ），分離（分析）カラム，サプレッサー（原理は後述するが，不要の場合もある），検出部，

3.7 クロマトグラフ法

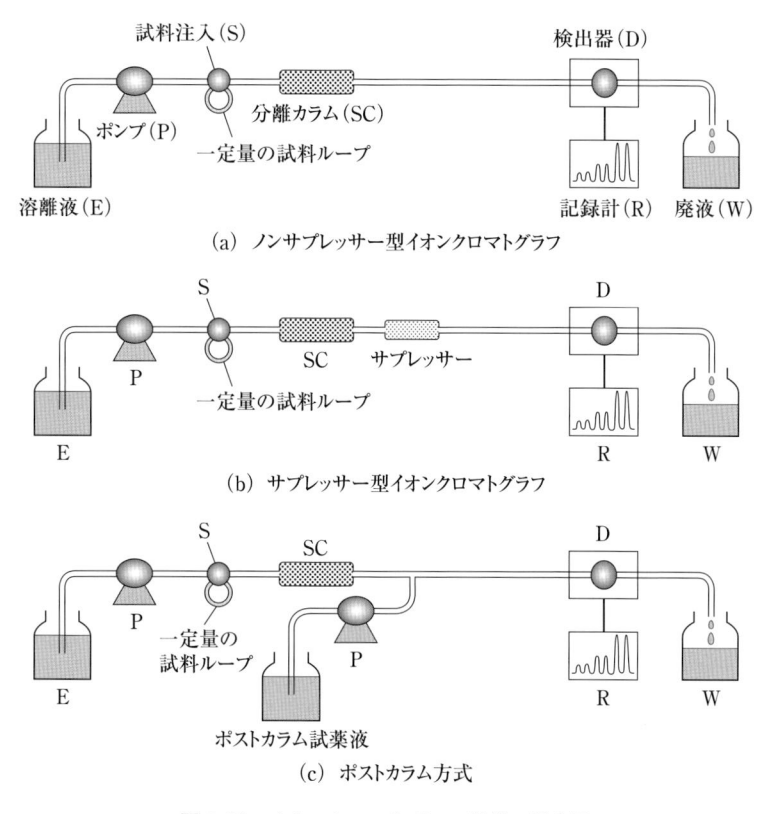

図 3.26 イオンクロマトグラフ装置の概念図
(a) ノンサプレッサー型イオンクロマトグラフ
(b) サプレッサー型イオンクロマトグラフ
(c) ポストカラム方式

記録部，廃液槽からなる．実際，試料の分析では，高価な分離カラムを保護する目的で，分離カラムの上流に短いガードカラムを装着する．ポストカラム発色法の場合には，カラムからの溶出液に発色反応試薬液を合流させ，混合コイルの後に検出器を取り付ける（図 3.26 の (c)）．

ほとんどすべてのイオンの検出が可能な電気伝導度検出器を用いる場合には，溶離液に基づくバックグラウンドの電気伝導度を低下させ，S/N 比[*12]を改善し，さらに検出感度の向上を目的として，サプレッサーの手法（バックグラウンド電気伝導度の低下）を用いる．Small ら[8]は当初イオン交換カラム（陰イオン分析では強酸性陽イオン交換樹脂カラム，陽イオン分析では強塩基性イオン交換樹脂カラム）をサプレッサーとして用い，電気伝導度を低下させた．

陰イオン分析のサプレッサー反応の原理は (3.40)〜(3.42) で表されるように，溶離イオン（HCO_3^-, CO_3^{2-}）が炭酸（H_2CO_3）に変わることで，伝導度が大幅に低下する．さらに，(b) に示すように，試料（$M^+ + X^-$）が（$H^+ + X^-$）に変換されることで，試料イオンに相当するピークが大きくなる．

(a) 溶離イオン（炭酸イオン）のサプレッサー反応

$$Na^+ + HCO_3^- + R\text{-}SO_3H^* \rightarrow H_2CO_3(CO_2) + R\text{-}SO_3Na \tag{3.40}$$

$$2Na^+ + CO_3^{2-} + 2R\text{-}SO_3H \rightarrow H_2CO_3(CO_2) + 2R\text{-}SO_3Na \tag{3.41}$$

[*12] 試料の場合に得られる検出信号 S と溶離液だけが流れている場合のノイズ信号 N の比．

(b) 試料 ($M^+ + X^-$) のイオン交換反応

$$M^+ + X^- + R\text{-}SO_3H \rightarrow H^+ + X^- + R\text{-}SO_3M(Na) \qquad (3.42)$$

(＊ $R\text{-}SO_3H$：サプレッサー用イオン交換樹脂)

　この方法では，(3.41) ～ (3.42) で表されるように，使用後の樹脂を再び H 型にするためにサプレッサーカラムを適宜再生する必要がある．その後，イオン交換樹脂の代わりにイオン交換膜チューブが用いられ，常時再生できるシステムが開発された．現在では，特別な除去・再生液を必要とせず，不要となった溶出液を電気分解することにより得られる OH^- イオンを用いて中和するエレクトロサプレッサー法が開発され，実用化されている．

　この他にも，イオン交換樹脂のサスペンション（懸濁液）をカラム溶出液に混合し，溶出液の電気伝導度を低減する方法，数個のミニサプレッサーカラムを用い，必要に応じ交換できる装置などが実用化されている．イオン会合体のミセル抽出に基づくサプレッサー法も利用できる．

　いずれのサプレッサー方式を用いるとしても，溶出液は多かれ少なかれ希釈されるので，電気伝導度は小さくなり，ピークの広がり，高さの低下は避けられない．電気伝導度の小さい溶離液を用いたとすれば，必ずしもサプレッサーは必要としない[9]．また，溶離イオンの紫外・可視吸収を測定し，分析対象イオンに相当する位置に出現する負のピーク高さ（深さ）を測定に用いる間接吸光検出法では，通常の UV 検出器付 HPLC に IC 用カラムを装着するだけでイオンクロマトグラフ法ができ，サプレッサーは不要で，直接 $ng\,L^{-1}$（ppt）レベルの分析も可能となる[9]．

（3） IC によるイオン性物質の分離分析法

　電気伝導度検出器は，市販装置の大部分で使用されており，その有用性は極めて大きい．

表 3.17　IC で用いられる検出法と分離機構および主な測定イオン

検出法	分離機構		
	イオン交換 （イオン交換樹脂カラム）	イオン相互作用 （ODS カラム等）	イオン排除 （陽イオン交換樹脂 および酸性溶離液）
電気伝導度検出	・F^-，Cl^-，Br^-，SO_4^{2-}，CrO_4^{2-}，MoO_4^{2-}，WO_4^{2-}，有機陰イオン ・アルカリ・アルカリ土類金属，アンモニア，有機陽イオン	有機陽イオン，有機陰イオン，アミン類，その他（疎水性イオン）	有機酸（< C6），炭酸，ホウ酸，その他弱酸，アミノ酸
電気化学検出	酸化・還元性イオン HS^-，CN^-，アミン類等	酸化・還元性イオン，HS^-，CN^-，アミン類等，フェノール類	HS^-，CN^- 等
吸光検出	Cl^-，Br^-，I^-，NO_3^-，NO_2^-，SCN^-，$S_2O_3^{2-}$，CrO_4^{2-}，MoO_4^{2-} 等	NO_3^-，NO_2^-，SCN^- 等（対イオンと異なる吸収を示すもの）	紫外部等に吸収を示す弱酸や有機酸
間接吸光検出	無機陽イオン・陰イオン，有機陽イオン・陰イオン，遷移金属イオン等	無機陽イオン・陰イオン，有機陽イオン・陰イオン，遷移金属イオン等	
ポストカラム発色吸光検出	リン酸イオン，ケイ酸イオン等	リン酸イオン，ケイ酸イオン等	アミノ酸

しかし，イオン分析の選択性・感度向上を目的に，電気化学検出器，紫外可視吸光検出器，蛍光検出器，ICP‐MSなども適宜利用される．

表3.17には，検出法と分離機構の組み合わせ，および主な測定イオンをまとめた．

3.8 質量分析法

ガスクロマトグラフ法（GC）や高速液体クロマトグラフ法（HPLC）での高感度検出器として多用され（表3.12および表3.15を参照），高周波誘導結合プラズマ質量分析法にも用いられている質量分析法（mass spectrometry）について概略する．

GCやHPLCの分離カラムで分離された成分は，イオン化部でイオン化されて質量分析部に入り，質量ごとに分離され，検出器で検出される．各部に使用されている主なものを図3.27に示す．

イオン化部	質量分離部	検出部
EI CI FAB MALDI	磁場型（EB） 4重極型（Q） イオントラップ型（IT） 飛行時間型（TOF）	ファラデーカップ 2次電子増倍管 チャンネルトロン マルチチャンネルプレート アレイ検出器

EB：magnetic sector, Q：quadrapole mass filter, IT：ion trap

図3.27 質量分析計の概念図

3.8.1 イオン化法

（1） 電子との相互作用による方法

　　EI： 電子イオン化法（electron ionization）

GC‐MSに使用されるイオン化法である．ガスクロマトグラフ装置内の加熱恒温器（オーブン）で，試料分子Mが加熱気化して気体状分子となり，これに熱したフィラメントから放出される熱電子を衝突させてイオン化する．試料が断片化（フラグメンテーション）しやすい．

$$M + e \rightarrow M^+ + 2e$$
$$M + e \rightarrow M^-$$

これらの式で表されるように，ある分子量の分子から電子が飛び出したり，あるいは付加されて生成するM^+，M^-のイオンを**分子イオン**という．それに対して，元の分子が分解し，分子量の小さいイオンが生成することを**フラグメンテーション**，生成したイオンを**フラグメンテーションイオン**という．

（2） 化学反応による方法

　　CI： 化学イオン化法（chemical ionization）

GC‐MSに使用されるイオン化法である．試薬ガス（メタン，イソブタン，アンモニア）をEI法でイオン化し，これと試料の気体分子との電荷交換反応によってイオン化する．EI法に

比べて，フラグメンテーションが起きにくい．

$$CH_4 + e \rightarrow CH_4^+ + 2e$$
$$CH_4 + CH_4^+ \rightarrow CH_5^+ + CH_3$$
$$M + CH_5^+ \rightarrow MH^+ + CH_4$$

　　APCI： 大気圧化学イオン化法（atmospheric pressure chemical ionization）

主として LC‐MS に使用される．高温加熱（400〜500℃）によって試料を強制的に気化させた後，コロナ放電を利用してイオン化する．大気圧下の CI 法であり，気化した溶媒が CI の場合の試薬ガスの役割をする[*13]．

（3）　粒子衝撃による方法

　　FAB： 高速原子衝突（fast atom bombardment）

アルゴンやキセノンなどの高速中性粒子を，グリセリンのような粘度の高いマトリックスと試料の混合物に衝突させてマトリックスをイオン化し，試料はイオン‐分子反応によって分子イオンとなる．

$$M \rightarrow M^+, MH^+$$

（4）　レーザー照射による方法

　　MALDI： マトリックス支援レーザー脱離イオン化（matrix‐associated laser desorption ionization）

試料をマトリックス（芳香族有機化合物等）中に混ぜて，これにレーザーを照射し，イオン化する．

（5）　噴　霧　法

　　ESI： エレクトロスプレーイオン化（electrospray ionization）

主として LC‐MS に使用される．試料を溶媒に溶かし，高電圧をかけたキャピラリーに導入，噴霧し，帯電液滴を生成させ，ここから溶媒分子を揮発させてイオン化する．

（6）　電場によるイオン化法

　　ICP： 誘導結合プラズマ（inductively coupled plasma）

高周波磁場をかけてプラズマ化（3.6節を参照）したアルゴン中に試料を導入し，イオン化する．主に無機の元素分析に用いられる．

3.8.2　質量分離部

イオン化された試料を分離する部分で，質量電荷比（m/z：m, z はそれぞれイオンの質量と電荷）の近いものを分離する能力（質量分解能）と，測定が可能な質量範囲が重要である．

（1）　磁場との相互作用

　　磁場変更型（EB）： イオンを磁場に通したときに受けるローレンツ力による飛行経路の

[*13] コロナ放電導体の表面に尖った点があるときに，周囲の電場がその部分に集中するために生じる放電．

変化により分離する．

　ローレンツ力：　電荷 e，速度 v の荷電粒子が磁場（磁束密度 B）から受ける力で，$ev \times B$ で表される．

　2重収束型：　磁場変更型の一種で，磁場と電場の両方にイオンを通すことでイオンの初期角度および初期エネルギーの広がりを収束させて，高分解能測定を可能にする．

（2）　電場との相互作用

　Q：　4重極マスフィルター（quadrapole mass filter）

高周波電圧を印加した4本の電極にイオンを通して，目的とするイオンのみを通過させる．

　IT：　イオントラップ（ion trap）

電極からなるトラップ室にイオンを保持し，トラップ室にかける電位を変化させて選択的にイオンを放出し，分離する．

（3）　運動速度の差

　TOF：　飛行時間型（time of flight）

イオン化した試料をパルス的に加速し，検出器に到達するまでの時間差を検出する．質量電荷比が大きいものほど，飛行速度が遅く，検出器に到達するのに時間を要する．

4重極マスフィルターを図 3.28 に示す．

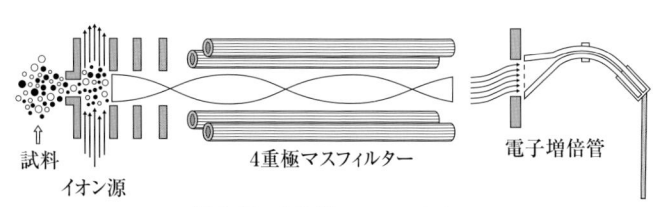

図 3.28　4重極マスフィルター
（R. L. Pecsok, L. D. Shields, T. Cairns and I. G. McWilliam 著，荒木 峻，鈴木繁喬 訳：「分析化学 第 2 版」（東京化学同人）による）

3.8.3　検 出 器

質量分離部で分離されたイオンを検出する．

　①　ファラデー管：　コップ状の金属電極でイオンを受け，その電荷量を電流として微小電流計で測定する．

　②　2次電子増倍管：　銅 – ベリリウム合金などからできた電極（ダイノード）にイオンがぶつかると2次電子が発生する．これをさらに加速して第2のダイノードに衝突させると，第1のダイノードで発生するより多い2次電子が発生する．これらを繰り返して，最初に入射したイオン電流に比べ大きなイオン電流を生じさせ，これを測定する．

　③　チャンネルトロン：　内壁を高電気抵抗物質（銅 – ベリリウム合金など）でコーティングしたガラスまたはセラミック管の両端に高電圧を印加する．陰極側から入射したイオンは管

の内壁に衝突し，2次電子を放出する．2次電子が管壁と衝突を繰り返しながら管内を進むことによって高電流を生じさせ，これを測定する．

3.9 フローインジェクション分析法

従来の吸光光度法や蛍光光度法は，メスフラスコやピペットを用いて不連続に，かつ手操作（これをバッチマニュアル法と記す）により行なってきた．この操作は熟練を要するものではないが，多検体分析には不向きであり，ガスクロマトグラフ法や高速液体クロマトグラフ法のように分析の自動化が望まれている．フローインジェクション分析法 (flow injection analysis, FIA) はバッチマニュアル法を自動化（オンライン化）した手法である．基本的概念を以下に述べる．

3.9.1 FIA の原理・概略

一定の流量でテフロンチューブ等の細管中を流れている試薬溶液に，一定・少量の分析対象物を含む試料を注入する．このときチューブ内では拡散が生じ，反応が促進され，反応生成物は下流の検出器で測定・定量される．

図 3.29 に一流路の構成を示す．RS は試薬溶液，P は低圧定量ポンプ，S は試料注入装置，RC はテフロンチューブ (0.5 mm 内径，1〜5 m 長) を用いた反応場で，反応コイル (reaction coil) とよばれ，D は検出器で，W は廃液を示す．試薬溶液は一定の流量で送液され，試料は数十 μL〜数百 μL 注入される．注入から検出器までの時間は物理的に制御されているので，再現性の良いシグナル応答が得られる．P による送液量は平均的には 0.5〜1 mL min^{-1} なので，10 分間測定してもバッチマニュアル法と比べて廃液量は極めて少なく，ゼロエミッション化（廃液の排出を極力削減する技術）に則した利点を有する分析技術である．また，試料注入以外は自動化されており，スキルフリーの手法としても注目されている．試料の分析速度は，反応が速い場合は 1 時間当たり 100 試料，遅い場合は 20 試料であるので，バッチマニュアル法よりも迅速性があり，試料数が多い環境分析や臨床分析に適している．

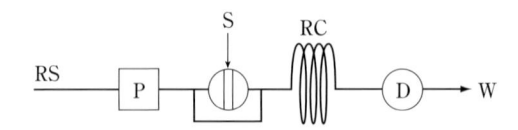

RS：試薬，P：ポンプ，S：試料注入，RC：反応コイル，D：検出器，W：廃液

図 3.29 一流路 FIA システム

3.9.2 FIA の基礎

FIA による検出システムは用いる化学系により異なり，再現性良く，また高感度に目的成分を検出するフローシステムを自ら構築できる．一般的なフローシステムを図 3.30 と 3.31 に示す．

(a) 二流路 FIA システム　(b) 三流路 FIA システム

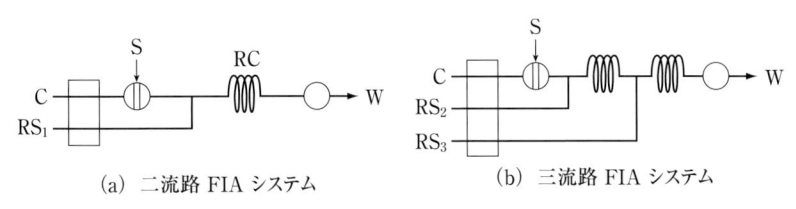

C：キャリヤー，RS₁, RS₂, RS₃：試薬

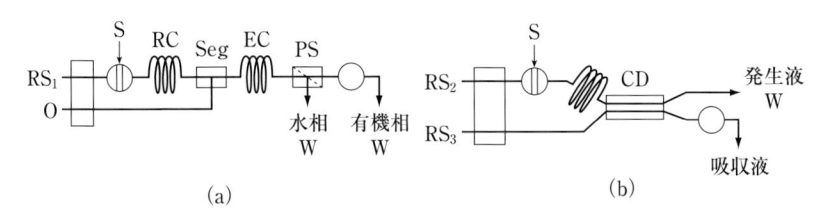

図 3.30

RS₁, RS₂, RS₃：試薬，Seg：セグメンター，PS：相分離器，CD：ガス拡散装置
S：サンプル，W：廃液，RC：反応コイル，EC：抽出コイル

図 3.31 溶媒抽出 (a) およびガス拡散法 (b) を含む FIA システム

図 3.30 (a) は反応試薬を 1 種類用いる場合であるが，キャリヤー C には蒸留水や緩衝液を用いる．図 3.30 (b) は三流路システムで，2 種類の試薬溶液を必要とする場合である．まず試薬溶液 RS₂ と試料を反応させ，その後，その反応生成物と試薬溶液 RS₃ を反応させる 2 段階で起こる反応例である．

図 3.31 (a) は溶媒抽出を FIA に組み込んだシステムである．試料は試薬溶液と合流し，RC で反応する．反応生成物に抽出溶媒 O を合流させると水相と有機相のセグメント（分節）が形成され，抽出コイル（extraction coil）を通過中に水相の目的物質が有機相に抽出される．セグメントは相分離器 PS (phase separator) で分離されるが，この相分離器には多孔質（ポアーサイズ 0.8 μm）の疎水性 PTFE（ポリテトラフルオロエチレン）膜が施されており，水相ははじかれ，水相側廃液槽に導かれる．目的物質を含んだ有機相は膜を透過し，検出器に導入される．図 3.31 (a) は，イオン会合反応を用いる陽イオン界面活性剤や陰イオン界面活性剤の定量分析に応用されている．

図 3.31 (b) はガス拡散膜を用いるガス成分分析システムである（アンモニア分析の例で説明する）．試薬溶液 RS₂ には 0.02 mol L⁻¹ 水酸化ナトリウム溶液を用い，アンモニウムイオンを含む試料が S より注入されると，反応コイル内でアンモニウムイオンは中和され，アンモニアガスとなる．アンモニアガスは多孔質の PTFE 膜を透過し，pH 7.0 に調節された試薬溶液 RS₃ に吸収される．RS₃ に含まれる pH 指示薬のクレゾールレッドの変色がアンモニアの濃度に比例して起こり，吸光光度検出される．

3.9.3 装　置

送液装置：　送液にはペリスタ型ポンプ（図 3.32 (a)）とプランジャー型ポンプ[*14]（図 3.32 (b)）が使われる．ペリスタ型ポンプは小型化され，手のひらサイズの大きさになり，またチューブも耐酸・耐久性の良いものが使われている．ローラーがチューブをしごくことで溶液の吸引と吐出が行なわれる．プランジャー型ポンプ（シリンジポンプ）は低圧・無脈流のものが開発され，流量の再現性も良い．ダブルプランジャーポンプが国内では一般的である．

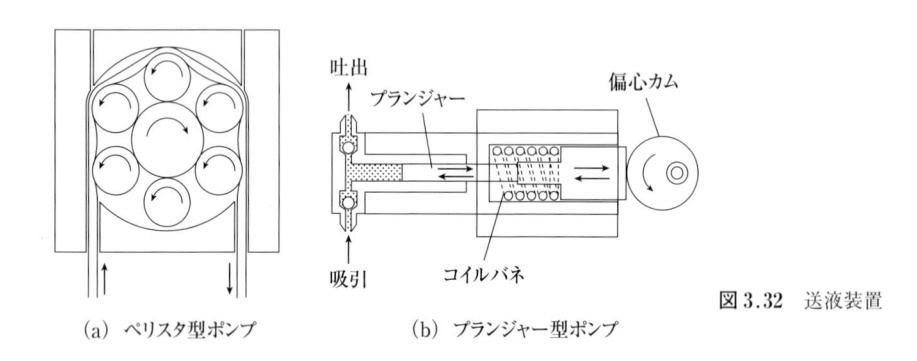

図 3.32 送液装置

(a) ペリスタ型ポンプ　　(b) プランジャー型ポンプ

試料注入：　図 3.33 に示す六方インジェクションバルブが使われる．試料充填時にはポジション 1, 2, 5, 6 が繋がる．2 と 5 には注入量を制御するサンプルループ（内径 0.5 mm）を装着する．シリンジを用いて試料を充填するが，余分な試料は 6 から排出される．バルブを切り替えると 2, 3, 4, 5 が繋がり，充填された試料は 4 からのキャリヤーにより押し出され，3 を経由して反応コイルに注入される．試料の注入量はサンプルループの長さ（10 cm 〜 150 cm）

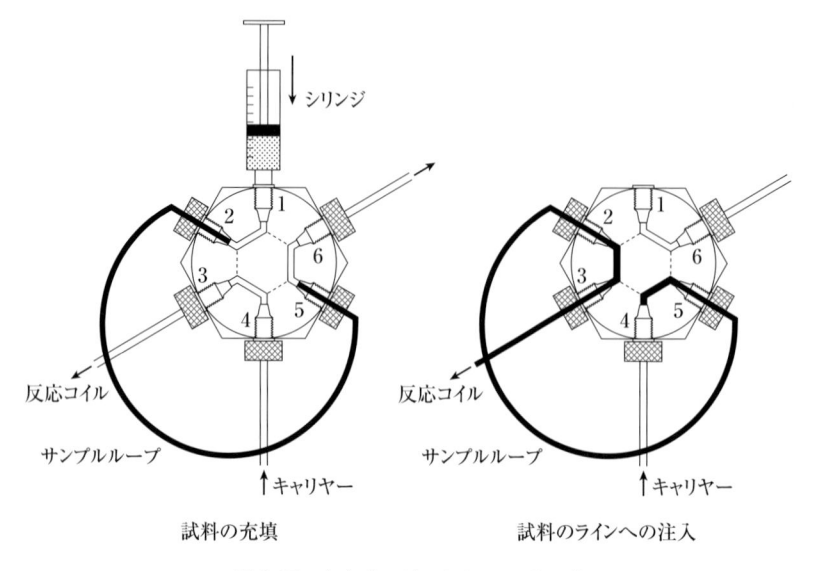

試料の充填　　　　　　試料のラインへの注入

図 3.33 六方インジェクションバルブ

[*14] プランジャーの往復運動で液体を送液するポンプ．

を変えて必要な体積に制御できる．試料注入量の再現性は良い．

反応コイル：　反応コイルは2本のガラス棒に"8の字"に巻いたり"らせん状"に巻いたものを用いる（図3.34）．いずれもコンパクトに作製でき，水浴にも浸すことができる．

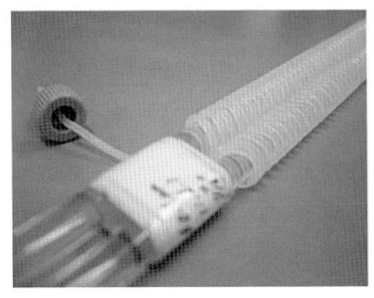

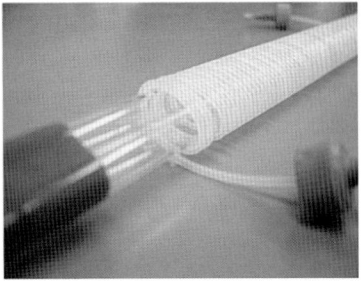

8の字コイル　　　　らせん巻きコイル

図3.34　反応コイルの作製

ラインコネクター：　テフロンチューブの接続にはピーク（PEEK，ポリエーテルエーテルケトン）材で作られたコネクターを使うと便利である（図3.35）．接続部分も図3.35中に示す．テフロンチューブを押し込み，ネジを締めると，押しネジの先端部がフェラル（チューブの締め付け部品）のはたらきをしてチューブとの接続が密になり，液漏れがない．

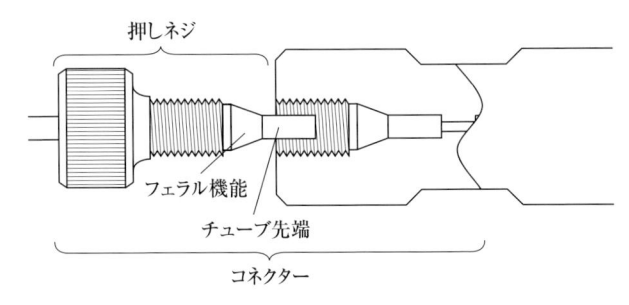

図3.35　ラインコネクターによるテフロンチューブの接続

検出部：　フローセルを組み込んだ分光光度計などが用いられる．

3.9.4　塩化物イオンの測定例

図3.36に塩化物イオンの定量システムを示す．試薬として$Hg(SCN)_2$とFe^{3+}の溶液をポンプにより送液する．この流れに塩化物イオンを含む試料を注入すると，以下の反応が起こる．

$$Hg(SCN)_2 + 2Cl^- \rightarrow HgCl_2 + 2SCN^-$$

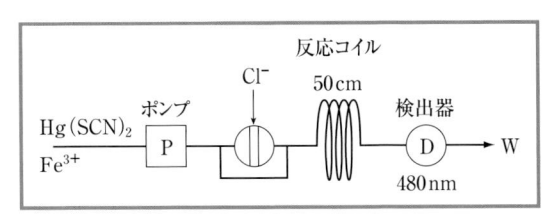

図3.36　塩化物イオンの定量マニホールド

$HgCl_2$ の溶解度積は小さい．一方，遊離された SCN^- は Fe^{3+} と以下のように反応する．

$$2SCN^- + Fe^{3+} \rightleftarrows Fe(SCN)_2^+$$

$Fe(SCN)^{2+}$ は 480 nm に極大吸収波長を有する錯体であり，この吸光度を測定することで，間接的に塩化物イオンの濃度を定量することができる．この反応は速く，反応コイルは 50 cm で十分である．また，試料の測定速度は 1 時間当たり 102 試料である．しかし，有毒性の $Hg(SCN)_2$ を使うので，現在では定量に不適であるとされている．

参考文献

1) 藤嶋 昭, 相澤益男, 井上 徹 著：「電気化学測定法」(技報堂出版, 2004)
2) 奥谷忠雄, 河嶌拓治, 保母敏行, 本水昌二 著：「基礎教育分析化学」(東京教学社, 2010)
3) 本水昌二, 他 著：「基礎教育シリーズ 分析化学（機器分析編）」(東京教学社, 2011)
4) Snell：Colormetric methods of analysis VoL. ⅡA
5) 日本分析化学会近畿支部 編：「ベーシック機器分析化学」(化学同人, 2008)
6) 太田清久, 酒井忠雄, 他 著：「役にたつ化学シリーズ 分析化学」(朝倉書店, 2004)
7) 小熊幸一, 渋川雅美, 酒井忠雄, 他 著：「基礎分析化学」(朝倉書店, 1997)
8) H. Small, T. S. Stevens and W. C. Bauman：Anal. Chem. **47**, 1801 (1975)
9) D. T. Gjerde, J. S. Fritz and G. Schmuckler：J. Chromatogr. **186**, 509 (1979)
10) S. Motomizu, M. Oshima and T. Hironaka：Analyst. **116**, 695 (1991)
11) JIS K 0127：2001（イオンクロマトグラフ分析通則）
12) 野々村 誠, 他：ぶんせき, No. 11 (1998)
13) 大橋 守：質量分析の基礎知識「総論」, ぶんせき, No. 1, p. 2 - 9 (2003)
14) 高山光男：質量分析装置のためのイオン化法「総論」, ぶんせき, No. 2, p. 2 - 7 (2003)
15) R. L. Pecsok, L. D. Shield, T. Cairns and I. G. McWilliam 著, 荒木 峻, 鈴木繁喬 訳：「分析化学」(東京化学同人, 1971)
16) 石原盛男：質量分析の基礎知識「装置」, ぶんせき, No. 2, p. 64 - 69 (2003)
17) 原口紘炁 著：「ICP 発光分析の基礎と応用」(講談社, 1986)

4 水試料採取と保存

　河川水などの環境水は，時間的にも空間的にも絶えず変動し，ある時点で採取した試料と同一の試料をもう一度採取することは不可能である．したがって，採取する環境水の地理的，地形的，時系列的特徴の把握および分析目的の明確化が極めて重要となる．

　分析目的に合った試料採取の後，分析までの試料の保存も重要であり，これらが適切に行なわれないと，以降の分析操作をどんなに正確に行なっても，得られる結果は分析目的とは合致しなくなるであろう．

　試料採取と保存は，環境分析の結果を大きく左右する極めて重要な要素である．

4.1 水試料採取

　試料採取においては，分析の目的を明確にし，それに最も適した採取方法を考えることが大切である．例えば，水質汚濁に係る環境基準について（環境庁告示第59号）の公共用水域の測定方法等には「測定点の位置の選定，試料の採取および操作等については，水域の利水目的との関連を考慮しつつ，最も適当と考えられる方法によるものとする.」との記述があり，また，「工業用水，排水の試料採取方法：JIS K 0094」には，試料容器，採水器，採取操作，河川水および排水の具体的な採取方法が規格化されている．

（1） 目的に応じた試料採取

　調査目的に合致した採取時期および代表性のある採取地点を選定する．また，採取地点の選定には地点の特性を反映するように配慮する．

（2） 試料容器の種類と洗浄方法

　目的によって，ポリエチレン容器あるいはガラス容器を選択する．

　　（a） **共栓ポリエチレン容器**（ポリプロピレン製，ポリスチレン製，ポリカーボネイト製）：製品によっては，モリブデン，クロム，チタンなどが容器からわずかに溶出することがあるので，これらを低濃度で分析する場合などは注意する．また，ポリエチレン容器は，試料中の懸濁物，有機物，重金属類を付着，吸着する傾向がある．重金属の付着は，硝酸を試料のpHが約1になるように添加することで防ぐことができる．さらにポリエチレン製容器は，通気性が良いために，保存中に藻の発生が見られたりするので，目的によっては採取後，冷暗所に保存する．

　　（b） **無色共栓ガラス瓶**：　ガラス製品の場合は，ナトリウム，カリウム，ホウ素，シリカなどが瓶からわずかに溶出することが考えられるので，これらの微量分析の際には注意を要する．

　　（c） **洗浄方法**：　容器の一般的な洗浄法の例を示すが，対象とする分析成分が極低濃度

の場合などは，超純水や高純度試薬を用いたりして目的に合った洗浄方法を工夫する．

金属元素や有機物分析用の採取容器は，硝酸 (1 + 10)[*1]，塩酸 (1 + 5) で洗浄の後，硝酸 (1 + 65) で満たして 16 時間以上放置する．酸溶液を捨てた後，純水[*2]で十分にすすぎ，試料採取まで密栓して保存する．

陰イオン分析用の採取容器は，純水で洗浄後，純水を満たして 16 時間以上放置する．中に入っていた水を捨てた後，純水で十分にすすぎ，試料採取まで密栓して保存する．

（3） 試料採取

（a） 河川水： 河川の水質は，流域の気象条件，地理的条件，地質的条件に大きく影響されると同時に，水道水，農業用水，工業用水用の取水等，水利用の状態，生活排水，工場排水等の流入，河川工事などの影響を受ける．これらの状況を把握し，さらに分析目的を明確にして，採取を行なう．

一般に流心[*3]で表層水を採取する．しかし，大きな河川では流れの状況や深さによって，小さい河川でも流れの状況によって水質が均一でないことがある．流れの幅が小さく，適当な流速のある場所が，混合状態が良く水質が均一な可能性が高い．混合が良好であれば温度や電気

図 4.1 採水器
左（ハイロート採水器）：重りの付いた金属製のわくの中の試料容器を必要な深さの地点まで沈め，試料容器の栓に付いた鎖を引き，容器内に水を入れる． (柴田科学(株) 提供)
右（バンドーン採水器） プラスチック試料容器の上下のゴム製のふたを開けたままで，必要な深さまで沈め，手元の重り（メッセンジャー）をロープ伝いに落として，その衝撃でゴム製のふたをする． ((株)離合社 提供)

---

*1 この濃度表示は，日本工業規格に定められているものであり，前者の数字が市販の酸の，後者の数字が水の体積を示している．したがってこの場合は，市販の濃硝酸（約 14.5 mol L^{-1}）の 1/11 の濃度約 1.32 mol L^{-1} となる．

*2 ここでいう純水とは，イオン交換法や逆浸透法で精製した水をさらに精密ろ過法やイオン交換法，蒸留法により精製した水を指す．

*3 最も水深があり，一番流れの速い部分．

伝導度は一定の値を示すことから，これらの測定により混合状態を確認する．川幅が広い場合や流れが一定でない場合などは，左右両岸でも採取し，水質を比較する．水深が浅い場合は，流心まで入り，直接試料容器に採取する．深い場合は，橋からロープを付けたポリバケツにより流心から採取する．原則として橋の上流側で採取し（JIS K 0094），橋げたの付近は避ける．この場合は，ロープからの汚れが混入しないように注意をする．水深ごとの採取には，バンドーン型やハイロート型の採水器を用いる．これらの採水器を図4.1に示す．いずれの採水の場合も，試料容器や採水器を採取場所の水で2〜3回洗浄する．

河川水の定常状態の水質把握には，晴天が続き水質が安定した日に採水を行なうが，増水時の状況を調べるためには，降雨時の前後の採取が必要となる．また，干潮河川水では，潮の干満が水質に大きく影響することを考慮に入れる必要がある．

(b) 湖沼: 湖沼の水質は，周辺の気象条件，地理的条件，地質的条件，湖沼の形態に大きく影響されると同時に，河川水の流入や流出，水利用の状態，生活排水や工場排水等の流入，湖沼の微生物活動などの影響を受ける．

湖沼においては，初冬や早春には温度変化により水循環が起こる．冬期や夏期は温度成層が発達し，温度によって水質が明確に変化する．これらの影響を考慮し，採取場所や時期，回数を決める．船を利用し，船上から表層水を採取する場合は直接採取容器に，あるいはポリバケツによって採取する．また，水深ごとの採取には，(a)と同様な採水器を用いる．船が調達不可能な場合は，橋の上あるいは岸から採取を行なう．水深の水質の相違を表層水，中層水，下層水で検討する場合，中層は水深の半分の深さ，下層は底面から1m上の深さで採取する．

(c) 地下水: 地表近くを流れる自由地下水は，降雨や生物活動の影響で水質が変動しやすい．深い地層中の被圧地下水は地層の影響を受けるが，水質は安定している．被圧地下水は還元状態になっていることも多く，採取時の空気との接触で水質が変化することがあるので注意する．

井戸から直接採取する場合は，ロープを付けたポリバケツや採水器を用いて行なう．また，揚水ポンプが設置されている場合は，出口の水を直接採取容器に，あるいはポリバケツによって採取する．

(d) 海水: 海水の水質は，地形，潮の干満，潮流，海流による影響を，また，沿岸域では，河川の流入の影響を受ける．船を利用して表層水を採取する場合は，直接採取容器に採るか，あるいはポリバケツを用いる．また，水深ごとの採取には(a)と同様な採水器を用いる．

(e) 工場排水等: 各工場の状況や各工程の状況に応じて採取目的を明確にし，必要箇所で採取する．

排水路から落下している試料や放流している試料は，直接採取容器あるいはポリバケツによって採取する．配水管の汚染ますや調整槽からの採取では，ひしゃく付きのポリバケツなどを用いる．排水処理施設の流出口からの試料は，直接採取容器あるいはポリバケツによって採

取する．各採取場所に自動採水器が設置されている場合は，それを用いる．

（4） その他

河川水の水質が時間的に変化する様子を図 4.2 に示す．この図は，神奈川県の水質調査年表のデータから有機汚濁指標の1つである BOD 値を用いて季節的，時間的変化を示したものである．季節的にも時間的にも BOD 値が変化しているのがわかる．

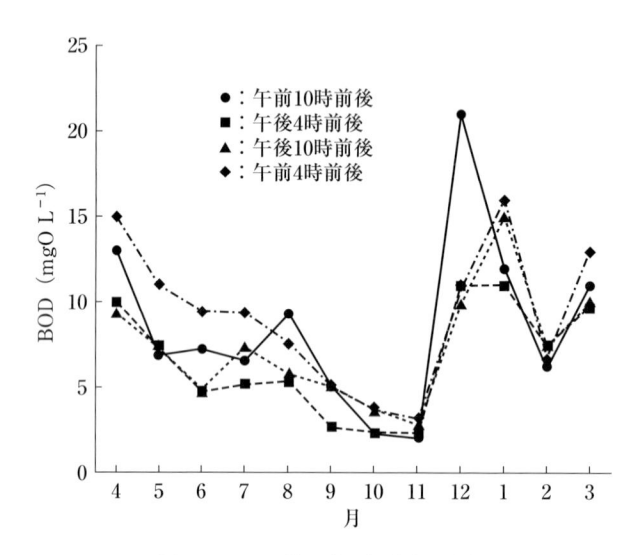

図 4.2 BOD 値の時間的季節的変化
（鶴見川 千代橋，2001 年 4 月 ～ 2002 年 3 月，神奈川県水質年表による）

4.2 試料の保存

試料の分析は，原則として直ちに行なうべきであるが，採取場所が分析場所から離れている場合は保存せざるを得ない．試料の保存の方法を，主として工場排水試験方法 JIS K 0102 の規格を参照しながらまとめた．これを表 4.1 に示す．また，この表には試料容器の種類も同時に示してある．試料の保存時に添加した酸やアルカリ等による試料の液性（表 4.1 を参照）が，分析時に要求される液性と異なる場合は注意が必要である．

表4.1 試料の保存方法

測定項目	試料容器	保存のための添加剤など
pH	P, G	保存不可
BOD	P, G	冷 (0〜10℃) 暗所保存
COD	P, G	冷 (0〜10℃) 暗所保存
TOC	P, G	冷 (0〜10℃) 暗所保存
懸濁物質	P, G	—
n-ヘキサン抽出物	G (広口)	塩酸を加えて pH 4 以下にして保存
大腸菌群	G	冷 (0〜5℃) 暗所保存し, 9 時間以内に測定
重金属	P, G	硝酸を加えて pH を約 1 にして保存
溶解性鉄, マンガン	P, G	No5C ろ紙でろ過後, ろ液に硝酸を加えて pH を約 1 にして保存
クロム (VI)	G	冷 (0〜10℃) 暗所保存
ヒ素, アンチモン, セレン	P, G	硝酸あるいは塩酸を加えて pH を約 1 にして保存
フェノール類	G	硫酸銅添加, リン酸を加えて pH 4 にして冷 (0〜10℃) 暗所保存
フッ素化合物	P	—
リン酸イオン	P, G	試料 1 L につきクロロホルム 5 mL を加えて冷 (0〜10℃) 暗所保存 保存期間が短い場合は, 冷 (0〜10℃) 暗所保存
全リン	P, G	試料 1 L につきクロロホルム 5 mL を加えて冷 (0〜10℃) 暗所保存 硫酸あるいは塩酸を加えて pH 2〜3 にして冷 (0〜10℃) 暗所保存 保存期間が短い場合は, 冷 (0〜10℃) 暗所保存
亜硝酸イオン	P, G	試料 1 L につきクロロホルム 5 mL を加えて冷 (0〜10℃) 暗所保存 保存期間が短い場合は, 冷 (0〜10℃) 暗所保存
硝酸イオン	P, G	試料 1 L につきクロロホルム 5 mL を加えて冷 (0〜10℃) 暗所保存 保存期間が短い場合は, 冷 (0〜10℃) 暗所保存
アンモニウムイオン	P, G	硫酸あるいは塩酸を加えて pH 2〜3 にして冷 (0〜10℃) 暗所保存 保存期間が短い場合は, 冷 (0〜10℃) 暗所保存
全窒素	P, G	硫酸あるいは塩酸を加えて pH 2〜3 にして冷 (0〜10℃) 暗所保存 保存期間が短い場合は, 冷 (0〜10℃) 暗所保存
シアン化合物	P, G	水酸化ナトリウムを加えて pH 12 にして保存
ベンゼン	G	冷 (4℃以下) 暗所保存
塩素化炭化水素類	G	冷 (4℃以下) 暗所保存
PCB	G	冷 (0〜10℃) 暗所保存
有機リン農薬	—	塩酸を加えて弱酸性
チウラム, シマジン, チオベンカルブ	G	冷 (0〜10℃) 暗所保存
界面活性剤	G	冷 (0〜10℃) 暗所保存
ヨウ化物イオン, 臭化物イオン	P, G	水酸化ナトリウムを加えて pH を約 10 にして保存
硫化物イオン	P, G	水酸化ナトリウムを加えて pH を約 10 にして冷 (0〜10℃) 所保存

P：プラスチック容器, G：ガラス容器

溶解性鉄, マンガン：環境水中で鉄やマンガンは, 溶解している化学種と酸化鉄や酸化マンガンなどの化学種, あるいは他の懸濁物質に吸着している化学種など様々な形態で存在するが, 排水基準での鉄, マンガンの基準値は, 5 種 C のろ紙でろ過したろ液に含まれるものだけを対象としている.
(公害防止の技術と法規 編集委員会 編：「新・公害防止の技術と法規 2007 水質 II」(一般社団法人 産業環境管理協会, 2007) による)

参 考 文 献

1) 並木 博：サンプリングの実際—水質,ぶんせき,No.10,p.617-623 (1977)
2) 梅崎芳美：水試料の取り扱い,ぶんせき,No.7,p.454-461 (1980)
3) 功刀正行,藤森一男,中野 武：環境試料の取り扱い,ぶんせき,No.5,p.222-230 (2001)
4) 産業環境管理協会：新・公害防止の技術と法規 2007—水質編II,p.96-101 (2007)

5 酸・塩基反応を利用する環境分析

　環境水は大気中の二酸化炭素をはじめ，各種の成分を溶解し，水素イオン濃度が変化する．例えば，河川や湖沼の水素イオン濃度は，流域が酸性岩地帯の方が他の地帯に比べてやや高くなる．

　一方，工場や事業所の排水では，工程内で多量の酸やアルカリを使用することが多く，排水処理が不十分だと，広範囲の水素イオン濃度の排水が環境水に放出され，大きな影響を与えることが考えられる．

　これらのことから，環境水や排水の水素イオン濃度の測定が必要となる．

5.1 水素イオン濃度

　環境水や排水の水素イオン濃度は pH で示され，pH は次のように定義される．

$$\mathrm{pH} = -\log a_{\mathrm{H}}^{+} \quad (a_{\mathrm{H}}^{+}：水素イオンの活量) \tag{5.1}$$

　希薄溶液では，2.1 節のひとくちメモで述べたように水素イオンの活量とモル濃度（mol L^{-1}）は等しく，pH は次のように表される．

$$\mathrm{pH} = -\log[\mathrm{H}^{+}] \quad ([\mathrm{H}^{+}]：水素イオンのモル濃度) \tag{5.2}$$

　水素イオン濃度は，ガラス電極を用いた pH 計によって測定する．

5.2 pH 計の原理

　pH 計ではガラス電極と参照電極，温度補償電極，あるいはこれらの電極が 1 つになった複合ガラス電極を用いる．ガラス電極の先端はガラス膜からなっており，この内側に塩酸溶液と銀-塩化銀電極が封入されている．ガラス電極を試料溶液につけると，ガラス膜の内と外の水素イオン濃度の違いに応じて電位が生じる．これを参照電極（銀-塩化銀電極）との電位差として電位差計で測定する．

　図 5.1 にガラス電極，銀-塩化銀電極から構成される pH 計の概略図を示す．また，図 5.2 には複合電極からなる pH 計の概略図を示す．

　銀-塩化銀電極およびガラス電極の電位は，それぞれ次のような式で表され，前者は常に一定の値を示し，後者は水素イオン濃度に応じて変化する．したがって，電位差計で測定される電位は水素イオン濃度に応じたものになり，pH 計ではその電位を pH 表示している．

　銀-塩化銀電極の電位（E'_{AgCl}）は第 3 章の 3.1.2 項の（2）で述べたように，温度および塩化物イオン濃度が一定であれば一定値を示す．

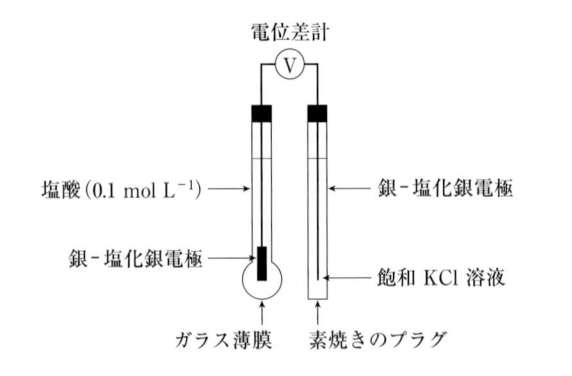

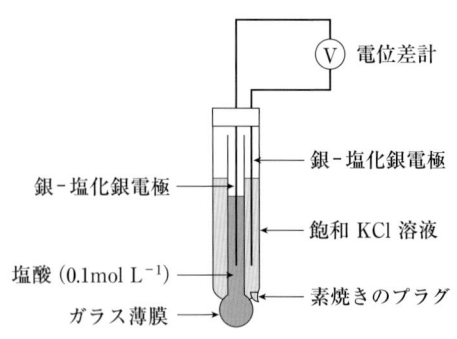

図 5.1 ガラス電極および銀‐塩化銀電極からなる pH 計

図 5.2 複合電極型 pH 計

$$AgCl_{(S)} + e \rightleftarrows Ag_{(S)} + Cl^-$$

$$E'_{AgCl} = E^0_{AgCl} - 0.059 \log \frac{[Ag]_{(S)}[Cl^-]}{[AgCl]_{(S)}}$$

$$= E^0_{AgCl} + 0.059 \log \frac{1}{[Cl^-]}$$

(Ag および AgCl は固体なので,その濃度は 1)

ガラス電極の電位 (E_g) $E_g = E_{AgCl} + E_{gH}$

ガラス電極内の銀‐塩化銀電極による電位 E_{AgCl} は,ガラス電極内部の塩化物イオン濃度が 0.1 mol L^{-1} と一定なので,E'_{AgCl} で説明したように一定値となる.E_{gH} は試料溶液の水素イオン濃度に依存して変化する.したがって,E_g も水素イオン濃度に依存し,電位差計で測定される E も水素イオン濃度に応じた電位となる.

測定電位 $E = E_g - E'_{AgCl}$

ガラス膜の内と外の水素イオン濃度が同じ場合でも,通常はわずかな電位を生じる.これはガラス膜の内,外の面の状態の差から生じるものであり,したがって,その電位はガラス電極ごとに異なる.このため,測定に当たっては,pH 標準液を用いて pH 計の調整を行なう.

pH 計の pH 目盛りの定義は次のようになっている.すなわち,同一温度の 2 種類の水溶液 X および S のそれぞれの pH を pH(X),pH(S) とすると,その pH の差は次の式で表される.

$$pH(X) - pH(S) = \frac{E_x - E_s}{2.3026 \dfrac{RT}{F}} \tag{5.3}$$

E_x:水溶液 X 中でのガラス電極と参照電極の電位差 (V)

E_s:水溶液 S 中でのガラス電極と参照電極の電位差 (V)

R:気体定数　8.314 J K^{-1} mol^{-1}

T:絶対温度 (K)　$T = t$℃ $+ 273.15$

F:ファラデー定数　96485 C mol^{-1}

(5.3) から，ある標準の水溶液の E_x に対する pH(X) を定めておき，任意の水溶液の E_s を測定すれば pH(S) を求められることがわかる．pH 標準液としては，主としてフタル酸塩 pH 標準液（pH 4.01，25℃），中性リン酸塩 pH 標準液（pH 6.86，25℃）が用いられる．

5.3 pH の測定

5.3.1 原 理

(5.3) 式に基づき測定される．

5.3.2 実 験

（1） pH 計の電源を入れ，ガラス電極，参照電極，温度計の設置を確認する．ガラス電極は水で洗浄した後に，水分をろ紙などで拭う．

（2） 中性リン酸塩 pH 標準液に検出部を浸し，pH 計の温度目盛りをこの標準液の温度に合わせる．pH 計の pH 指示値が，この標準液の温度に対応する pH 値になるように調整ダイヤルを調節する．検出部を水で洗浄した後に，水分をろ紙などで拭う．

（3） フタル酸塩 pH 標準液に検出部を浸し，pH 指示値が，この標準液の温度に対応する pH 値になるように調整ダイヤルを調節する．

（2），（3）の操作を繰り返し，pH 指示値が pH 標準液の温度に対応する pH 値に ±0.05 で一致するようにする．

（4） 検出部を水でよく洗浄した後，試料溶液に浸し，pH 値を読みとる．この操作を繰り返し，3 回の測定値が ±0.1 のものの平均値を求める．ただし，緩衝性の低い試料の場合，pH 値が変動しやすいので ±0.2 のものの平均値を求める．

5.3.3 測定時の注意事項

（1） ガラス電極は水中に保存する．長く乾燥状態にあった場合は，あらかじめ水に浸してから用いる．また，汚れている場合は，附属の説明書に従って塩酸（1+20）（この濃度表示については第 4 章の 4.1 節を参照）や洗剤などで短時間洗浄し，その後，流水で十分に洗浄する．

（2） 参照電極の汚れの除去は，ガラス電極と同様に行なう．また，内部溶液の補填は附属の説明書に従う．

（3） pH 値は温度の影響を受けるので，試料の温度変動は ±2℃ とする．

（4） 試料の pH 値が 11 以上で，特にアルカリ金属イオン濃度が高い場合はアルカリ誤差が生じやすいため，アルカリ誤差の小さい電極（リチウム電極）を用いる．

（5） pH 標準液の保存方法

pH 標準液は共栓ポリエチレン瓶または共栓ホウケイ酸ガラス瓶に入れ，密栓して保存する．長期間保存すると pH 値が変化することがあるので，長期間保存した pH 標準液は新しく調製したものと比較し，その有効性を確認する．

（6） ガラス電極の破損を防ぐ方法

ガラス電極はガラスの薄い膜からできているので，ビーカーの底にぶつけたりして破損することがある．これを防ぐためには，ガラス棒を電極の横にセットし，この先端の位置をガラス電極より低くする．

5.3.4 測定時の失敗例

ガラス電極は，上述したようにガラス膜の内外の状態が異なるため，2つのpH標準液により調整を行なう．1つの標準液を用いてpH計を調整後にガラス電極を十分に水で洗浄してから次のpH標準液に浸さないと，ガラス電極の表面に緩衝作用のあるpH標準液が残ってしまうために調整がうまくいかない．pH標準液にpH計の電極を浸した場合，あるいは緩衝能が大きい試料溶液に浸した場合は，電極をよく水で洗浄する．

5.4 酸消費量およびアルカリ消費量

試料をあるpHにまで中和するのに必要な酸の量が酸消費量（アルカリ度ともよばれる），アルカリの量がアルカリ消費量（酸度ともよばれる）である．酸消費量は，水中の炭酸イオンや炭酸水素イオン，酸により溶解する金属水酸化物や金属の炭酸塩等の量に相当する．アルカリ消費量は，水中の炭酸，炭酸水素イオンの他，種々の無機酸や有機酸等の量に相当する．いずれにおいても，pH 4.8と8.3が定められている．ここでは酸消費量について述べる．

5.4.1 酸消費量 (pH 4.8)

試料溶液のpHが4.8になるまで酸溶液（0.1 mol L^{-1} 塩酸）で滴定．滴定の終点（pH 4.8）は，pH計またはpH指示薬により判定される．各pH指示薬の変色域を表5.1に示す．指示薬

表5.1 pH指示薬の変色域

指示薬名	酸性色	塩基性色	変色域	pK_{In}[a]	λ_{max}[b]
チモールブルー（酸性）	赤	黄	1.2～2.8	1.65	544
m-クレゾールパープル（酸性）	赤	黄	1.2～2.8	1.56	533
ブロムフェノールブルー	黄	青	3.0～4.6	4.10	592
ブロムクレゾールグリーン	黄	青	3.8～5.4	4.66	617
メチルレッド	赤	黄	4.2～6.2	5.00	530
メチルオレンジ	赤	橙	3.1～4.4	3.50	—
クロルフェノールレッド	黄	赤	5.0～6.6	6.05	573
ブロムクレゾールパープル	黄	紫	5.2～6.8	6.10	591
ブロムチモールブルー	黄	青	6.0～7.6	7.10	617
フェノールレッド	黄	赤	6.8～8.4	7.8	558
クレゾールレッド（アルカリ性）	黄	赤	7.2～8.8	8.1	572
m-クレゾールパープル（アルカリ性）	黄	紫	7.4～9.0	8.3	580
チモールブルー（アルカリ性）	黄	青	8.0～9.6	8.9	596
フェノールフタレイン	無	赤	8.0～10.0	9.7	553
チモールフタレイン	無	青	8.6～10.5	9.9	598

a) 指示薬は弱酸であり，pK_{In} はその酸解離定数（K_{In}）のマイナス対数値であり，In は指示薬 (indicator) からとっている．
b) 極大吸収波長

としては，この中から変色域が終点の pH に近いものを使用する．

終点までに要した酸の量（mmol）は，試料中に含まれる炭酸イオン，炭酸水素イオン量，あるいは他のアルカリの量に相当する．

この酸消費量は，工場排水などの中和に必要な酸量の算出に利用する．

実　験

試料 100 mL をビーカーにとる．pH 電極を入れ，マグネティックスターラーで試料をかき混ぜながら，$0.1\,\mathrm{mol\,L^{-1}}$ 塩酸を加える．溶液の pH が 4.8 になるまでに要した体積から，次の式で酸消費量を求める．なお，pH 計の代わりに pH 指示薬を用いる場合は，メチルレッド-ブロモクレゾールグリーン混合指示薬溶液を試料に滴加し，灰紫色になるまで塩酸を加える．

$$酸消費量\,(\mathrm{pH}\,4.8)\,\mathrm{mmol\,L^{-1}} = a \times f \times 0.1\,\mathrm{mol\,L^{-1}} \times \frac{1000}{V}$$

a：塩酸滴定量（mL）
f：塩酸溶液のファクター[*1]
V：試料体積（mL）

5.4.2　酸消費量（pH 8.3）

pH 8.3 以上を示す試料について行なわれ，その試料のアルカリ成分に対する酸消費量が求められる．

実験は酸消費量（pH 4.8）と同様に行なう．ただし，pH 指示薬溶液にはフェノールフタレイン溶液を用いる．

参　考　文　献

1）工業用水試験方法（JIS K 0101）(1998)
2）工業排水試験方法（JIS K 0102）(2013)

[*1] 市販の濃塩酸の濃度は約 $12\,\mathrm{mol\,L^{-1}}$ で，$0.1\,\mathrm{mol\,L^{-1}}$ の塩酸はこれを純水で希釈して調製するが，液体試薬であるために，正確な $0.1\,\mathrm{mol\,L^{-1}}$ を調製するのは難しい．高純度で安定な粉末試薬であるために，正確な濃度の溶液調製が可能な炭酸ナトリウム溶液を用いて酸塩基滴定を行ない，正確な塩酸濃度を求める．$0.1\,\mathrm{mol\,L^{-1}}$ からのずれをファクターとして示す．例えば，滴定の結果得られた濃度が $0.11\,\mathrm{mol\,L^{-1}}$ だったとすると，ファクターは 1.1 となる．

6 沈殿反応を利用する環境分析

本章では，沈殿反応を用いる環境分析の例として，環境水中の塩化物イオンおよび硫酸イオンの定量について学ぶ．いずれも，その難溶性塩（沈殿）を生成する性質を利用する．塩化物イオンは，銀イオンとの反応による塩化銀の生成を用いる沈殿滴定法，硫酸イオンは，バリウムイオンとの反応による硫酸バリウムの生成を用いる重量分析法の例を述べる．

6.1 塩化物イオンの定量

塩化物イオン（Cl^-）は，外洋水 1 kg 中に 18.98 g（18.98 g kg^{-1}）存在し，海水に存在するイオンとしては最も濃度が高い[1]．海水の平均密度は 1.025 g cm^{-3} であるから，海水 1 L 中の Cl^- の質量に換算すれば，19.45 g となる（19.45 g L^{-1}）．したがって，ppm の意味が mg kg^{-1} であっても mg L^{-1} であっても，海水には約 19000 ppm の Cl^- が存在すると考えてよい．

全国 225 の河川の調査によれば，我が国の河川水中の Cl^- の平均濃度は 5.8 ppm（mg L^{-1}）であり[2]，この値は，海水の 1/3000 に満たない．沿岸部では，河川水に海水が混入したり，海からの風送塩によって，Cl^- 濃度が上昇することがある．河川水における Cl^- 濃度上昇の自然要因として，海水や風送塩の他，温泉や火山地域の地層からの混入もある．一方，工場排水，し尿，下水，家庭排水などの人間活動によっても Cl^- 濃度は上昇する．したがって，Cl^- の急激な上昇は，人為的な環境汚染の指標になる．

Cl^- は，私たちが毎日，食塩（NaCl）を摂取していることからも容易にわかるように，毒性は高くない．しかし，水道水の味を低下させる要因となるため，水質基準によって 200 mg L^{-1} 以下となるように管理されている[3]．

6.1.1 原理

Cl^- は，銀(I)イオン（Ag^+）と難溶性塩である塩化銀（AgCl）を生成する．この沈殿反応を用いる滴定分析によって Cl^- を定量する．終点指示法には 3 つの方法がある．赤色沈殿（Ag_2CrO_4）の生成を利用するモール法，赤色錯体（$FeSCN^{2+}$）の生成を利用するフォルハルト法，色素陰イオンの沈殿への吸着変色を利用するファヤンス法である．

表 6.1 に Cl^- を定量する場合の 3 つの方法の特徴を示す．この 3 つの方法は，Cl^- の定量だけに適用されるわけではなく，それぞれの特徴を活かした他のハロゲン化物イオン，Ag^+，SCN^- の定量が可能であるから，他書[4]で学ぶとよい．工場排水試験方法[5]には，Cl^- の硝酸銀滴定法が採用されており，終点指示はファヤンス法によって行なわれるので，ここでは，ファヤンス法についてその原理を概説する．

6.1 塩化物イオンの定量

表 6.1 沈殿滴定による Cl⁻ の定量における終点指示法

名称	沈殿反応	終点指示反応	変色	pH
モール法[a]	$Ag^+ + Cl^- \rightleftarrows AgCl$	$2Ag^+ + CrO_4^{2-} \rightleftarrows Ag_2CrO_4$	白→赤	6.5〜10
フォルハルト法[b]	$Ag^+ + Cl^- \rightleftarrows AgCl$ $Ag^+ + SCN^- \rightleftarrows AgSCN$	$Fe^{3+} + SCN^- \rightleftarrows Fe(SCN)^{2+}$	白→赤	約 0.5 硝酸酸性
ファヤンス法[c]	$Ag^+ + Cl^- \rightleftarrows AgCl$	AgCl 沈殿へのフルオレセインの物理吸着	黄緑→赤	7〜10

a) Ag_2CrO_4 のモル溶解度 (8×10^{-5} mol L⁻¹) が AgCl のモル溶解度 (1×10^{-5} mol L⁻¹) よりも大きいため，当量点まで Ag_2CrO_4 の沈殿生成は無視できる．pH 6.5 以下だと二クロム酸イオンが生成し ($2CrO_4^{2-} + 2H^+ \rightleftarrows Cr_2O_7^{2-} + H_2O$，この反応の平衡定数は $K = [Cr_2O_7^{2-}]/\{[CrO_4^{2-}]^2 [H^+]^2\}$ で示される)，クロム酸銀の条件溶解度積[注] が増加し，終点が不明瞭になってしまう．pH 10 以上だと水酸化銀が沈殿する．

注) クロム酸銀の溶解度積 $= [Ag^+]^2 [CrO_4^{2-}]$
$[CrO_4^{2-}]$ は上の平衡定数 K の式で示されるように，水素イオン濃度に依存する．このことを考えた溶解度積を条件溶解度積という．

b) 濃度既知で過剰量の Ag^+ を添加し，残留する Ag^+ を SCN^- で逆滴定することにより，Cl⁻ 濃度を求める間接定量法である．ただし，残留する Ag^+ を SCN^- で滴定する前に，生じた AgCl をろ過する必要がある．ろ過をしないで SCN^- を滴下すると，AgCl が溶け出してしまう ($AgCl + SCN^- \rightleftarrows AgSCN + Cl^-$)．これは，AgCl の溶解度 ($1 \times 10^{-5}$ mol L⁻¹) が AgSCN の溶解度 (1×10^{-6} mol L⁻¹) よりも大きいためである．

c) 吸着指示薬法ともいう (詳細は本文を参照)．

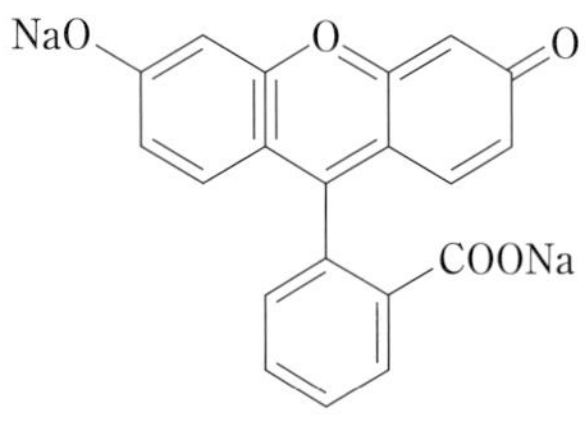

ファヤンス法は，沈殿への色素の吸着を利用するため，吸着指示薬法とよばれる．Cl⁻ を含む pH 7〜10 の滴定液にフルオレセインナトリウム (図 6.1) を加えると，滴定液は黄緑色を呈する．フルオレセインの 1 価の陰イオン (HFl⁻) と 2 価の陰イオン (Fl²⁻) の酸解離定数は 3.72×10^{-7} であり[6]，pH 7〜10 の溶液中では大部分が 2 価の陰イオン (Fl²⁻) として存在する．塩化物イオンを含む試料溶液にフルオレセインを添加し，硝酸銀 ($AgNO_3$) 溶液を滴下すると，AgCl の微粒子が生成していく．沈殿は，その構成イオンを吸着する性質をもつ．図 6.2 に示す 1 次吸着層が沈殿に吸着しているイオンである．つまり当量点前 (図 6.2 (a)) では，Ag^+ と未反応の Cl⁻ が大量に存在するので，沈殿には Cl⁻ が吸着し，沈殿は負に帯電したコロイド粒子として互いに反発しながら溶液中に分散し，滴定液は乳濁する．フルオレセインイオン (HFl⁻) は Cl⁻ との反発で沈殿に吸着することはない．さらに，負に帯電した粒子は溶液中の陽イオン (ここでは Na^+ とする) を引き寄せ，弱い集合状態にある 2 次吸着層を形成する．

図 6.1 フルオレセインナトリウム (別名: ウラニン)

さらに硝酸銀溶液の滴下を続けると，1 次吸着層の Cl⁻ が少なくなり，反発力が低下し，次第に凝集 (凝析あるいは凝結ともいう) していく．このとき，凝析を防ぐために，保護コロイドとしてデキストリンが添加されることがある．Ag^+ が小過剰になるまで硝酸銀溶液の滴下を続けると，1 次吸着層には Ag^+ が吸着し，一部正に帯電したコロイドが形成され，これに HFl⁻

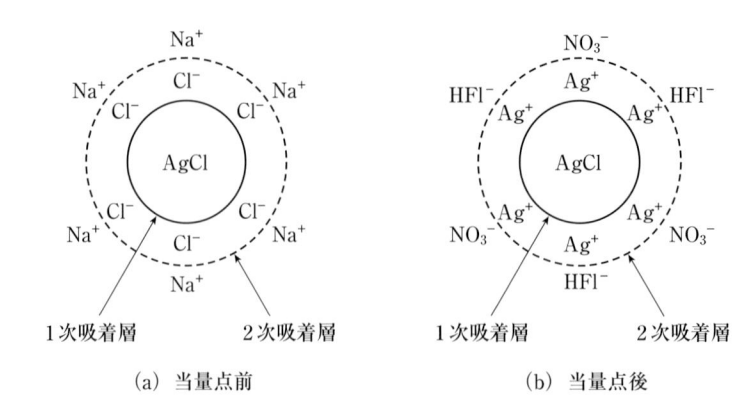

図6.2 ファヤンス法（吸着指示薬法）による終点指示の概念図．当量点前までは，フルオレセイン陰イオン（HFl⁻）は黄緑色の蛍光を発する．当量点直後にAg⁺が吸着し，正に帯電したコロイドにHFl⁻が吸着して赤色を呈する．

が吸着し，赤色を呈して終点を知らせる．

6.1.2 実 験

0.04 mol L⁻¹ 硝酸銀標準液の調製と標定： AgNO₃ 6.8 g を水に溶かして全量を 1 L とし，褐色のガラス瓶に保存する．1次標準物質*¹の塩化ナトリウム（NaCl）を，600℃で約1時間加熱して，デシケーター中で放冷する．このNaClの約0.47 gを精秤し，全量を200 mLとする（これで0.04 mol L⁻¹の塩化ナトリウム標準液が調製される）．この塩化ナトリウム標準液の20 mLをビーカーにとり，水を加えて液量を約50 mLとし，デキストリン溶液（2 g/100 mL）5 mLとフルオレセイン液（0.2 g/100 mL）数滴を加える．

滴定分析全般にいえることだが，上述のように液量を50 mLに増やしても，ビーカー内のCl⁻の物質量（mol）は変わらない．後にCl⁻をAg⁺で滴定するわけだが，この操作は，Ag⁺でCl⁻の数をカウントしていく（あくまでイメージ）ようなものである．このことは，滴定分析が絶対定量法とよばれる所以であり，相対的に濃度を求める検量線法とは根本的に異なる点である．

さて，このようにして準備した滴定液（NaCl＋デキストリン＋フルオレセイン）を静かに撹拌しながら0.04 mol L⁻¹ 硝酸銀

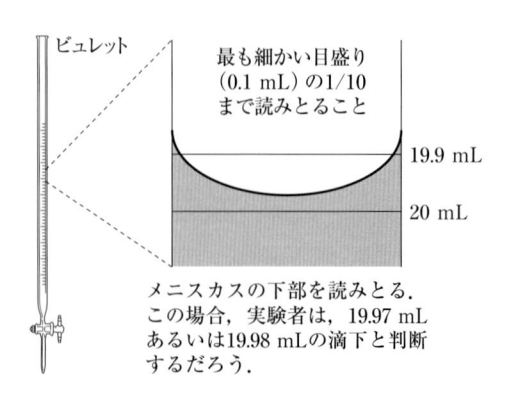

図6.3

---

*1 一定の組成をもつ純物質で，試薬瓶に保存中も安定なもの．

標準液で滴定する．ビュレットの体積の読みとりは，図 6.3 のように行なう．黄緑色のフルオレセインの蛍光が消失して，わずかに赤色を呈したら終点とする．

滴定分析であるから，滴定液と被滴定液のそれぞれの濃度 (C) と体積 (V) に次の関係が成り立つ．

$$C_{AgNO_3} \times f_{AgNO_3} \times V_{AgNO_3} = C_{NaCl} \times f_{NaCl} \times V_{NaCl} \tag{6.1}$$

f_{AgNO_3}, f_{NaCl} とは硝酸銀標準液と塩化ナトリウム標準液のファクターである．ここで，V_{AgNO_3} を x (mL) とすれば，C_{AgNO_3} および C_{NaCl} は 0.04 mol L^{-1}，C_{NaCl} は 20 mL であるから，(6.1) は，(6.2) のように書き換えることができる．

$$0.04 \times f_{AgNO_3} \times x = 0.04 \times f_{NaCl} \times 20 \tag{6.2}$$

ここで，f_{NaCl} を求めてみよう．NaCl の精秤値を a g，NaCl の純度を b % とすれば，f_{NaCl} は

$$f_{NaCl} = \frac{a \times \dfrac{b}{100}}{58.443 \times 0.04 \times \dfrac{200}{1000}} \tag{6.3}$$

(6.3) の分子は，精秤値 a g と純度の積であるから，NaCl の実質量であり，分母は，0.04 mol L^{-1} の塩化ナトリウム（式量 58.443）標準液を 200 mL 調製する場合の計算上の NaCl 質量である．(6.3) を (6.2) に代入すれば，次式により f_{AgNO_3} を求めることができ，Cl$^-$ 濃度が未知の試料を分析する準備が整う．

$$f_{AgNO_3} = a \times \frac{b}{100} \times 20 \times \frac{1}{x \times 0.46754} \tag{6.4}$$

工場排水中の塩化物イオンの定量： 試料溶液 50 mL をビーカーに採取する．ただし，Cl$^-$ が 20 mg 以上含まれる試料溶液の場合は，試料採取量を 50 mL 未満とし，水を加えて約 50 mL とする．試料溶液が酸性の場合は炭酸ナトリウム溶液 (50 g L^{-1}) で，またアルカリ性の場合は 0.2 mol L^{-1} 硝酸で試料液の pH を約 7 に調整する．この後は，上述の硝酸銀標準液の標定の操作と同様に，デキストリン溶液 (2 g/100 mL) 5 mL とフルオレセイン溶液 (0.2 g/100 mL) 数滴を加えて，0.04 mol L^{-1} 硝酸銀標準液を滴下し，終点を決定する．

Cl$^-$ 濃度が未知の試料濃度は，(6.5) で求められる．

$$C_{Cl^-\,未知} = \frac{0.04 \times f_{AgNO_3} \times V_{AgNO_3}}{V_{試料溶液}} \tag{6.5}$$

V_{AgNO_3}： 滴定量

$V_{試料溶液}$： 試料溶液の体積

6.1.3 測定時の注意事項

ビーカーに採取する Cl$^-$ が 5 mg (50 mL 中) 以下の場合は，5 mg 以上となるように，塩化ナトリウム標準液を適量添加して滴定を行なう．この場合，試料水の代わりに水を用いて空試験（もちろん，試料水を滴定したときに添加したのと同体積の塩化ナトリウム標準液を加える）を

行なって，滴定値を補正する．

6.2 硫酸イオンの定量

硫酸イオン（SO_4^{2-}）は，外洋水 1 kg 中に 2.65 g 存在し，海水中では Cl^-，Na^+ に次いで 3 番目に多いイオンである[1),*2]．SO_4^{2-} の質量を海水 1 L 中に換算すれば（海水平均密度 1.025 g cm^{-3}），2.72 g となる．したがって，海水中の SO_4^{2-} は，平均濃度として 2720 ppm（mg L^{-1}）含まれることになる．

一方，河川水中の SO_4^{2-} 平均濃度は 10.6 mg L^{-1} であり[2]，海水に比べるとかなり低い．河川水中の SO_4^{2-} 濃度は，Cl^- の場合と同様に，海岸付近では海水の混入，風送塩によって上昇し，また，温泉や火山地域での温泉水の混入，土壌からの溶出によっても上昇する．人間活動による上昇の要因としては，肥料として用いられる硫酸アンモニウム（硫安）の溶出，家庭・産業排水などがあげられる．

世界保健機構（WHO）の飲料水水質ガイドライン，米国環境保護庁（USEPA）の飲料水質基準（第 2 種飲料水規格）並びに EU 飲料水指令では，いずれも SO_4^{2-} の基準値を 250 mg L^{-1} と定めている．この基準値は，健康被害に基づくものではなく，飲料水の味の悪化に基づいて設定されている．現在，我が国の水質基準には設定されていないが，WHO によれば 500 mg L^{-1} 以上になると胃腸への影響が生じるとされており[7]，今後，要監視項目に入る可能性がある．

6.2.1 原　理

工場排水試験方法[8]に，重量分析法を用いる SO_4^{2-} の定量法が規定されている．SO_4^{2-} を含む試料溶液に塩酸を加えて弱酸性とし，この温溶液に塩化バリウム（$BaCl_2$）溶液を加え，硫酸バリウム（$BaSO_4$）として沈殿させる．

$$Ba^{2+} + SO_4^{2-} \rightleftarrows BaSO_4 \tag{6.6}$$

この沈殿をろ過洗浄して，ろ紙ごと磁性るつぼに入れて，ろ紙を灰化，強熱して，放冷後，その質量を精秤して SO_4^{2-} を定量する．重量分析法は一般的に長時間を有する方法であるが，容量分析とともに絶対分析法であり，その確度は極めて高い．

6.2.2 実　験

磁性るつぼの恒量： 重量分析では，沈殿を入れていない空のるつぼ（風袋という）の精確な質量を知る必要がある．この操作をるつぼの恒量化という．風袋とする磁性るつぼを三角架にのせて，ブンゼンバーナーで加熱する．最初は徐々に加熱し，少しずつ火を強くしながら，るつぼの底が赤くなるまで強熱する．ブンゼンバーナーの炎には，還元炎（内炎）と酸化炎（外炎）があるが，内部の還元炎のすぐ上辺りが最も高温で約 800℃ であり，この部分の炎をるつぼ

---

*2 質量モル濃度（mol kg^{-1}）に換算すると，SO_4^{2-} は 0.0276 mol kg^{-1} となり，Cl^-，Na^+，Mg^{2+} に次いで 4 番目に多いイオンとなる．濃度の単位が異なると，存在順位も入れ替わることがあるから注意する．

の底に当てるようにする．約1時間強熱後，ブンゼンバーナーの炎を消し，そのまま放冷し，荒熱を除く．その後，るつぼばさみでデシケーターに移して，約1時間程度放冷し，0.1 mg の桁まで精秤する．この強熱・放冷・秤量を，恒量値を得るまで繰り返す．恒量値を得るとは，±0.1 ないし ±0.3 mg 以内で質量が一定となることである．

塩化バリウム溶液 (100 g L^{-1}) の調製：　塩化バリウム二水和物 (式量 244.26) の 11.7 g を水に溶かし，全量を 100 mL とする^{*3}．

硝酸銀溶液 (10 g L^{-1}) の調製：　AgNO$_3$ の 1 g を水に溶かして，全量を 100 mL とする．この硝酸銀溶液は，(6.6) の主たる沈殿反応とは直接は関係なく，後の沈殿の洗浄の確認で用いられる．

BaSO$_4$ 沈殿の生成・ろ過・洗浄：　試料溶液の適量 (SO$_4^{2-}$ として 10 mg 以上) を磁器蒸発皿にとり，塩酸 3 mL を加え，沸騰水浴上で蒸発乾固し，さらに約 20 分間加熱する．放冷後，塩酸 2 mL を添加して乾固物を湿らし，次に温水 20～30 mL を加え，数分間加熱する．5種Bのろ紙でろ過し，塩酸 (1 + 50) で数回洗う．ろ液に水を加えて約 100 mL とし，沸騰水浴上で加熱し，激しくかき混ぜながら，温塩化バリウム溶液をゆっくりと添加し^{*4}，BaSO$_4$ 沈殿を生成させる．沈殿が生じなくなったら，それまでの塩化バリウム溶液の添加量の 20～50%の液量をさらに添加する．沸騰水浴上で 20～30 分間加熱した後，3～4 時間放置する．こうして得られた沈殿を 5 種 C のろ紙でろ過し，水で沈殿を洗浄する．このとき，ろ液に Cl$^-$ の存在が認められなくなるまで洗浄するが，この判断のために，硝酸銀溶液をろ液に添加する．もし，ろ液にまだ Cl$^-$ が溶出してくるようであれば，AgCl の白色沈殿が認められるはずで，まだ沈殿の洗浄が不十分であることを意味する．

ろ紙の炭化・灰化と BaSO$_4$ 沈殿の強熱：　沈殿をろ紙とともに，恒量化した磁性るつぼに入れ，ブンゼンバーナーで加熱する．この操作には，ろ紙の炭化・灰化が含まれる．はじめは，るつぼにふたをせず，徐々に加熱し，水分を蒸発させ，ろ紙を炭化する (ろ紙は黒くなる)．炭化が終わったら，炎を少し強くし，るつぼの底部が少し赤くなるまで加熱し，ろ紙を灰化させる (ろ紙は白くなる)．灰化が終わったら，るつぼにふたをし (ただし空気が自由に出入りできるように，ふたを少しずらしておく)，るつぼの底部が赤い状態で，約 30 分間加熱をする．

---

*3　BaCl$_2$・2H$_2$O の 10 g を水に溶かして全量を 100 mL にしても，BaCl$_2$ が 100 g L^{-1} の水溶液はできない．溶かすべき BaCl$_2$・2H$_2$O の質量を x g とすれば，x に BaCl$_2$ (208.24) と BaCl$_2$・2H$_2$O (244.26) の式量の比を掛けて 10 g としなければならない．

*4　塩化バリウム溶液を一度に多量に添加すると，他のバリウム塩が混入したり (SO$_4^{2-}$ の定量値に正の誤差を与える)，沈殿の核が大量に生成し，微細な沈殿粒子となってしまう．このような沈殿は，後のろ過を困難とするので，重量分析としては粗悪な沈殿である．激しく撹拌しながら，ゆっくりと沈殿剤を添加するのは，局所的に Ba^{2+} 濃度が高濃度とならないためで，加熱しながら沈殿剤を添加するのは，沈殿の溶解度を増加させるためである．いずれの操作も，その後のろ過や洗浄の操作が容易となるように，沈殿核の数を少なくして大きな粒子の沈殿を生成させるためのものである．

ろ紙から生じた炭素 C は，強熱により CO_2 となって飛散するので，後の沈殿の秤量値には影響しない．

　沈殿の秤量：　強熱したるつぼの荒熱をとり，デシケーター中で放冷し，精秤する．るつぼ風袋の恒量化を行なったときのように，±0.1 ないし ±0.3 mg 以内で質量が一定となるまで，約 30 分間の強熱・放冷・精秤を繰り返す．元の試料溶液中の SO_4^{2-} 濃度 ($mg\,L^{-1}$) は，次式により求められる．

$$SO_4^{2-}\ (mg\,L^{-1}) = x \times 0.4116 \times \frac{1000}{V} \tag{6.7}$$

x mg は $BaSO_4$ 沈殿の質量（「沈殿入りのるつぼの恒量値」－「風袋の恒量値」），V mL は，試料水体積である．0.4116 は，$BaSO_4$ の式量に対する SO_4^{2-} の式量の比であり，すなわち，$BaSO_4$ 沈殿中の SO_4^{2-} の存在割合に相当する．

参考文献

1) 大木道則，大沢利昭，田中元治，千原秀昭 編：「化学辞典」(p.243，東京化学同人，1994)
2) 小林 純：農学研究，No. 48，p. 63 - 106 (1960)
3) 厚生労働省令第 101 号：水質基準に関する省令，平成 15 年 5 月 30 日．
4) 黒田六郎，杉谷嘉則，渋川雅美 共著：「分析化学（改訂版）」(裳華房，2004)
5) 工場排水試験方法 (JIS K 0102) (2013), "35.1 硝酸銀滴定法".
6) R. Sjöback, J. Nygren and M. Kubista：Spectrochim. Acta Part A, **51**, L7-L21 (1995)
7) 国包章一，遠藤卓郎，西村哲治 監訳：WHO 飲料水水質ガイドライン（第 3 版）第 1 巻（日本水道協会，2008)
8) 工場排水試験方法 (JIS K 0102) (2013), "41.2 重量法".

7 酸化還元反応を利用する環境分析

　本章では，酸化還元反応を用いる滴定法として重要な過マンガン酸塩滴定法およびヨウ素滴定法について学ぶ．過マンガン酸塩滴定法では，過酸化水素の定量と化学的酸素要求量の測定例を述べる．ヨウ素滴定法 (iodometry) には，酸化性物質に過剰のヨウ化カリウムを加えることにより遊離するヨウ素 (I_2) をチオ硫酸ナトリウム標準液で滴定する間接的な方法と，還元性物質を直接ヨウ素標準液で滴定する方法がある．ここでは，ヨウ素滴定法の応用例として，浄水過程で消毒のために添加される塩素の水道水中の残存量を知るための残留塩素の測定例を述べる．

7.1 過酸化水素の定量

　過酸化水素は，その酸化力からパルプ製造過程における漂白剤や半導体の洗浄剤として工業的に広く用いられている．また，殺菌消毒剤としてのオキシドールには，$2.5 \sim 3.5 \mathrm{wv}^{-1}\%$ [*1] の過酸化水素が含まれている．

　過酸化水素が酸化剤として作用する際のイオン–電子反応式は，

$$H_2O_2 + 2e \rightleftarrows 2OH^- \tag{7.1}$$

であり，酸性溶液中では

$$H_2O_2 + 2H^+ + 2e \rightleftarrows 2H_2O \tag{7.2}$$

と表される．一方，酸化還元反応の相手が比較的強い酸化剤 (例えば，過マンガン酸カリウム) の場合，過酸化水素が還元剤として作用することもある．

$$H_2O_2 \rightleftarrows 2H^+ + O_2 + 2e \tag{7.3}$$

ここでは，過マンガン酸カリウム ($KMnO_4$) による過酸化水素の酸化反応を利用した過酸化水素の酸化還元滴定について述べる．

7.1.1 原　理

　$KMnO_4$ の酸化作用を用いる滴定法は，過マンガン酸塩滴定法とよばれる．MnO_4^- は溶液の液性により還元剤に受け渡す電子数が異なるので，注意を要する．

$0.05\,\mathrm{mol\,L^{-1}}$ 以上の硫酸酸性： $MnO_4^- + 5e + 8H^+ \rightleftarrows Mn^{2+} + 4H_2O$ (7.4)

中性あるいはアルカリ性： $MnO_4^- + 3e + 4H^+ \rightleftarrows MnO_2 + 2H_2O$ (7.5)

過マンガン酸塩滴定法による過酸化水素の滴定では，(7.4)×2＋(7.3)×5で (7.6) に示

[*1] 溶質を質量で，溶液を体積単位で表示するパーセント濃度．

す反応が進行する．

$$2MnO_4^- + 5H_2O_2 + 6H^+ \rightleftarrows 2Mn^{2+} + 8H_2O + 5O_2 \tag{7.6}$$

7.1.2 実　験

　過マンガン酸カリウム溶液は日光やわずかに含まれる有機物質によって一部が還元され，酸化マンガン（Ⅳ）（二酸化マンガン）（MnO_2）の沈殿を生じる．生じたMnO_2がさらに$KMnO_4$の分解を促進するといわれているので，長期間の保存はできない．過マンガン酸カリウム溶液を褐色びんに保存するのは，遮光して光還元を防ぐためである．したがって，過マンガン酸カリウム溶液は，1次標準物質によって標定されなければならない．1次標準物質としては，シュウ酸ナトリウム（$Na_2C_2O_4$），亜ヒ酸，金属鉄，モール塩があるが，$Na_2C_2O_4$が一般に用いられる．

　$C_2O_4^{2-}$は，2電子還元剤として作用する．

$$C_2O_4^{2-} \rightleftarrows 2CO_2 + 2e \tag{7.7}$$

したがって，(7.4) × 2 + (7.7) × 5 により

$$2MnO_4^- + 16H^+ + 5C_2O_4^{2-} \rightleftarrows 2Mn^{2+} + 8H_2O + 10CO_2 \tag{7.8}$$

となる．

　過マンガン酸カリウム標準液（$0.02\ \mathrm{mol\ L^{-1}}$）の調製：　約$3.2\ \mathrm{g}$の$KMnO_4$を採取し，約$1\ \mathrm{L}$の蒸留水に溶かす．標定前なので，精秤する必要もないし，体積を正確に$1\ \mathrm{L}$とする必要もない．時計皿で覆いながら約1時間静かに煮沸し，一晩室温で放置する．この放置により，わずかに生成したMnO_2が沈降し，これをガラスろ過器で除去し，褐色びんに保存する．

　シュウ酸ナトリウムによる標定：　1次標準物質の$Na_2C_2O_4$を200℃で約1時間乾燥させ，デシケーター中で放冷する．この$Na_2C_2O_4$の$0.2 \sim 0.24\ \mathrm{g}$を小数点第四位まで精秤し，$200\ \mathrm{mL}$コニカルビーカーにすべて移し，約$50\ \mathrm{mL}$の蒸留水に溶かす（例えば$0.2200\ \mathrm{g}$を精秤したとすれば，$Na_2C_2O_4 = 134.00\ \mathrm{g\ mol^{-1}}$であるから，$1.642\ \mathrm{mmol}$の$Na_2C_2O_4$がコニカルビーカー内に存在することになる）．硫酸（1＋1，市販の濃硫酸と水の体積比が1：1）約$20\ \mathrm{mL}$を加える．$KMnO_4$と$Na_2C_2O_4$の反応の速度は大きくないので溶液を$60 \sim 90$℃に加熱し，温度をこの範囲に保ちながら，褐色のビュレットに入れた過マンガン酸カリウム標準液（$0.02\ \mathrm{mol\ L^{-1}}$）を約$25\ \mathrm{mL}$滴下する（当量点よりも十分に少ない体積）．撹拌しながらMnO_4^-の赤紫色が消えるのを待つ．過マンガン酸カリウム標準液（$0.02\ \mathrm{mol\ L^{-1}}$）を先ほどよりもゆっくり滴下していき，脱色に時間がかかるようになったらさらに滴下量を減らしながら，30秒間経っても脱色しない時点を終点とする．

　一方，$Na_2C_2O_4$を加えずに，他はすべて同様の操作を行ない，試薬や蒸留水に含まれる還元性物質に対応する過マンガン酸標準液滴定量である空試験値を求めて滴定値を補正する．ただし，この場合$Na_2C_2O_4$は存在しないので，過マンガン酸カリウム標準液（$0.02\ \mathrm{mol\ L^{-1}}$）を約$25\ \mathrm{mL}$滴下する操作は省く．

過酸化水素の滴定： 以上の操作により標定された過マンガン酸カリウム標準液 (0.02 mol L^{-1}) を用いて過酸化水素水を滴定する．オキシドールの場合，約 3 w v^{-1} %の過酸化水素水なので，10 倍に希釈したオキシドール液 10 mL を滴定するのが適当である．この 10 mL に蒸留水約 50 mL，硫酸 (1 + 1) 約 20 mL を加え，静かに攪拌しながら滴定し，終点近くで温度を約 70℃ として，30 秒間 MnO$_4^-$ の赤紫色が消えない点を終点とする．

7.1.3 測定時の注意事項

光による還元分解を避けるために，過マンガン酸カリウム標準液は褐色ビュレットに入れる．しかし，褐色であるがゆえに，メニスカスの最低部の位置が見えにくいので，この場合，メニスカスの両端の最上部の目盛りを読みとればよい (図 7.1 を参照).

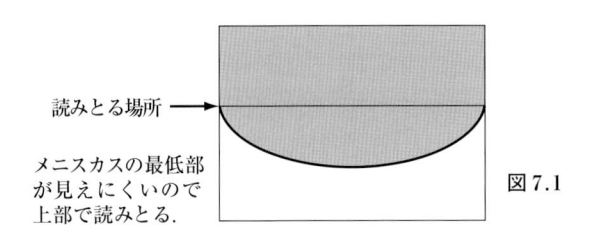

図 7.1

7.2 化学的酸素要求量の測定

化学的酸素要求量 (chemical oxygen demand, COD) は，湖沼や海水の水質汚濁指標の 1 つであり，COD 値が大きければ，汚濁度が高いことを意味する．COD 値は，試料水に酸化剤を添加し，試料水中に存在する還元性の有機物質や無機物質を酸化し，この酸化に消費された酸化剤の量を酸素量 (O mg L^{-1}) に換算して求められる．添加する酸化剤として二クロム酸カリウムを用いる場合はCOD$_{Cr}$，KMnO$_4$ を用いる場合は COD$_{Mn}$ と表記することがある．欧米ではCOD$_{Cr}$ が測定されることが多いが[1]，我が国では公定法[2]として規定されている JIS K0102-17 (2013) の COD$_{Mn}$ により排水を管理することが定められている．したがって，ここでは COD$_{Mn}$ について述べる．

7.2.1 原　理

COD$_{Mn}$ 測定には，7.1 節で述べた硫酸酸性中の KMnO$_4$ と Na$_2$C$_2$O$_4$ の酸化還元反応 ((7.8)) を用いる．まず，COD$_{Mn}$ 測定の原理を把握しよう．具体的な操作は次項で述べる．

COD$_{Mn}$ は図 7.2 の (a) と (b) に示すように，実際の環境水である試料水および蒸留水を用いる試薬空試験液の両者の滴定を行なうことにより求められる．図 7.2 (a) 内の COD$_{Mn}$ の幅をKMnO$_4$ によって酸化される還元性物質の濃度と考えてほしい．濃度既知で一定過剰量の過マンガン酸カリウム標準液を試料水に添加し，試料水中の還元性物質を酸化する．次に，濃度既知で一定過剰量のシュウ酸ナトリウム溶液を添加し，残留 KMnO$_4$ をすべて還元する．最初に添加する過マンガン酸カリウム標準液と次に添加するシュウ酸ナトリウム溶液の当量関係を

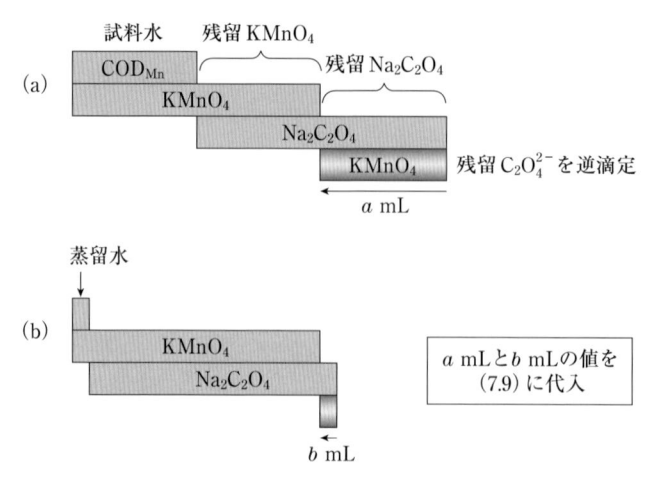

図 7.2 COD$_{Mn}$ 測定の概念図
(a) 環境試料水の滴定
(b) 試薬空試験液の滴定

一致させておけば（図 7.2 内の KMnO$_4$ と Na$_2$C$_2$O$_4$ の長さが同じことに相当），残留する Na$_2$C$_2$O$_4$ は COD$_{Mn}$ に一致する．したがって，残留 Na$_2$C$_2$O$_4$ を過マンガン酸カリウム標準液により逆滴定すれば，最初に消費された過マンガン酸カリウム標準液の量（a mL）を求めることができる．図 7.2(b) に示すように，蒸留水を用いて全く同じ操作を行ない，過マンガン酸カリウム標準液の滴定体積 b mL を得る．

得られた a と b の数値を (7.9) に代入すれば，COD$_{Mn}$ 値（mg L^{-1}）を求めることができる．

$$\mathrm{COD_{Mn}} = 0.005 \times \frac{5}{2} \times \frac{1}{1000} \times 16 \times 1000 = 0.2 \text{ mg (O)} \tag{7.9}$$

- KMnO$_4$ モル濃度
- 1000 mL を 1 mL に換算
- KMnO$_4$ 1 mol は 5/2 mol の O に相当
- O の原子量
- 1 g を 1000 mg に換算

ここで，a と b は上述の滴定値（mL），f は過マンガン酸カリウム標準液のファクター（7.1 節に記述した Na$_2$C$_2$O$_4$ による標定により求めたもの），V は試料水の体積（mL）である．$1000/V$ は，COD$_{Mn}$ の単位が mg L^{-1} なので，試料水を 1 L に換算しているだけである．(7.9) 中の 0.2 は，0.005 mol L^{-1} の過マンガン酸カリウム標準液 1 mL に対応する酸素 O の質量（mg）である．では，なぜ 0.2 mg なのだろうか．

$$\mathrm{MnO_4^-} + 5\mathrm{e} + 8\mathrm{H^+} \rightleftarrows \mathrm{Mn^{2+}} + 4\mathrm{H_2O} \quad 1 \text{ mol は 5 当量 (eq)}$$
$$\mathrm{O} + 2\mathrm{e} + 2\mathrm{H^+} \rightleftarrows \mathrm{H_2O} \quad 1 \text{ mol は 2 当量 (eq)}$$
$$\mathrm{O_2} + 4\mathrm{e} + 4\mathrm{H^+} \rightleftarrows 2\mathrm{H_2O} \quad 1 \text{ mol は 4 当量 (eq)}$$

すなわち，

過マンガン酸イオン 0.005 mol L^{-1}, 1 mL は 0.025 meq

O の 1 meq は 16/2 で 8 mg, 0.025 meq は 8×0.025 で 0.2 mg

O$_2$ の 1 meq は 32/4 で 8 mg, 0.025 meq は 8×0.025 で 0.2 mg

となる.

7.2.2 実　験

三角フラスコ 300 mL に,100 mL 以下の試料水を正確に採取し,蒸留水で約 100 mL とし,硫酸 (1 + 2) 10 mL を加える.次に,硫酸銀粉末 1 g あるいは硝酸銀溶液 (200 g L^{-1}) 5 mL を加え,10 数分間放置する.これは塩化物イオンが KMnO$_4$ を消費して COD$_{Mn}$ 値を高くする正の妨害を除くためで,塩化物イオン濃度が低い場合は省いてもよい.ここに過マンガン酸カリウム標準液 (0.005 mol L^{-1}) 10 mL を正確に加え,沸騰水浴中に入れて 30 分間加熱する.水浴から三角フラスコを取り出し,直ちにシュウ酸ナトリウム溶液 (0.0125 mol L^{-1}) 10 mL を正確に加え,攪拌する.この場合,加熱反応中に生じた酸化マンガン（Ⅳ）（二酸化マンガン）の沈殿も完全に溶かすようにする.検水の温度を 60 ～ 80℃ に保ちながら過マンガン酸カリウム標準液 (0.005 mol L^{-1}) で逆滴定し,KMnO$_4$ の赤紫色が 30 秒間保つ点を終点とし,(7.9) の a 値を得る.試料水の代わりに蒸留水を用いて b 値を得る.

(7.4) と (7.7) から明らかなように,0.005 mol L^{-1} の過マンガン酸カリウム標準液 10 mL と 0.0125 mol L^{-1} シュウ酸ナトリウム溶液 10 mL とは当量の関係にある.ただし,0.0125 mol L^{-1} のシュウ酸ナトリウム溶液の濃度は,0.005 mol L^{-1} の過マンガン酸カリウム標準液の 5/2 倍よりもわずかに濃くしなければならない.そうしなければ,空試験液の滴定において正しい b 値を得ることができない.図 7.2 の (b) において,Na$_2$C$_2$O$_4$ の幅が KMnO$_4$ の幅よりもわずかに長く（濃度でいえば濃く）しておかないと,b 値が得られない場合があることと同義である.

7.2.3 測定時の注意事項

試料水は採水後,できる限り速く測定されなければならない.やむを得ず後で測定する場合は,暗所 10℃ 以下で保存する.

図 7.2 に示したように,残留する KMnO$_4$ は,最初の添加量の約半分となるようにすると精度の良い測定を行なうことができる.つまり,(7.9) の a 値が 5 mL よりもかなり小さくなったら（COD$_{Mn}$ がかなり低い試料）,三角フラスコに採取する試料水を増やし,反対の場合（COD$_{Mn}$ がかなり高い試料）,採取する試料水を減らして測定をやり直すとよい.これは,過マンガン酸カリウムの残存量が少なくなりすぎると酸化率が異なるためである.

COD の環境基準値を文献 3) で各自調べてみよう.

7.3　残留塩素の定量

残留塩素とは,遊離残留塩素と結合残留塩素を合わせたものとして定義され,前者は塩素剤が水に溶けて生成する次亜塩素酸,後者はこれがアンモニアと結合して生じるクロロアミンの

ことである．厚生労働省告示第318号[4]により，遊離残留塩素は，(1) N,N-ジエチル-p-フェニレンジアミン (DPD) 比色法，(2) 電流法，(3) DPD吸光光度法，(4) DPDを用いる連続自動測定機器による吸光光度法，(5) ポーラログラフ法，のいずれかにより測定され，結合残留塩素は，(1)～(3) のいずれかにより測定されることが規定されている．これらの方法は，残留塩素の濃度が低い場合に有効であるが，ここでは濃度が比較的高い場合に有効なヨウ素滴定法[5]について述べる．

7.3.1 原　理

残留塩素 (= 遊離残留塩素 + 結合残留塩素) とヨウ化カリウムが反応して遊離するヨウ素をチオ硫酸ナトリウム ($Na_2S_2O_3$) 溶液で酸化還元滴定して，残留塩素を定量する．

次亜塩素酸イオンおよびヨウ化物イオンのイオン-電子反応式は，以下の通りである．

$$ClO^- + 2H^+ + 2e \rightleftarrows Cl^- + H_2O \tag{7.10}$$

$$2I^- \rightleftarrows I_2 + 2e \tag{7.11}$$

したがって，酸化還元反応式は，

$$ClO^- + 2I^- + 2H^+ \rightleftarrows Cl^- + I_2 + H_2O \tag{7.12}$$

となり，残留塩素に相当するヨウ素 I_2 を遊離する．チオ硫酸イオン ($S_2O_3^{2-}$) のイオン-電子反応式は，

$$2S_2O_3^{2-} \rightleftarrows S_4O_6^{2-} + 2e \tag{7.13}$$

であるから，(7.11) の逆反応と (7.13) より

$$I_2 + 2S_2O_3^{2-} \rightleftarrows 2I^- + S_4O_6^{2-} \tag{7.14}$$

となる．

7.3.2 実　験

0.1 mol L^{-1} チオ硫酸ナトリウム標準液の調製： 新たに煮沸させ冷却した水に26 gの $Na_2S_2O_3 \cdot 5H_2O$ と0.2 gの炭酸ナトリウムを溶かし，全量を1 Lとする（煮沸させた水を用いること，炭酸ナトリウムでアルカリ性にしておく理由は，7.3.3項を参照のこと）．2日間放置し，標定は使用時に行なう．

0.1 mol L^{-1} チオ硫酸ナトリウム標準液の標定： 1次標準物質としてヨウ素酸カリウム (KIO_3)，二クロム酸カリウムまたは I_2 などが用いられる．ここでは KIO_3 を用いる例を述べる．KIO_3 は酸性下で過剰の KI と反応して，KIO_3 濃度に対応した I_2 が遊離する．

$$KIO_3 + 5KI + 3H_2SO_4 \rightleftarrows 3I_2 + 3K_2SO_4 + 3H_2O \tag{7.15}$$

この I_2 を (7.14) に示すように $Na_2S_2O_3$ で滴定すればよい．(7.15) に示されているように，1 mol の KIO_3 から 3 mol の I_2 が生成するので，(7.14) より KIO_3 の 1 mol と反応する $Na_2S_2O_3$ は 6 mol となる．したがって，0.1 mol L^{-1} の $Na_2S_2O_3$ 標準液の標定に用いられる KIO_3 標準液の濃度は，0.1 mol L^{-1} の 6 分の 1（～ 0.0166 mol L^{-1}）の濃度でよい．実際には，0.0166 mol L^{-1} よりもやや濃い標準液を以下のように調製する．

1次標準物質のKIO₃を130℃で約2時間加熱する．その約0.72 gを精秤し，少量の水に溶かし，全量を200 mLとする（0.0166 mol L⁻¹よりやや濃いKIO₃標準液ができることを計算すること）．

調製したKIO₃標準液の20 mLを共栓三角フラスコ300 mLにとり，ヨウ化カリウム2 gと硫酸（1＋5）5 mLを加えて，(7.15)に示すようにI₂を生成させる．溶液はI₂によって黄色を呈する．ここに水を約100 mL加え，0.1 mol L⁻¹ Na₂S₂O₃標準液で滴定する．溶液の黄色が薄くなってから，指示薬として10 g L⁻¹のでんぷん溶液を1 mL加える．ヨウ素でんぷん反応によって滴定液は青色を呈する．引き続きNa₂S₂O₃標準液を滴下し，この青色が消える点を終点とする．この標定の操作を水によっても行ない，試薬空試験値を得る．以上の滴定により，0.1 mol L⁻¹ Na₂S₂O₃標準液のファクターfを算出する．

残留塩素の測定： Clとして0.1～0.7 mgを含む試料溶液を共栓三角フラスコ500 mLにとり，水を加えて約300 mLとし，ヨウ化カリウム1 gと酢酸（1＋1）5 mLを加える．栓をして振り混ぜ，5分間暗所に放置する．このとき(7.12)が進行し，残留塩素に応じたI₂が遊離し，溶液はI₂による黄色を呈する．遊離したI₂を10 mmol L⁻¹のチオ硫酸ナトリウム溶液（上述の0.1 mol L⁻¹ Na₂S₂O₃標準液を正確に10倍希釈したもの）で滴定する．溶液の黄色が薄くなってきたら，指示薬としてでんぷん溶液を入れるところからは，上述のNa₂S₂O₃標準液の標定の操作と同じである．10 mmol L⁻¹ Na₂S₂O₃標準液の滴下量をa mLとする．

試薬空試験として水100 mLをとり，上と同様の操作を行ない，このときの滴定値をb mLとする．

以上の実験で得た滴定値a, bを用いて，次式により残留塩素濃度A(Cl mg L⁻¹)を算出する．

$$A = (a - b) \times f \times \frac{1000}{V} \times 0.3545 \tag{7.16}$$

ここでfは上述のNa₂S₂O₃標準液のファクター，Vは試料体積（mL），0.3545は10 mmol L⁻¹ Na₂S₂O₃標準液1 mLの残留塩素相当量（mg）である．

7.3.3 測定時の注意事項

Na₂S₂O₃溶液は，酸によって次式のように硫黄を遊離する．

$$S_2O_3^{2-} + H^+ \to HSO_3^- + S \tag{7.17}$$

この反応は，長期間の保存により空気中の二酸化炭素によっても進行するといわれている．また，バクテリアによってもNa₂S₂O₃は分解されるので，煮沸後冷却した水にNa₂S₂O₃を溶解して溶液を調製し，これに少量のアルカリを加えて保存する．

参 考 文 献

1) ISO 6060 (1989)
2) 環境省告示 42 号, "排水基準を定める省令の規定に基づく環境大臣が定める排水基準に係る検定方法", 平成 20 年 4 月 1 日.
3) 環境省告示 94 号, "水質汚濁に係る環境基準について", 平成 23 年 10 月 27 日.
4) 厚生労働省告示第 318 号, "水道法施行規則第 17 条第 2 項の規定に基づき厚生労働大臣が定める遊離残留塩素及び結合残留塩素の検査方法", 平成 15 年 9 月 29 日.
5) 工場排水試験方法 (JIS K0102) (2013), "33.3 よう素滴定法".

8 錯生成反応を利用する環境分析

　水の性質を調べる場合，よく用いられる手段として硬度測定があげられる．最近は手軽な方法として市販のパックテストが市民講座などで用いられるが，精度良く測定するにはEDTA（エチレンジアミン四酢酸，ethylendiamine tetraacetic acid）を用いるキレート滴定が適している．キレート滴定は器具も一般的で，操作も容易であり，手軽に精度の高いデータが得られるメリットがある．

8.1　原　理
　EDTAと金属の錯生成反応の原理の詳細については第2章の2.5.2項に記述したので参照されたい．EDTAは6つのドナー原子をもつ六座配位子で，カルシウムイオンとは図8.1に示す安定なキレート（第2章の2.5.2項を参照）を生成する．

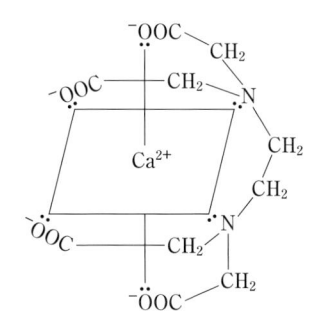

図8.1　EDTA-Ca^{2+}錯体

8.2　実　験
8.2.1　EDTA滴定によるカルシウムおよびマグネシウムイオン定量のための終点の決定
　カルシウムイオンを定量する場合を例にあげる．指示薬として2-ヒドロキシ-1-(2-ヒドロキシ-4-スルホ-1-ナフチルアゾ)-3-ナフトエ酸（NNと略す）が用いられる．NNおよびNNとカルシウムイオンの錯体の構造を図8.2に示す．また，他の指示薬である1-(1-ヒドロキシ-2-ナフチルアゾ)-6-ニトロ-2-ナフトール-4-スルホン酸ナトリウム，商品名エリオクロムブラックT（EBT）との錯生成反応を図8.3に示す．

　まず，カルシウムイオンを含む溶液にNNを添加すると

$$Ca^{2+} + NN \rightleftarrows Ca^{2+}\text{-}NN \quad (赤紫色)$$

の反応が起こり，Ca^{2+}-NN（赤紫色）錯体が生成する．

　EDTAを滴下すると

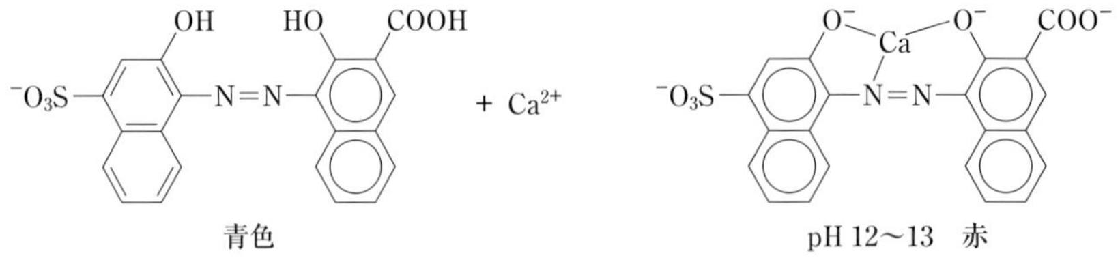

図 8.2　2-ヒドロキシ-(2-ヒドロキシ-4-スルホ-1-ナフチルアゾ)-3-ナフトエ酸 (NN)

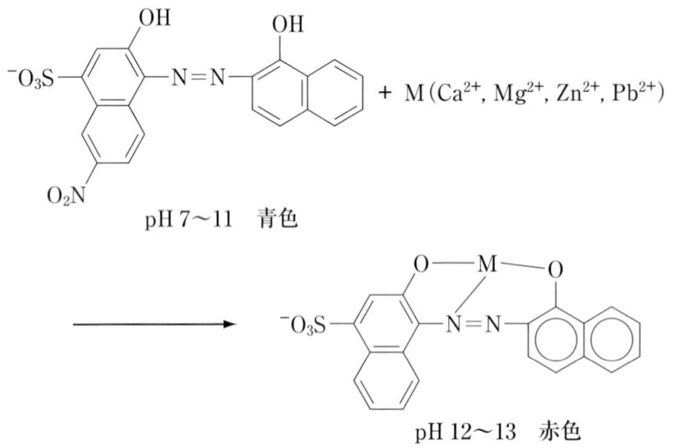

図 8.3　エリオクロムブラック T (EBT)

$$\text{EDTA} + \text{Ca}^{2+} \rightleftarrows \text{EDTA-Ca}^{2+} \quad (無色)$$

等量点では

$$\text{Ca}^{2+}\text{-NN} + \text{EDTA} \rightleftarrows \text{EDTA-Ca}^{2+} + \text{NN} \quad (青色)$$

という反応が起こる.

　Ca^{2+}-NN の生成定数より EDTA-Ca^{2+} の生成定数が大きいので，EDTA-Ca^{2+} が生成され，NN が放出される．その結果，Ca^{2+}-NN の赤紫色から遊離された NN の青色に変色する．この点を終点とする．中和滴定における終点の決定には pH 指示薬の酸性色と塩基性色の中間色となる点を利用するが，キレート滴定では完全に変色した点を終点とする．このように金属イオンと呈色錯体を形成する指示薬を **金属指示薬** (metal indicator) という.

　マグネシウムイオンの場合は，EBT を用いて，マグネシウムイオンと EBT および EDTA の生成定数の関係からカルシウムイオンでの NN の場合と同様な変色が見られる．

8.2.2　EDTA 滴定での試薬溶液の調製

（1）0.01 mol L^{-1} EDTA 溶液：　EDTA・2Na・2 水和物を約 1.9 g 天秤ではかりとり，100 mL ビーカーに移して溶解し，それを 500 mL メスフラスコに入れ，水を加えて標線に合わせる．これを 500 mL ポリエチレン製試薬びんに移し，保存する．

（2）カルシウムイオン標準液の調製および濃度の算出：　炭酸カルシウム CaCO_3 0.100 g

を，秤量びんを用いて精秤する．これを 100 mL ビーカーに洗びんで洗い入れる．水を加え，6 mol L^{-1} 塩酸約 2 mL を加えて，CaCO$_3$ を完全に溶解する．加熱して炭酸ガスを除去し，冷却後，100 mL メスフラスコに移し，水で標線に合わせる．これを 100 mL ポリエチレン製試薬びんに移し，保存する．カルシウムイオン標準液の濃度は以下により求める．

$$M_{\mathrm{Ca}} = \frac{A}{100.1} \times \frac{1000}{V}$$

ただし，M_{Ca} はカルシウムイオン標準液のモル濃度，A は CaCO$_3$ の採取量 (g)，V はカルシウムイオン標準液の調製量 (V) で，カルシウムイオン標準液のファクター $f_{\mathrm{Ca}^{2+}}$ は

$$f_{\mathrm{Ca}^{2+}} = \frac{M_{\mathrm{Ca}}}{0.01}$$

によって求まる．0.100 g を正確に秤量すれば，$f_{\mathrm{Ca}^{2+}} = 1.000$ である．

8.2.3　EDTA 溶液の標定

ファクター既知の 0.01 mol L^{-1} カルシウムイオン標準液 5 mL を三角フラスコ 100 mL にホールピペットでとる．これに水 30 mL を加えて，8 mol L^{-1} 水酸化カリウム溶液 2 mL を駒込ピペットで加え，さらに NN 希釈粉末[*1]をミニスパーテル 1 杯加える．溶液の色は赤紫色になる．ビュレットから EDTA 溶液を滴下する．赤紫色が青色になった点を終点とする．EDTA 濃度 (mol L^{-1}) は次の式を用いて求める．

$$M_{\mathrm{EDTA}} = 0.01 \times f_{\mathrm{Ca}^{2+}} \times \frac{V_0}{V}$$

V_0 は 0.01 mol L^{-1} カルシウムイオン標準液の採取量 (mL)，V は EDTA 溶液の滴定量 (mL)

$$\text{EDTA 溶液のファクター}\quad f_{\mathrm{EDTA}} = \frac{M_{\mathrm{EDTA}}}{0.01}$$

となる．なお，0.01 mol L^{-1} EDTA 溶液 1 mL は 0.243 mg Mg，0.401 mg Ca，1.001 mg CaCO$_3$ に相当する．

8.2.4　環境水中の (Ca^{2+}Mg^{2+}) 合量の定量

水道水または河川水 100 mL を三角フラスコにとり，アンモニア緩衝液 (pH 10) 5 mL を加え，続いて EBT 溶液[*2]を 1，2 滴加える．河川水などの試料水に濁りがあるときは予めろ過しておく．滴定前は赤色であるが，終点では青色となる．合量濃度 (mol L^{-1}) は次の式を用いて求める．

$$M_{\mathrm{Ca+Mg}} \times 100 = 0.01 \times f_{\mathrm{EDTA}} \times V_{\mathrm{EDTA}}$$

$M_{\mathrm{Ca+Mg}}$ は (Ca + Mg) のモル濃度 (mol L^{-1})

[*1]　NN 0.2 g と硫酸カリウム 10 g をよくすりつぶして混合する．
[*2]　EBT 0.5 g をメタノール 100 mL に溶かし，塩化ヒドロキシルアンモニウム 0.5 g を加える．

8.2.5 試料水中の Ca^{2+} の定量

濁りを取り除いた試料水 100 mL を三角フラスコにとり，$2\,mol\,L^{-1}$ 水酸化カリウム溶液 5 mL を加えて pH を 11～12 に調節し，NN 指示薬を加える．以下の操作は 8.2.4 項と同様である．pH が高いときは，マグネシウムイオンは $Mg(OH)_2$ の沈殿を生成するので，EDTA とは反応せず，カルシウムイオンのみが測定できる．カルシウムイオンの濃度 M_{Ca} は次の式より求める．

$$M_{Ca} \times 100 = 0.01 \times f_{EDTA} \times V_{EDTA}$$

$$M_{Mg} = M_{Ca+Mg} - M_{Ca}$$

8.2.6 硬度の算出

全硬度は水中の (Ca + Mg) の量に対応する $CaCO_3$ 量に換算して水 1 L 中の mg 数で表す．また，Ca^{2+} を基準とするカルシウム硬度，Mg^{2+} を基準とするマグネシウム硬度も用いられる．

全硬度　$H(mg\,CaCO_3/L)$：　$H = M_{(Ca+Mg)} \times 100 \times 1000$

カルシウム硬度　$H_{Ca}(mg\,CaCO_3/L)$：　$H_{Ca} = M_{Ca} \times 100 \times 1000$

マグネシウム硬度　$H_{Mg}(mg\,CaCO_3/L)$：　$H_{Mg} = M_{Mg} \times 100 \times 1000$

世界保健機構（WHO）のガイドライン（全硬度）を以下に示す．

軟水　　　　　　　　0 ～ 60 $mg\,L^{-1}$
中程度の軟水　　　60 ～ 120 $mg\,L^{-1}$
硬水　　　　　　　120 ～ 180 $mg\,L^{-1}$

また，世界の水の硬度を表 8.1 に示す．

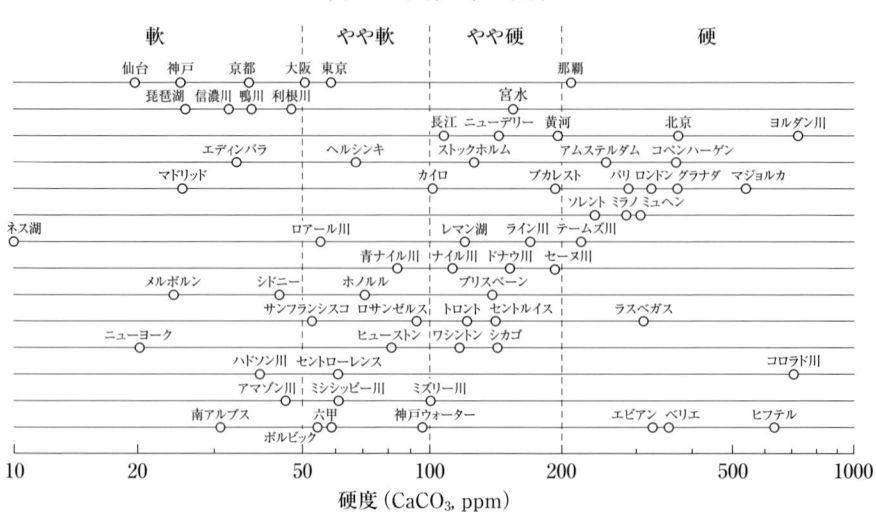

表 8.1　世界の水の硬度

（左巻健男 著：「おいしい水　安全な水」（日本実業出版社，2000）による）

8.3 測定時の注意事項

亜鉛や銅などの重金属イオンを含む排水などの試料中のマグネシウムやカルシウムイオンの定量に適用する場合は，重金属イオンの妨害をマスキングするために，シアン化カリウム溶液を加える．このような場合には，廃液の処理を適切に行なう．

参考文献

1) 酒井忠雄 編：「環境・分析化学実験」(p.65, 三共出版, 2006)

9 分配平衡を利用する環境分析

　分配平衡の中でも，古典的手法ではあるが，分離濃縮手段として実績のある溶媒抽出法が環境水分析の前処理法として用いられる．JIS K 0101 (1998) 工業用水試験方法[1]，JIS K 0102 (2013) 工場排水試験方法[2]などに用いられている主な溶媒抽出法について，抽出機構ごとに整理して述べる．

　溶媒抽出機構の基本的なものは，(1) 電気的に中性な種の分配平衡（ネルンストの分配律に従う），(2) 金属キレート生成と分配平衡（無電荷錯体の生成とネルンストの分配律），(3) イオン会合体生成と分配平衡（無電荷イオン会合体の生成とネルンストの分配律），に分類される．なお，分配平衡の基礎的な概念については第2章の2.6節に記述した．

　以下，これらに該当する実際の試料への応用例について述べる．

9.1　電気的中性種の分離・濃縮に基づく定量法

9.1.1　ヨウ素の分離・濃縮および吸光光度法

　ヨウ化物イオンの定量法として，ヨウ素の抽出吸光光度法[1,2]が用いられる．

（1）原　理

　ヨウ化物イオンを含む水溶液を硫酸酸性下，亜硝酸イオンと反応させると，ヨウ素（I_2）が遊離する．酸化還元反応は次式で示される．

$$I_2 + 2e \rightleftarrows 2I^-, \quad E^0 = 0.54 \tag{9.1}$$

$$HNO_2 + H^+ + e \rightleftarrows NO_{(g)} + 3H_2O, \quad E^0 = 1.29 \tag{9.2}$$

亜硝酸による酸化電位は酸性度に依存し（第3章の3.1.2項の(2)を参照），次式で表される．

$$E = 1.29 + 0.059 \log \frac{[HNO_2][H^+]}{[NO]_{(g)}} \tag{9.3}$$

いま，$[NO]_{(g)} = 1\,\mathrm{atm}$，$[HNO_2] = 0.14\,\mathrm{mol\,L^{-1}}$，$[H^+] = 0.3\,\mathrm{mol\,L^{-1}}$ とすると，

$$E = 1.29 + 0.059 \log(0.14 \times 0.3) = 1.29 - 0.08 = 1.21\,(V)$$

となり，I^- を酸化し，I_2 を生成することができる．遊離したヨウ素をクロロホルムに抽出し，515 nm で吸光度を測定する．

（2）実　験

　試料溶液の適量（I^-：0.1〜5 mg を含む）を分液ロート 100 mL にとり，水を加えて約 50 mL とする．硫酸 (1 + 1) 1 mL と亜硝酸ナトリウム 0.5 g を加えて振り混ぜる．

　クロロホルム 10 mL を加え，約2分間振り混ぜた後，放置する．両相分離後，有機相を別の

分液ロートに移す．再度 10 mL のクロロホルムを加え，振り混ぜ，両相分離後，有機相を先の有機相と合わせる．有機相を入れた分液ロートに尿素溶液 (10 g L^{-1}) 50 mL を加え，約 2 分間激しく振り混ぜて洗浄する．両相分離後，有機相を硫酸ナトリウム約 1 g を入れた共栓付き三角フラスコ 50 mL に移し，脱水する．その後，吸収セルに移し，波長 515 nm で吸光度を測定する．この操作では，水相と有機相の体積比が 50：20 であり，ヨウ素は有機相に 2.5 倍の濃縮倍率で濃縮できる．実際の吸光度測定には，5 mL あればセル洗浄分も含め，十分に測定できるのでスケールダウンすることも可能である．あるいは，有機相を半分に減らして濃縮倍率を上げることも可能である．

9.1.2 ヘキサンを用いる油脂類の抽出分離，質量測定[1,2]

主として，揮散しにくい鉱物油や動植物油脂類の定量を目的とするが，有機相に抽出され，揮散しにくい物質も定量値に含まれる．有機相にはヘキサン (n - ヘキサン) を用いる．

（1） 原　理

親油性の高い油脂類が有機溶媒に抽出されやすいことを利用する．

（2） 実　験

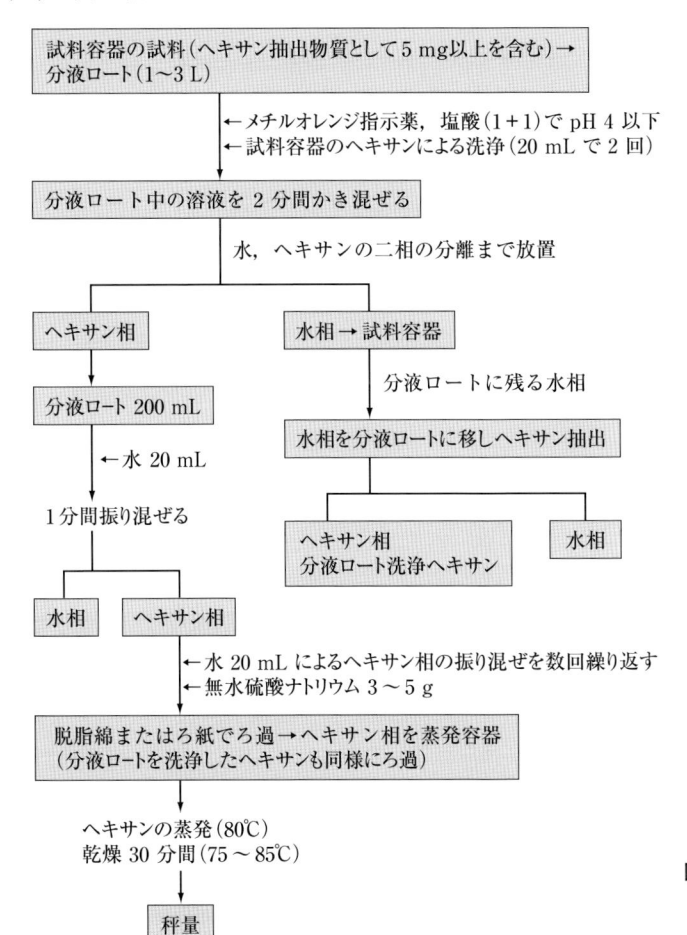

図 9.1　ノルマルヘキサン抽出物質の定量操作

共栓広口ガラスびん 1～2 L に採取した試料の全量を分液ロート 1～3 L に移し，指示薬としてメチルオレンジ（第 5 章の表 5.1 を参照）溶液（1 g L^{-1}）2～3 滴を加え，溶液の色が赤に変わるまで塩酸（1 + 1）を加える．試料採取容器にヘキサン 20 mL を加え，容器を洗い，分液ロートに移す（2 回繰り返す）．約 2 分間激しく振り混ぜた後，放置する．

水相を試料採取容器に移し，有機相を別の分液ロート 250 mL に移す．水相を分液ロート 1～2 L に戻し，ヘキサン 20 mL で試料採取容器を洗い，分液ロートに移し，再度抽出操作を行ない，相分離後，水相は試料採取容器に移し，有機相を分液ロート 250 mL に合わせる．分液ロート 1～2 L を少量のヘキサンで洗い，洗液を分液ロート 250 mL に合わせる．

このような操作で得た有機相を水 20 mL で洗浄，最後に硫酸ナトリウムで乾燥後，ヘキサンを揮散させ，残留物質の質量（mg）を求める．操作フローを図 9.1 に示す．

9.2 金属キレートの分離・濃縮に基づく定量法

9.2.1 ジエチルジチオカルバミン酸（DDTC）を用いる銅の抽出吸光光度定量[1,2]

DDTC（図 9.2 (a)）は硫黄を配位原子とするキレート試薬であり，銅，カドミウム，水銀，鉛などの重金属イオンなどと安定なキレートを生成し，水溶液中では難溶性の沈殿となり，有機溶媒に抽出されやすい．銅（II）イオンは DDTC と安定な黄褐色のキレートを形成し，酢酸ブチル，クロロホルム，四塩化炭素，ベンゼンなどの有機溶媒に抽出される．ここでは毒性の弱い酢酸ブチルを有機相に用いる抽出吸光光度法について述べる．

（1）原　理

キレート試料は弱酸であるため DDTC を弱酸の一般式 HR で表すと，2 価金属イオン M^{2+} との反応は次のように表される．

$$M^{2+}{}_{(aq)} + 2R^{-}{}_{(aq)} \rightleftarrows MR_2\downarrow, \quad K_{sp} = [M^{2+}]_{(aq)}[R^{-}]^2_{(aq)} \quad (K_{sp}：溶解度積) \tag{9.4}$$

$$MR_{2(aq)} \rightleftarrows MR_{2(org)}, \quad K_D = \frac{[MR_2]_{(org)}}{[MR_2]_{(aq)}} \quad (K_D：キレートの分配係数) \tag{9.5}$$

あるいは，

$$M^{2+}{}_{(aq)} + 2HR_{(org)} \rightleftarrows MR_{2(org)} + 2H^{+}{}_{(aq)}, \quad K_{ex} = \frac{[MR_2]_{(org)}[H^+]^2}{[M^{2+}]_{(aq)}[HR]^2_{(org)}} \quad (K_{ex}：抽出定数) \tag{9.6}$$

金属キレートの抽出については，第 2 章の 2.6.2 項の②に記述したので参照されたい．

DDTC は Cu（II）以外にも，Ag（I），As（III），Cd（II），Co（II），Fe（II，III），Hg（II），Pb（II）イオンなど多くの金属イオンとキレートを生成するので，Cu（II）以外の金属イオンをマスキング（第 2 章の 2.5.2 項を参照）しなければならない．マスキング剤としては，クエン酸イオンと EDTA が用いられる．また，銅の DDTC 錯体の生成に適する pH は 8.5～9 である．

9.2 金属キレートの分離・濃縮に基づく定量法

(a) ジエチルジチオカルバミン酸
　　(DDTC) C₅H₁₀NS₂Na

(b) 8-キノリノール
　　C₉H₇NO

(c) 1,10-フェナントロリン
　　C₁₂H₈N₂

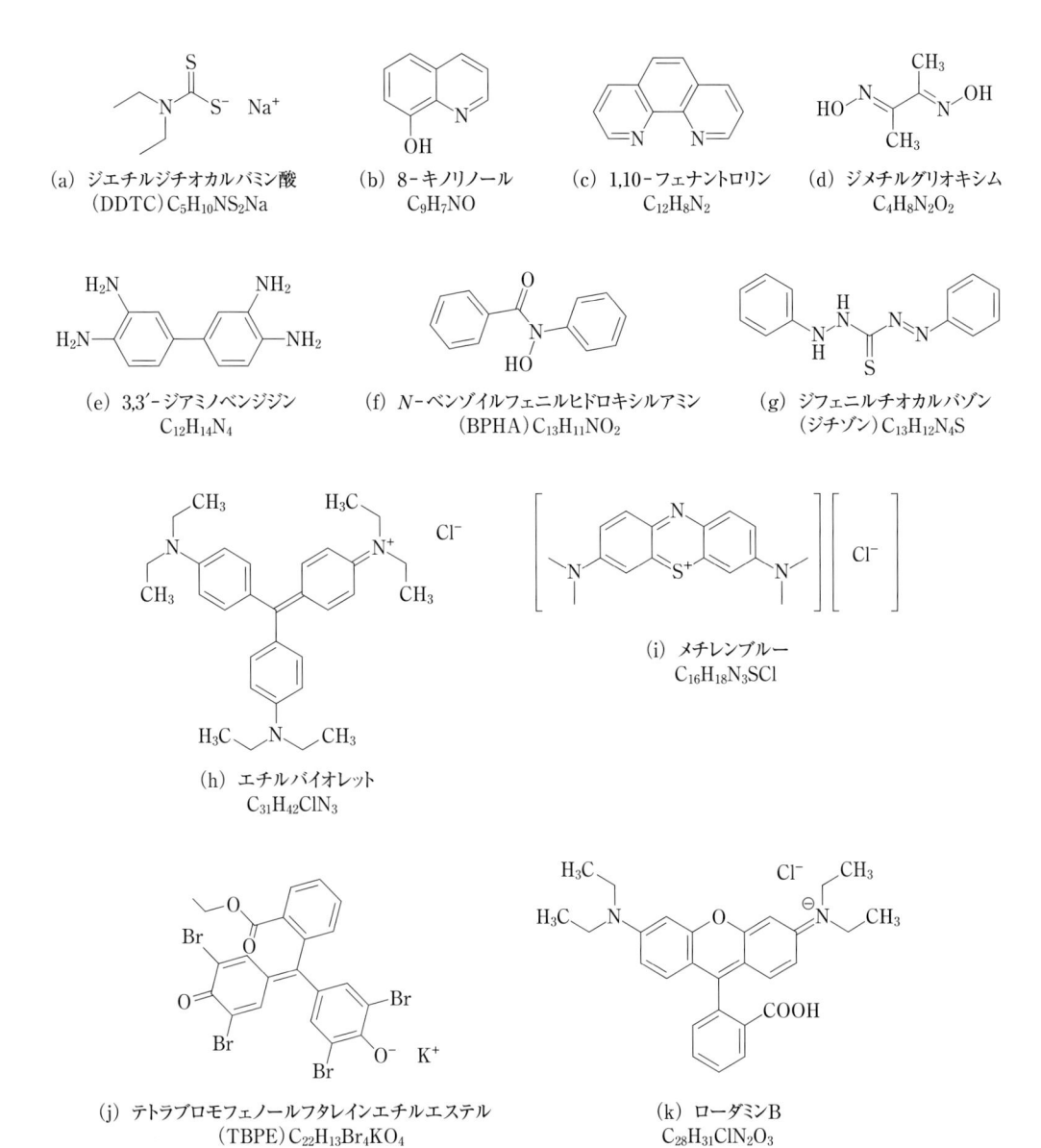

(d) ジメチルグリオキシム
　　C₄H₈N₂O₂

(e) 3,3′-ジアミノベンジジン
　　C₁₂H₁₄N₄

(f) N-ベンゾイルフェニルヒドロキシルアミン
　　(BPHA) C₁₃H₁₁NO₂

(g) ジフェニルチオカルバゾン
　　(ジチゾン) C₁₃H₁₂N₄S

(h) エチルバイオレット
　　C₃₁H₄₂ClN₃

(i) メチレンブルー
　　C₁₆H₁₈N₃SCl

(j) テトラブロモフェノールフタレインエチルエステル
　　(TBPE) C₂₂H₁₃Br₄KO₄

(k) ローダミンB
　　C₂₈H₃₁ClN₂O₃

図9.2　溶媒抽出分離に用いられる試薬

(2) 実　験

　銅(Ⅱ)イオン2〜30 μgを含む試料の適量を分液ロートにとり，指示薬としてメタクレゾールパープル(第5章の表5.1を参照)溶液($1\,\mathrm{g\,L^{-1}}$) 2, 3滴を加えた後，クエン酸水素二アンモニウム溶液($100\,\mathrm{g\,L^{-1}}$) 5 mLおよびEDTA溶液(EDTA・2Na・2水和物，2 g/100 mL) 1 mLを加える．アンモニア水(1＋1)(この濃度表示については第4章の4.1節を参照)を溶液が薄紫色になるまで加え，溶液のpHを銅イオン-DDTCキレートの生成に適するpH(約9)に

する．水を加えて 50 mL とし，DDTC 水溶液（DDTC ナトリウム溶液 10 g L^{-1}）2 mL を加えて混合する．酢酸ブチル 10 mL を加え，約 3 分間激しく振り混ぜた後，放置する．相分離後，有機相を共栓試験管（1 g の Na$_2$SO$_4$ を含む）に取り出し，脱水する．有機相の一部を吸収セルにとり，波長 440 nm で吸光度を測定する．

試料の代わりに純水，銅イオン標準液を用いて，同様に操作して検量線を作成し，検量線から試料溶液中の銅イオン濃度を求める．抽出溶媒にベンゼンを用いることもできる．

9.2.2　8-キノリノール（オキシン）を用いるアルミニウムの抽出吸光光度定量[1,2]

8-キノリノール（Ox：図 9.2 の (b)）キレート試薬は，(N, O) を配位原子とするキレートを多くの金属イオンと形成する．これらのキレートは，クロロホルムなどの有機溶媒によく抽出される．これを利用して金属イオンを定量する．

（1）原理

8-キノリノールを HR で表すと，M^{2+}，M^{3+} 金属イオンとは次のように反応する．

$$\text{M}^{2+}{}_{(aq)} + 2\text{HR}_{(org)} \rightleftarrows \text{MR}_{2(org)} + 2\text{H}^+{}_{(aq)}, \quad K_{ex} = \frac{[\text{MR}_2]_{(org)}[\text{H}^+]^2_{(aq)}}{[\text{M}^{2+}]_{(aq)}[\text{HR}]^2_{(org)}} \quad (9.7)$$

$$\text{M}^{3+}{}_{(aq)} + 3\text{HR}_{(org)} \rightleftarrows \text{MR}_{3(org)} + 3\text{H}^+{}_{(aq)}, \quad K_{ex} = \frac{[\text{MR}_3]_{(org)}[\text{H}^+]^3_{(aq)}}{[\text{M}^{3+}]_{(aq)}[\text{HR}]^3_{(org)}} \quad (9.8)$$

クロロホルム抽出溶媒の場合に，次のような $\log K_{ex}$ 値が報告されている．

    2価金属イオン：　Cu　1.2，Ni　−3.8，UO$_2$　−2.4
    3価金属イオン：　Al　−5.9，Fe　5.4，Ga　2.9，La　−15.7

Fe(Ⅲ)，Cu(Ⅱ) などは Al(Ⅲ) よりも抽出性が良く，これらは同時に抽出されるので，Al(Ⅲ) の定量ではマスキング反応を利用しなければならない．Fe(Ⅲ) はヒドロキシルアミンで Fe(Ⅱ) に還元後，1,10-フェナントロリン（phen, 図 9.2 (c)）キレートとしてマスクする．また，Cu(Ⅱ)，Ni(Ⅱ) はクロロホルム抽出後，シアン化物イオンを含む水溶液で有機相を洗浄することにより，安定なシアン錯体として除去される．

（2）実　験

試料の適量（Al として 5〜50 μg を含む）をとり，塩化ヒドロキシアンモニウム溶液（100 g L^{-1}）1 mL と 1,10-フェナントロリン溶液（1 g L^{-1}）5 mL を加えて混合し，アンモニア水（1 + 2）を滴下して pH 約 3.5 に調節する．水を加えて約 80 mL とした後，約 15 分間放置する．これに 8-キノリノール溶液（10 g L^{-1} 酢酸酸性）3 mL と酢酸アンモニウム溶液（150 g L^{-1}）10 mL を加えてアンモニア水（1 + 1）を滴下し，溶液の pH を Al(Ⅲ) の 8-キノリノールキレートの生成に適する 5.2〜5.5 に調節する．この溶液を分液ロートに移し，クロロホルム 10 mL を加え，約 1 分間激しく振り混ぜる．二相に分離後，有機相を別の分液ロートに移し，シアン化カリウム（2 g L^{-1}）-塩化アンモニウム溶液（pH 9〜9.5）25 mL と振り混ぜ，銅イオンやニッケルイオンを除去する．有機相を無水硫酸ナトリウム（Na$_2$SO$_4$）で脱水後，波長 390 nm

で吸光度を測定し，予め作成した検量線から濃度を求める．

（主な試薬溶液の調製）

8-キノリノール溶液： 8-キノリノール2gを酢酸5mLに加え，わずかに加熱して溶かし，水を加えて200mLとする．

酢酸アンモニウム溶液： 酢酸アンモニウム（$NH_4(CH_3COO)$）の15gを水に溶かして100mLとする．この溶液を8-キノリノールクロロホルム溶液（2g/200mL）5mLと振り混ぜ，微量重金属を除いたもの（クロロホルム相が着色しなくなるまで繰り返し除去する）を使用する．

シアン化カリウム-塩化アンモニウム溶液： シアン化カリウム（KCN）1gを水に溶かして500mLとする．この溶液に塩化アンモニウムを少量ずつ溶かし，pHを9.0～9.5に調整する．8-キノリノールのクロロホルム溶液を用いて酢酸アンモニウム溶液と同様に操作し，微量の金属イオンを予め抽出除去しておく．

9.2.3　ジメチルグリオキシムを用いるニッケルの抽出吸光光度定量[1,2]

Ni(Ⅱ)はジメチルグリオキシム（図9.2（d），DMGとする）とキレートを形成し，クロロホルムなどの有機溶媒に抽出される．これを利用してNi(Ⅱ)を定量する．

（1）原　理

Ni(Ⅱ)とジメチルグリオキシム（DMG）の反応は次のように表される．

$$Ni^{2+}_{(aq)} + 2DMG \rightleftarrows Ni(DMG)_2\downarrow + 2H^+_{(aq)} \tag{9.9}$$

$$Ni(DMG)_{2(aq)} \rightleftarrows Ni(DMG)_{2(org)} \tag{9.9}'$$

有機相を希塩酸と振り混ぜて，ニッケルを水相に逆抽出する．水相中のニッケルを酸化し，赤褐色のDMGキレートを生成させ，吸光度を測定する．

（2）実　験

試料の適量（Niとして2～50μgを含む）を分液ロートにとり，クエン酸水素二アンモニウム溶液（100 g L^{-1}）5 mLとフェノールフタレイン溶液（5 g L^{-1}）2，3滴を加え，アンモニア水（1＋5）を溶液の色がわずかに赤色（pH 8.5～9）になるまで滴下する．さらに，同様のアンモニア水を2，3滴加え，水で約100 mLとする．

DMGのエタノール溶液（10 g L^{-1}）2 mLとクロロホルム10 mLを加え，約1分間激しく振り混ぜて放置した後，有機相を別の分液ロートに移す．水相にクロロホルム5 mLを加えて再度抽出し，先の有機相と合わせる．この操作をさらに1回繰り返す．

有機相を入れた分液ロートにアンモニア水（1＋50）10～20 mLを加え，約30秒間激しく振り混ぜた後，有機相を別の分液ロートに移す．この分液ロートに塩酸（1＋20）10 mLを加え，約1分間激しく振り混ぜ，ニッケルを逆抽出する．有機相を別の分液ロートに移し，塩酸（1＋20）5 mLを加え，逆抽出を繰り返し，水相は先の水相と共に25 mLの全量フラスコに移す．全量フラスコに臭素水（飽和）2 mLを加えて振り混ぜ，約1分間放置する．これに，アン

モニア水 (1 + 1) を加えて中和し，さらにアンモニア水 (1 + 1) 2 mL を加え，流水で室温以下に冷却する．DMG の水酸化ナトリウム溶液 (10 g L^{-1}) 2 mL を加えて振り混ぜ，標線まで水を加える．この溶液の一部を吸収セルに移し，波長 450 nm で吸光度を測定する．検量線は，ニッケルイオン標準液を全量フラスコ 25 mL にとり，同様の操作で発色させ，吸光度を測定して作成する．（注：ニッケルを逆抽出した塩酸溶液はフレーム原子吸光光度法による測定にも使用できる．）

9.2.4 その他のキレート抽出分離法

セレン： Se(IV) は，pH 2～3 で 3,3′-ジアミノベンジジン（図 9.2 (e)）と反応し，濃黄色の錯体を生成する．pH 5～13 でトルエンに抽出し，420 nm で吸光度を測定する．

バナジウム： V(V) は，強酸性溶液 (2～10 mol L^{-1} 塩酸) 中で N-ベンゾイル-N-フェニルヒドロキシルアミン（BPHA：図 9.2 (f)）と反応し，紫色の錯体を生成する．クロロホルムに抽出し，530 nm で吸光度を測定する．

重金属： Cu, Zn, Cd, Pb, Hg, Bi などのイオンは，ジフェニルチオカルバゾン（ジチゾン：図 9.2 (g)）と反応し，生成したキレートはクロロホルム（以前は四塩化炭素が用いられていた）に抽出される．吸光度測定にも用いられるが，原子吸光光度法の濃縮前処理として用いられる．

キレートを含む有機相は，蒸発乾固後，酸に溶解して，原子吸光測定に使用される．

9.3 疎水性イオン種のイオン会合抽出分離・濃縮

かさ高い (bulky) 陽イオン，陰イオンは水溶液中でイオン会合体を生成しやすい．このようなイオン会合体は，水溶液中では沈殿となり，あるいは有機溶媒に抽出される．イオン会合体を形成するイオン（対(つい)イオンという）のどちらかが着色イオンであれば，有機相を吸光度測定に用いることができる．適切な対イオンと抽出溶媒を用いることで，選択的分離と濃縮を同時に行なうことができる．これを利用した陰イオン界面活性剤などの定量法について述べる．

9.3.1 イオン会合体の抽出分離・濃縮の原理

陽イオンを C$^+$，陰イオンを A$^-$，イオン会合体を C$^+\cdot$A$^-$ とすると，イオン会合抽出に関係する平衡は次式で示される．

$$\mathrm{C^+_{(aq)} + A^-_{(aq)} \rightleftarrows C^+ \cdot A^-_{(aq)}}, \quad K_{\mathrm{ass}} = \frac{[\mathrm{C^+ \cdot A^-}]_{\mathrm{(aq)}}}{[\mathrm{C^+}]_{\mathrm{(aq)}}[\mathrm{A^-}]_{\mathrm{(aq)}}} \quad (9.10)$$

$$\mathrm{C^+ \cdot A^-_{(aq)} \rightleftarrows C^+ \cdot A^-_{(org)}}, \quad K_{\mathrm{D}} = \frac{[\mathrm{C^+ \cdot A^-}]_{\mathrm{(org)}}}{[\mathrm{C^+ \cdot A^-}]_{\mathrm{(aq)}}} \quad (9.11)$$

$$\mathrm{C^+_{(aq)} + A^-_{(aq)} \rightleftarrows C^+ \cdot A^-_{(org)}}, \quad K_{\mathrm{ex}}' = \frac{[\mathrm{C^+ \cdot A^-}]_{\mathrm{(org)}}}{[\mathrm{C^+}]_{\mathrm{(aq)}}[\mathrm{A^-}]_{\mathrm{(aq)}}} = K_{\mathrm{ass}} \times K_{\mathrm{D}} \quad (9.12)$$

$K_{\mathrm{ass}}, K_{\mathrm{D}}, K_{\mathrm{ex}}'$ は，それぞれイオン会合定数，イオン会合体の分配係数，抽出定数とよばれる．抽出定数の定義はキレート抽出の抽出定数と異なるので，プライム (′) を付けて区別する．

9.3.2　陰イオン界面活性剤の分離・濃縮および吸光光度定量

陰イオン界面活性剤には，高級アルコール硫酸エステル類（R–OSO$_3$Na，例えばドデシル硫酸ナトリウム（C$_{12}$H$_{25}$–OSO$_3$Na）），アルキルアリールスルホン酸塩（R–C$_6$H$_4$–SO$_3$Na，例えばドデシルベンゼンスルホン酸ナトリウム（C$_{12}$H$_{25}$–C$_6$H$_4$–SO$_3$Na）），アルキルスルホン酸塩（R–SO$_3$Na，例えばラウリルスルホン酸塩（C$_{16}$H$_{33}$–SO$_3$Na）），アルケンスルホン酸塩などがある．

これら陰イオン界面活性剤（AS$^-$）は，疎水性が高く，かさ高い陽イオンとイオン会合体を形成し，有機溶媒に抽出される．例えば，図 9.2 (h)，(i) に示す陽イオン染料が用いられる．メチレンブルー（MB$^+$）では抽出溶媒にクロロホルムを用いるが，エチルバイオレット（EV$^+$）では，ベンゼン，トルエンなどの極性の小さい溶媒にも抽出される．実用的には沸点の高い（蒸気圧の低い）トルエンを用いる．

（1）原　理

陰イオン界面活性剤（AS$^-$）とエチルバイオレット（EV$^+$）およびメチレンブルー（MB$^+$）のイオン会合体の抽出定数に対しては，次のような値が求められている[3]．

$$K_{ex}' = \frac{[EV^+ \cdot AS^-]_{(org)}}{[EV^+]_{(aq)}[AS^-]_{(aq)}}$$

(a) AS$^-$：DBS$^-$，　抽出溶媒：トルエン，　$K_{ex}' = 1 \times 10^{9.4}$

(b) AS$^-$：DBS$^-$，　抽出溶媒：ベンゼン，　$K_{ex}' = 1 \times 10^{8.6}$

　　DBS$^-$：ドデシルベンゼンスルホン酸イオン

$$K_{ex}' = \frac{[MB^+ \cdot AS^-]_{(org)}}{[MB^+]_{(org)}[AS^-]_{(aq)}}$$

(a) AS$^-$：DBS$^-$，　抽出溶媒：クロロホルム，　　　　$K_{ex}' = 1 \times 10^{7.8}$

(b) AS$^-$：DBS$^-$，　抽出溶媒：1,2-ジクロロエタン，　$K_{ex}' = 1 \times 10^{9.4}$

MB–クロロホルム抽出法は，エプトン法として古くから用いられている方法で，JIS K 0101 や K 0102 にも採用されている．しかし，陰イオン界面活性剤以外の陰イオンも抽出されやすく，また，クロロホルムを用いる場合には抽出性が十分に高いとはいえず，数回の繰り返し抽出が必要となり，操作は極めて煩雑となる．さらに，クロロホルムは発がん性が指摘されており，蒸気圧も高いので，可能であれば，他の操作法を用いた方が賢明である．

いま，1×10^{-7} mol L^{-1} の DBS$^-$ を含む試料水 100 mL を用い，[EV$^+$] = 2×10^{-5} mol L^{-1} の存在下で 5 mL の有機溶媒に EV$^+ \cdot$ AS$^-$ を 99% 以上抽出するために必要な抽出定数値を求める．

抽出平衡時のそれぞれの濃度は次のようになる．

$$[EV^+ \cdot AS^-]_{(org)} = 1 \times 10^{-7} \times 0.99 \times \frac{100}{5} \approx 20 \times 10^{-7}$$

$$[EV^+]_{(aq)} \approx 2 \times 10^{-5}$$

$$[AS^-]_{(aq)} = 1 \times 10^{-7} \times 0.01 \approx 1 \times 10^{-9}$$

したがって，抽出定数値は次のようになる．

$$K_{ex}' = \frac{[EV^+ \cdot AS^-]_{(org)}}{[EV^+]_{(aq)}[AS^-]_{(aq)}} \approx \frac{20 \times 10^{-7}}{(2 \times 10^{-5})(10^{-9})} = 1 \times 10^8$$

$K_{ex}' > 1 \times 10^8$ であれば99％以上抽出されるので，トルエンも使用できることがわかる．

また，EV^+ のモル吸光係数（第3章の3.2.2項を参照）は611 nmで約 1×10^5 L mol^{-1} cm^{-1} であるので，試料水中の AS^- の濃度が 10^{-7} mol L^{-1} でもトルエン相の吸光度は約0.2となる．

（2）実　験

試料の適量（ドデシル硫酸ナトリウム 0.5～12.5 μg を含む）を分液ロートにとり，水を加えて100 mLとする．これに硫酸ナトリウム溶液（1 mol L^{-1}）5 mL，酢酸－EDTA 緩衝液（pH 5）5 mL および EV 溶液（0.001 mol L^{-1}）2 mLを加える．これにトルエン5 mLを加え，10分間激しく振り混ぜる．静置し，水相約100 mLを捨て，再び静置し，トルエン相が分離したら水相は捨てる．トルエン相の吸光度を611 nmで測定する．陰イオン界面活性剤の濃度は，予め作成した検量線より求める．

（試薬溶液の調製）

酢酸－EDTA 緩衝液（pH 5）：　EDTA・2Na・2水和物7.5 gを水に溶かして約700 mLとし，これに酢酸12.5 mLを加え，水酸化ナトリウム水溶液（80 g L^{-1}）を加えてpH 5に調整し，水を加えて1 Lとする．

エチルバイオレット水溶液（EV 溶液）（0.001 mol L^{-1}）：　エチルバイオレットに塩化亜鉛が付加した複塩（C$_{31}$H$_{42}$ClN$_3$・1/2 ZnCl$_2$）0.280 gを水に溶かして500 mLとする．

陰イオン界面活性剤標準液：　ドデシル硫酸ナトリウムを水に溶かして調製する．

（3）測定時の注意事項

海水が混入した試料では，多量に存在する塩化物イオンのごく一部が EV^+ とイオン会合体を形成し，有機相に抽出される（$K_{ex}' = [EV^+ \cdot Cl^-]_{(org)}/[EV^+]_{(aq)}[Cl^-]_{(aq)} = 1 \times 10^{-0.4}$）．したがって，多量の塩化物イオンの存在が予想される場合には，両相を静置した後，水相を捨て，新たに水20 mLを加えて約1分間振り混ぜると Cl^- のイオン会合は容易に除かれるが，AS^- はそのまま有機相に残る．なお，JIS K 0102では，水ではなく，エチルバイオレット（15 μmol L^{-1}）－硫酸ナトリウム（10 g L^{-1}）混合溶液20 mLで洗浄している．

9.3.3　陽イオン界面活性剤の分離・濃縮および吸光光度定量

陽イオン界面活性剤（CS^+）としては，逆性石けんといわれ，殺菌・消毒に用いられる第四級アンモニウム塩（例えば，図9.3のような塩化ベンザルコニウム，塩化ベンゼトニウムなど）がある．原理的には，陰イオン界面活性剤と同様に，かさ高い陰イオン染料，例えばテトラブロモフェノールフタレインエチルエステル（TBPE：図9.2（j））などを用いて1,2-ジクロロエタンなどに抽出し，吸光光度定量が可能である．しかし，環境水中では，AS^- に比べ，CS^+ ははるかに少ない．また，その大部分は AS^- とイオン会合体を形成し，有機物等に付着している

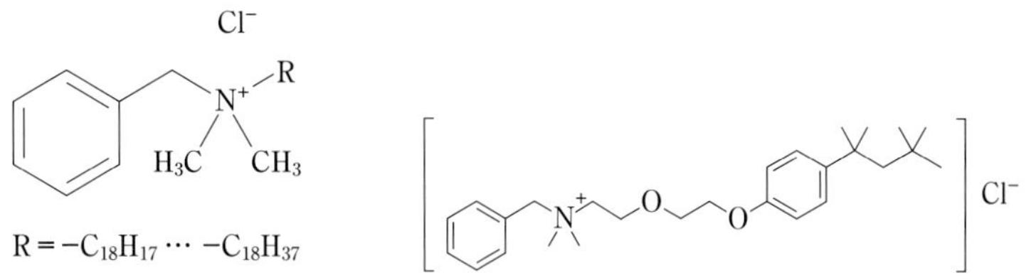

9.3 疎水性イオン種のイオン会合抽出分離・濃縮   123

(a) 塩化ベンザルコニウム　　　(b) 塩化ベンゼトニウム

図 9.3

ので，単純には測定できない．前処理で，AS$^-$ とのイオン会合体から CS$^+$ を分けた後，イオン会合抽出分離し，測定する．

9.3.4 非イオン界面活性剤の分離・濃縮および吸光光度定量

非イオン界面活性剤 (NIS) には，ポリオキシエチレンアルキルエーテル類 (RO(CH$_2$CH$_2$O)$_n$H)，ポリオキシエチレンアルキルフェノールエーテル類 (RC$_6$H$_5$O(CH$_2$CH$_2$O)$_n$H)，ポリオキシエチレンアルキルエステル類 (RCOO(CH$_2$CH$_2$O)$_n$H)，ソルビタンアルキルエステル類などがある．

NIS の定量では，前処理として，イオン交換分離を行なった試料について，テトラチオシアナトコバルト (II) 酸アンモニウム ((NH$_4$)$_2$Co(SCN)$_4$) を用いたベンゼン抽出/吸光光度法を用いる．また，カリウムイオンと錯体を生成し，かさ高い陰イオン染料の TBPE（テトラブロモフェノールフタレインエチルエステル）（図 9.2 (j)）のカリウム塩とのイオン会合体形成，o-ジクロロベンゼン抽出を用いる方法（波長 620 nm）があるが[4]，ここでは前者の方法について述べる．

（1）原　理

ポリオキシエチレン系非イオン界面活性剤 (NIS) のポリオキシエチレン鎖に試薬溶液中のアンモニウムイオンが結合して生成されるかさ高い陽イオンと，試薬溶液中の比較的かさ高いチオシアン酸コバルト陰イオンがイオン会合体を生成し，有機溶媒に抽出される[1,2]．

（2）実　験

（前処理操作）

イオン交換樹脂カラムの調製：　十分に精製した強酸性陽イオン交換樹脂 (Na 型) と強塩基性陰イオン交換樹脂 (Cl 型) を 1：2 の割合でとり，水を加えてよくかき混ぜながら，内径 10 mm のカラムに詰める．樹脂柱約 200 mm とする．

試料水 100 mL にエタノール 100 mL を加えて振り混ぜる．この溶液をイオン交換樹脂カラムに 10〜15 L/(L-樹脂・h)(2.6〜3.9 mL min^{-1}) で流し，流出液を 500 mL ビーカーに集める．液面がイオン交換樹脂柱の上部に近づいたら，エタノール (1＋1) 100 mL を少量ずつ加え，イオン交換樹脂カラム内の試料を流出させ，ビーカーに集める．この流出液を水浴上で約

30 mL になるまで蒸発させる．放冷後，全量フラスコ 100 mL に移し，標線まで水を加えて試料溶液として用いる．

(定量操作)

試料溶液の適量（NS の標準であるヘプタオキシエチレンドデシルエーテル ($C_{12}H_{25}O(CH_2CH_2O)_7H$) 0.1～2 mg を含む）を分液ロート 200 mL にとり，水で 100 mL とする．テトラチオシアナトコバルト（II）酸アンモニウム溶液（硝酸コバルト六水和物 280 g L^{-1}，チオシアン酸アンモニウム 620 g L^{-1}）15 mL と相分離のための塩化ナトリウム 35 g を加えて約 1 分間振り混ぜた後，15 分間放置する．このように調製した溶液をベンゼン 25 mL を加えて 1 分間激しく振り混ぜて放置する．二相分離後，水相を捨て，有機相をビーカーに移し，無水硫酸ナトリウム約 5 g を加えて振り混ぜ，脱水する．この有機相を吸収セルにとり，波長 322 nm で吸光度を測定する．予め作成した検量線を用いて試料中の非イオン界面活性剤の濃度を求める．

9.3.5　ホウ素（ホウ酸）の分離・濃縮および吸光光度法

ホウ酸あるいはホウ素化合物に硫酸とフッ化水素酸を加えてテトラフルオロホウ酸イオン（BF_4^-）とする．この溶液にメチレンブルー（MB）を加えて，生成するイオン会合体（$MB^+\cdot BF_4^-$）を 1,2-ジクロロエタンに抽出し，波長 660 nm で吸光度を測定する．予め作成した検量線からホウ素濃度を求める．本法では，高濃度の硫酸とフッ化水素酸を用いること，さらに BF_4^- 生成に約 1 時間を要することなど，操作が煩雑である．

別法としては，クロモトロープ酸を用いる水溶液反応に基づく蛍光光度法が簡便・迅速である．この場合，流れ分析法である FIA あるいは SIA など（第 3 章の 3.9 節を参照）が利用できる[5]．

9.3.6　その他の抽出分離・定量法

(1) モリブデン，タングステン： 還元剤の存在下，Mo(V)，W(V) の酸素酸イオン MoO_4^{2-}，WO_4^{2-} はチオシアン酸イオン（SCN^-）と黄色錯体を生成し，この錯体は，溶媒和した H^+ あるいは長鎖第 4 級アンモニウムイオンなどとイオン会合体を形成し，エチルエーテルやジイソプロピルエーテル（W 錯体），酢酸ブチル（Mo 錯体）などに抽出される（測定波長 W：400 nm，Mo：470 nm）．

(2) アンチモン： Sb(V) は塩酸および硫酸酸性下，ジイソプロピルエーテルに抽出される．抽出した Sb(V) クロロ錯体にローダミン B（図 9.2 (k)）を加えるとイオン会合体を生成し，赤紫色になる（測定波長：550 nm）．

参 考 文 献

1) 工業用水試験方法（JIS K 0101）(1998)

2) 工場排水試験方法（JIS K 0102）(2013)

3) S. Motomizu, S. Fujiwara, A. Fujiwara and K. Toei：Solvent extraction-spectrophotometric determination of anionic surfactants with Ethyl Violet, Anal. Chem., **54**, 392-397 (1982).

4) K. Toei, S. Motomizu and T. Umano：Extractive spectrophotometric determination of non-ionic surfactants in water, Talanta, **29**, 103-106 (1982).

5) Zenhai Li, M. Oshima and S. Motomizu：Highly sensitive determination of boron with 1,8-dihydroxynaphthalene-3,6-disulfonic acid in ultrapurified water by fluorescence detection/flow injection analysis, Bunseki Kagaku, **53**, 345-351 (2004).

10 電気伝導度測定法による水質推定

　水溶液中の各イオンは，そのイオンの価数と移動度に応じた電気伝導度を有し，それらには加成性が成立する．したがって，水溶液の電気伝導度を測定すれば，その溶液中のイオン量を推定できる．10.1 節の純水製造装置における水質管理や，参考に示すような海水の河川への流入域の推定に利用される．

　なお，電気伝導度および電気伝導度計の原理については，第 3 章の 3.1 節で述べた．

10.1　純水製造装置の水質管理

　水は，用途に応じてその要求される純度が異なる．例えば，金属イオンの測定においても，河川水のカルシウムイオンやマグネシウムイオンなどの主要なイオンを対象にする場合と，微量な亜鉛イオンなどを対象にする場合では，標準液調製時に用いる水の純度は異なるだろう．JIS K 0557 (1998)：　用水・排水の試験に用いる水に要求されている水質を表 10.1 に示す．なお，25℃の水道水での電気伝導率は 15 mS m^{-1} 前後である．

表 10.1　水の種類と水質

項目	A1	A2	A3	A4
電気伝導率 mS m^{-1} (25℃)	0.5	0.1*	0.1*	0.1*
有機態炭素 (TOC) mg L^{-1} C として	1	0.5	0.2	0.05
亜鉛 mg L^{-1}	0.5	0.5	0.1	0.1
シリカ mg L^{-1} SiO$_2$ として		50	5.0	2.5
塩化物イオン mg L^{-1}	10	2	1	1
硫酸イオン mg L^{-1}	10	2	1	1

A1：純水製造の最終工程でイオン交換法または逆浸透膜法で精製
A2：純水製造の最終工程でイオン交換・精密ろ過器の組み合わせで精製
A3：A1 または A2 の水を用い，最終工程で蒸留法により精製
A4：A2 または A3 の水を用い，最終工程で石英製蒸留器での蒸留法，または非沸騰型蒸留装置での蒸留により精製
＊ 純水製造装置の出口水を電気伝導度計の検出部に直接導入して測定

(JIS K 0557，表 1 による)

10.2　試料溶液の電気伝導率の測定

10.2.1　実　験

1. 予め電気伝導度計の電源を入れておく．

2． 試料溶液の電気伝導率に応じた適切なセル定数[*1,*2]をもったセル（第3章の図3.5を参照）を用い，水[*3]でセルを2, 3回洗う．特に汚れている場合には，塩酸（1 + 100）に浸し，さらに流水で十分に洗い，最後に水で2, 3回洗う．

表10.2 セル定数および測定範囲

セル定数		測定範囲	
m^{-1}	cm^{-1}	$mS\ m^{-1}$	$\mu S\ cm^{-1}$
1	0.01	2 以下	20 以下
10	0.1	0.1 〜 20	1 〜 200
100	1	1 〜 200	10 〜 2000
1000	10	10 〜 2000	100 〜 20000
5000	50	100 〜 20000	1000 〜 200000

表10.3 塩化カリウム標準液の電気伝導率

塩化カリウム標準液 ($g\ L^{-1}$)	温度（℃）	電気伝導率 ($mS\ m^{-1}$)	電気伝導率 ($\mu S\ cm^{-1}$)
74.246	0	6518	65180
	18	9784	97840
	25	11134	111340
7.437	0	714	7140
	18	1117	11170
	25	1286	12860
0.744	0	77.4	774
	18	122.0	1220
	25	140.9	1409

3． このセルを試料溶液で2, 3回洗った後，試料溶液を満たし，25 ± 0.5℃[*4]に保って電気伝導度の測定を行なう．測定値が±3％で一致するまで試料溶液を入れ替えて測定を繰り返し，3回の平均値で，電気伝導度を求める．

4． 電気伝導度から，次の式によって試料溶液の電気伝導率を算出する．

$$L = J \times L_x \tag{10.1}$$

$L\,(mS\ m^{-1})$： 試料溶液の電気伝導率（25℃）

$J\,(m^{-1})$： セル定数

$L_x\,(mS)$： 測定した電気伝導度

---

*1 セル定数と測定範囲の例は表10.2を参照のこと．
*2 セル定数は，セルに表示されているが，使用によって白金黒の状態が変化するので，塩化カリウム標準液を用い，定期的に確認する．塩化カリウム標準液の電気伝導率は表10.3を参照のこと．
*3 水は，電気伝導率 $0.2\,mS\ m^{-1}$（$2\,\mu S\ cm^{-1}$）（25℃）以下のものを用いる．
*4 電気伝導率は温度によって変化し，1℃の上昇で約2％大きくなる．精度を特に必要としない場合には，温度補償回路を組み入れた電気伝導度計を用いる．

10.2.2 測定上の注意事項

1. セル定数の確認

(a) セルを水で2, 3回洗う.

(b) セルを塩化カリウム標準液（セル定数に応じ，表10.2を参照して測定範囲に対応する塩化カリウム標準液を用いる）で2, 3回洗った後，その塩化カリウム標準液を満たす．このセルを 25 ± 0.5 ℃に保ち，電気伝導度を測定する．同じ塩化カリウム標準液を数回入れ替えて測定を行ない，測定値が ± 3 ％で一致するまで繰り返す．

(c) 測定した3回の平均値から，次の式によってセル定数を算出する．

$$J = \frac{\kappa_{KCl} + \kappa_{H_2O}}{L_{XO}} \tag{10.2}$$

J： セル定数 (m^{-1}) あるいは (cm^{-1})

L_{XO}： 測定した電気伝導度 (mS) あるいは (μS)

κ_{KCl}： 塩化カリウム標準液の測定温度での電気伝導率 $(mS\,m^{-1})$ あるいは $(\mu S\,cm^{-1})$

κ_{H_2O}： 塩化カリウム標準液調製に用いた水の電気伝導率 $(mS\,m^{-1})$ あるいは $(\mu S\,cm^{-})$

2. 塩化カリウム標準液の調製

電気伝導率測定用塩化カリウムをめのう乳鉢で粉末にし，500℃で約4時間加熱してデシケーター中で放冷する．これを 74.246 g, 7.437 g, 0.744 g はかりとり，それぞれ少量の水に溶かした後，全量フラスコ 1000 mL を用い，水を加えて調製する．それぞれを塩化カリウム標準液 A, B, C とする．また，塩化カリウム標準液 C を水で10倍に希釈して塩化カリウム標準液 D を調製する．これらの塩化カリウム標準液は，ポリエチレンびんまたはほうけい酸ガラスびんに密栓して保存する．塩化カリウム標準液 A, B, C は表10.3の塩化カリウム標準液 74.246 g L^{-1}, 7.437 g L^{-1}, 0.744 g L^{-1} にそれぞれに相当する．

10.2.3 測定の失敗例

セルを使用しないときは，電極を水に浸した状態で保存するが，保存中に水が蒸発して，表面の白金黒を完全に乾燥させてしまうと，セル性能を回復するのに時間がかかる場合がある．

参 考

わが国の汚染のない大きな河川での電気伝導率は $100\,\mu S\,cm^{-1}$ で，この場合の蒸発残留物は $80\,mg\,L^{-1}$ 程度である．小河川の場合は，溶存物質が少ないため，$60\,\mu S\,cm^{-1}$ 程度となる．汚染が激しいと電気伝導率は増し，著しいときは 700 ～

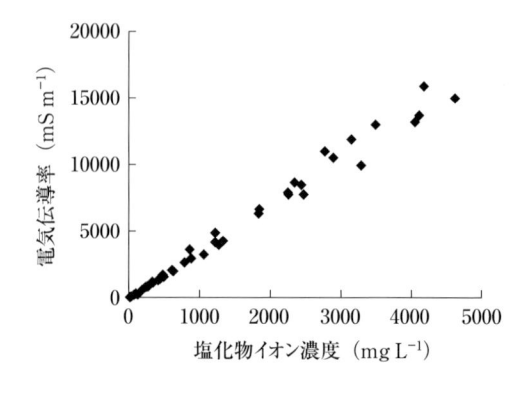

図10.1 河川の塩化物イオン濃度と電気伝導率

800 S cm^{-1} ぐらいになる．海水の電気伝導率は 30000 S cm^{-1} 以上である．このため，電気伝導率の測定によって，河川下流あるいは地下水などへの海水の浸入が推定できる．

東京都と神奈川県の境を流れる多摩川の下流域の平成 19 年度神奈川県水質調査年表のデータを用いて，電気伝導率と塩化物イオン濃度の関係を求めたものを図 10.1 に示す．きれいな相関が見られ，下流域で海水が混入していることが推定される．

参考文献

1) 用水・排水の試験に用いる水 (JIS K 0557) (1998)
2) 工場排水試験方法 (JIS K 0102) (2013)

11 吸光光度法を用いる環境分析

　第3章の3.2節の吸光光度法の原理・分光光度計の構成で述べた吸光光度法は発色反応において選択性に欠けるものもあるが，装置が安価で，操作も簡便であることから汎用されている．ここでは吸光光度法を用いる環境汚染物質の検出・定量法について述べる．また，最近バッチマニュアル吸光光度法をオンライン化したフローインジェクション分析法（FIA）が多く報告されているので，FIAによる測定法（第3章の3.9節を参照）についても述べる．

11.1　アンモニア体窒素（NH_4^+-N）の定量

　アンモニアは種々の生物活動により生成されるが，多くはタンパク質や尿素などの有機含窒素化合物の微生物分解によるとされている．また，アンモニアはある種の菌により亜硝酸イオンや硝酸イオンに酸化されるので，アンモニアによる汚染は時間的に新しい汚染を示すものとされている．アンモニアの定量法としてはネスラー法が最もよく知られているが，毒性の強い水銀を用いるため，他の吸光光度法が公定法とされている．

11.1.1　インドフェノール青吸光光度法

　アンモニア体窒素は次亜塩素酸塩と反応してモノクロルアミンを生成する．生成したモノクロルアミンはフェノールと反応し，インドフェノール青を定量的に生成するので，この吸光度を測定する．

（1）原　理

　発色反応の反応式を図11.1に示す．

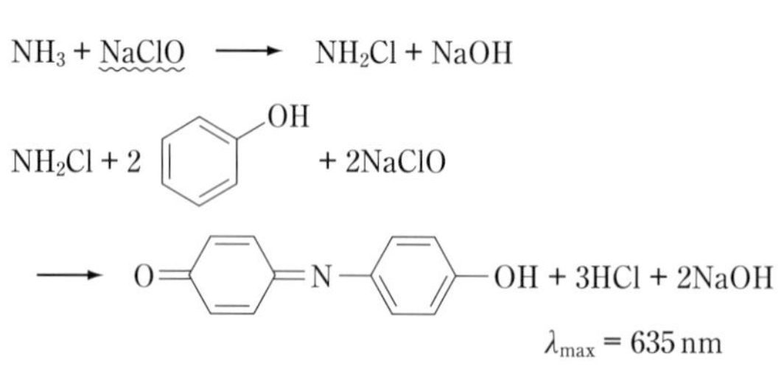

$$NH_3 + NaClO \longrightarrow NH_2Cl + NaOH$$

$$NH_2Cl + 2\ C_6H_5OH + 2NaClO$$

$$\longrightarrow O=C_6H_4=N-C_6H_4-OH + 3HCl + 2NaOH$$

$$\lambda_{max} = 635\,nm$$

図11.1　フェノールを用いるアンモニア検出反応

（2）実　験

（a）試薬溶液の調製

　アンモニウムイオン標準原液（N濃度表示で$1000\,mg\,L^{-1}$）：　塩化アンモニウム（NH_4Cl）3.829 gを正確にはかりとり，水で溶かした後，1 Lとする．これを適宜希釈して標準液とする．

緩衝液： リン酸三ナトリウム 12 水和物（Na$_3$PO$_4$・12H$_2$O）30 g，クエン酸三ナトリウム 2 水和物（Na$_3$C$_6$H$_5$O$_7$・2H$_2$O）30 g，EDTA・2Na・2 水和物 3 g を水に溶かして 1 L とする．この溶液の pH は約 12 である．

フェノール・ニトロプルシッド溶液： フェノール 60 g，ニトロプルシッドナトリウム（ペンタニトロシル鉄（III）酸ナトリウム 2 水和物）0.2 g を緩衝液で溶かし，1 L とする．ニトロプルシッドナトリウムの添加は，吸光度を増大させる効果がある．

1 mol L^{-1} 水酸化ナトリウム（NaOH）溶液： 水酸化ナトリウム 40 g を水に溶かして 1 L とする．

次亜塩素酸ナトリウム（NaClO）溶液： 有効塩素量が 0.10 w v^{-1} ％になるように市販の次亜塩素酸ナトリウムをとり，これを 1 mol L^{-1} 水酸化ナトリウム溶液 400 mL に溶かし，水で 1 L とする．（有効塩素量はチオ硫酸ナトリウム標準液を用いて決定する．第 7 章の 7.3 節を参照．）

（b） 検量線の作成

アンモニウムイオン標準液（10 μg mL^{-1}）0，0.5，1.0，2.0 mL をメスフラスコ 50 mL にメスピペットあるいはホールピペットでとり，フェノール・ニトロプルシッド溶液 10 mL，次亜塩素酸ナトリウム溶液 12 mL，水を加えて定容にする．45 分間静置した後，試薬ブランク[*1]を対照に 635 nm の吸光度を測定する．横軸にアンモニウムイオン濃度，縦軸に吸光度をプロットして検量線を作成する．

（c） 試料の測定

環境水を測定する場合は，試料水 25 mL をホールピペットで採取し，（b）と同様の操作を行ない吸光度を測定する．検量線からアンモニウムイオン濃度を算出する．

（3） 測定時の注意事項

次亜塩素酸溶液を先に加えると，アンモニウムイオンの塩素化が進み，発色が起こらなくなる．この発色反応は，pH 11 ～ 12 が適する．

（4） その他

上記の反応においてはフェノールを発色試薬として用いたが，試薬・反応生成物の安定性を考慮して，サリチル酸ナトリウムを用いてインドフェノール青を生成させることも行なわれている．反応式を図 11.2 に示す．また，チモールを用いる方法も利用されている．発色機構を図 11.3 に示す．

サリチル酸とモノクロルアミンは pH 10 付近で，チモールとモノクロルアミンは pH 11.7 付近で生成・反応する．モノクロルアミンは不安定なため，迅速にチモールを加える必要がある．この発色体の極大吸収波長は 660 nm である．

[*1] アンモニウムイオン標準液の採取量 0 mL での溶液．

$NH_3 + NaClO \longrightarrow NH_2Cl + NaOH$

$NH_2Cl + 2$ [サリチル酸] $+ 2NaClO$

$\longrightarrow$ [キノンイミン生成物] $+ 3HCl + 2NaOH$

$\lambda_{max} = 660\,nm$

図11.2 サリチル酸ナトリウムを用いるアンモニア検出反応

$NH_3 + NaClO \longrightarrow NH_2Cl + NaOH$

$NH_2Cl + 2$ [チモール] $+ 2NaClO$

$\longrightarrow$ [チモール青生成物] $+ 2NaOH + 3HCl$

$\lambda_{max} = 660\,nm$

図11.3 アンモニア検出のためのチモール青生成反応

11.1.2 インドフェノール青発色FIA法

フェノールに代えてサリチル酸ナトリウムを用いるインドフェノール青吸光光度法を先に説明したが，ここではこのFIAへの適用について述べる．流路は三流路システムである（図11.4）．

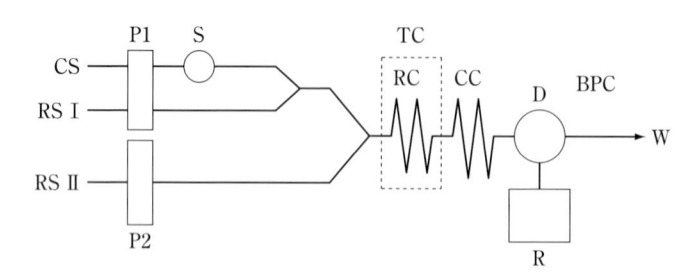

CS：キャリヤー溶液，RS I：試薬溶液 I（サリチル酸ナトリウム + ニトロプルシッドナトリウム），RS II：試薬溶液 II（次亜塩素酸ナトリウム/NaOH 溶液），P1：送液ポンプ1（CS，RS I 用 いずれも 0.5 mL min^{-1}），P2：送液ポンプ2（0.5 mL min^{-1}），S：サンプルインジェクター，TC：反応恒温槽（50℃），RC：反応コイル，CC：冷却コイル，D：検出器（660 nm），BPC：背圧コイル，R：記録計，W：廃液

図11.4 アンモニア定量のためのインドフェノール青発色FIA法のシステム

(1) 原　理
発色反応は図 11.2 の反応式に基づく．

(2) 実　験
(a) 試薬溶液の調製
アンモニウムイオン標準液： 11.1.1 項 (2) の (a) と同様に調製する．
CS： キャリヤー溶液 (水)
RS I： 試薬溶液 I (サリチル酸ナトリウム ＋ ニトロプルシッドナトリウム)[*2]
RS II： 試薬溶液 II (次亜塩素酸ナトリウム/NaOH 溶液)[*3]

(b) 装　置
P： 送液ポンプ (P1 0.5 ml min^{-1}, P2 0.5 mL min^{-1})
S： サンプルインジェクター (試料注入量 200 μL)
TC： 反応恒温槽 (50℃)
RC： 反応コイル (内径 0.5 mm，長さ 3 m)
D： 分光光度計 (測定波長：660 nm)　　R： 記録計

(c) 検量線の作成
CS と RS I を，P1 を用いてそれぞれ 0.5 mL min^{-1} で送液する．アンモニウムイオン標準液

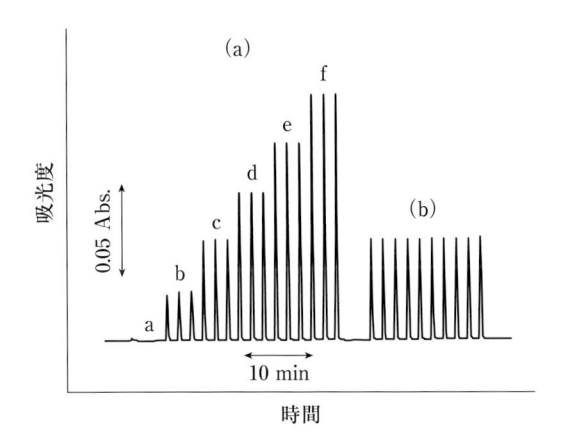

図 11.5　インドフェノール青 FIA 法での検量線シグナルと再現性
(a) 検量線シグナル
(NH_4^+-N mg L^{-1}　a：0, b：0.2, c：0.4, d：0.6, e：0.8, f：1.0)
(b) NH_4^+-N 0.4 mg L^{-1} での再現性
((社)日本分析化学会 フローインジェクション分析研究懇談会 編：
「役にたつフローインジェクション分析」(みみずく舎，2009) による)

[*2]　水約 800 mL に，サリチル酸ナトリウム 100 g，酒石酸カリウムナトリウム 4 水和物 19 g とニトロプルシッドナトリウム 2 水和物 0.75 g を溶かして，水で 1000 mL にしたもの．
[*3]　水酸化ナトリウム 18 g を水 900 mL に溶かしたものに次亜塩素酸ナトリウム (有効塩素濃度 6%) 100 mL を加えたもの．

0, 0.2, 0.4, 0.6, 0.8, 1.0 mg L^{-1} を 200 μL，S より注入する．RS II は P2 を用いて 0.5 mL min^{-1} で送液される．反応は 50℃ の反応恒温槽内で促進される．生成されたインドフェノール青の吸光度は分光光度計（測定波長：660 nm）で測定される．

得られた検量線を図 11.5 に示す．このシステムを用いて得られた検出限界は 0.05 mg L^{-1}（NH$_4^+$-N）[*4] で，0.4 mg L^{-1}（NH$_4^+$-N）の 10 回の繰り返し精度は 0.26% と極めて良好で，1 時間当たりの試料処理速度は 40 試料である．

（3） 測定時の注意事項

実験室中にはアンモニアが存在するので，精製水・試薬への汚染がないか確認すること．

11.1.3　極低濃度アンモニアの定量のためのガス拡散 - イオン交換樹脂濃縮 FIA 法

外洋海水や汚染の少ない新鮮な海水中のアンモニウムイオンの濃度は数 μg L^{-1} と極めて低い．この濃度レベルのアンモニウムイオンの定量は従来の FIA 法では困難である．また，塩分濃度が高い海水の場合，マトリックス（主成分）の影響を受けるため，海水試料を直接注入することができない．ここでは，海水の塩成分を除去するためのガス拡散分離技術，アンモニウムイオンを濃縮するための陽イオン交換樹脂カラムを用いる FIA 法を示す．

（1） 原　理

弱酸であるアンモニウムイオンは，アルカリ溶液中ではアンモニア分子で存在する．これをガス透過膜を通して吸収液中に捕集した後，図 11.2 の反応式に基づく反応により発色定量する．

（2） 実　験

（a） 試薬溶液の調製

アンモニウムイオン標準液：　11.1.1 項（2）の (a) と同様に調製する．

アルカリ溶液：　1 mmol L^{-1} 水酸化ナトリウム溶液．溶離液：　0.5 mol L^{-1} 塩酸

RS I：　試薬溶液 I（サリチル酸ナトリウム + ニトロプルシッドナトリウム）

RS II：　試薬溶液 II（次亜塩素酸ナトリウム/水酸化ナトリウム溶液）は 11.1.2 項（2）の (a) と同様に調製する．

陽イオン交換樹脂カラム：　アンバーライト IRC 76 充填の内径 2 mm，長さ 15 cm のカラム

（b） 装　置

検出システムを図 11.6 に示す．システムは図に示すように (a) ガス拡散部，(b) 陽イオン交換濃縮部，(c) 発色検出部，の 3 つの機能から構成されている．

（c） 定量の仕組み

まず図 11.6 (a) では，1 mmol L^{-1} 水酸化ナトリウム溶液とアンモニウムイオンを含む試料溶液が P4 により送液される．通常試料は注入バルブで注入されるが，ここではポンプで送液・注入される．試料溶液中のアンモニウムイオンは 1 mmol L^{-1} 水酸化ナトリウム溶液と混合さ

[*4] アンモニウムイオン濃度を窒素（N）濃度で表示．

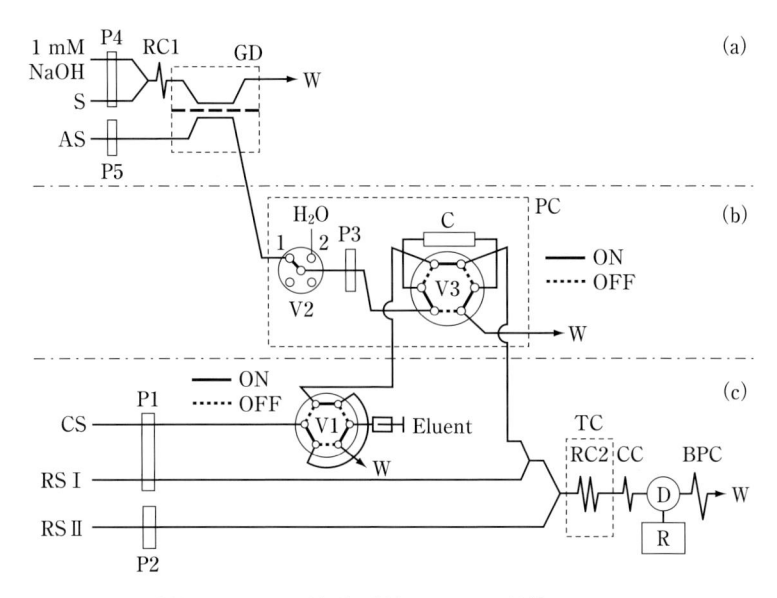

11.1 アンモニア体窒素（NH$_4^+$-N）の定量　　135

S：試料吸引　AS：吸収液（水）　GD：ガス拡散ユニット
C：陽イオン交換樹脂カラム（2 mm i.d. × 15 cm）
CS：キャリヤー溶液（水）
RS I：サリチル酸ナトリウム + ニトロプルシッド溶液
RS II：次亜塩素酸ナトリウム溶液
RC1：反応コイル（0.5 mm i.d. × 5 m）　RC2：0.5 mm i.d. × 8 m
CC：冷却コイル（0.5 mm i.d. × 1.5 m）
P1〜P5：プランジャーポンプ
Eluent：溶離液
TC：恒温槽（70°C）
BPC：背圧コイル
D：検出器（660 nm）

図 11.6　アンモニウムイオンのガス拡散 - イオン交換樹脂濃縮 FIA 法
(a) ガス拡散部　(b) 陽イオン交換濃縮部　(c) 発色検出部
（福井啓典，他：分析化学，**56**，758（2007）による）

れることで中和され，アンモニアガスを発生する．アンモニアガスはガス拡散膜（GD）を透過して，吸収液である水（AS）に吸収される．この機能により，海水マトリックスは系外に除去される．AS に吸収されたアンモニアはアンモニウムイオンとして存在するので，V2 を経由して V3 に装着された陽イオン交換カラム（例えば，弱酸性陽イオン交換樹脂である，アンバーライト IRC 76 が充填）でイオン交換され，濃縮される．V2 でカラムを洗浄した後，V1 より溶離液である 0.5 mol L^{-1} 塩酸 300 μL を注入してアンモニウムイオンを溶離する．溶離したアンモニウムイオンは RS I および RS II と合流して 70℃の反応恒温槽中で発色し，660 nm での吸光度が計測される．

　試料は 10 分間ガス拡散装置を通した後，イオン交換濃縮が行なわれるように設計されている．このとき得られた検量線は $y = 0.0049x - 0.0002$（y = 吸光度，x = NH$_4^+$-N（μg L^{-1}）を示す），直線性を示す R^2 は 0.999 と極めて良好である．

（3） 測定時の注意事項

11.1.2項のFIA法の場合は海水を試料として流れに注入すると，シュリーレン効果のために大きなノイズが発生して測定が不能になるが，本項のFIA法では，アルカリでガス化されたアンモニアは膜透過し，塩分は反応系から排除されるために測定が可能となる．

11.2　亜硝酸体窒素および硝酸体窒素の定量

動植物などから供給される有機体窒素は環境水中で酸化分解されて，アンモニア体窒素，亜硝酸体窒素，硝酸体窒素へと変化し，また，硝酸体窒素は微生物などに取り込まれるなど，形態を変化させて循環をしている．一方，亜硝酸体窒素および硝酸体窒素は発がん性が疑われることから，環境基準の人の健康の保護に係る項目に指定されている．

11.2.1　ナフチルエチレンジアミン吸光光度法による亜硝酸体窒素の定量

亜硝酸体窒素，すなわち亜硝酸イオンはpH 1.2以下の酸性溶液中で4-アミノベンゼンスルホンアミドをジアゾ化し，生成したジアゾ化合物とN-1-ナフチルエチレンジアンモニウムがカップリング反応して赤色のアゾ色素を生成する．このアゾ色素の発色の強さを測定して定量する．

（1）　原　理

11.2.1項で述べた発色反応の反応式を図11.7に示す．

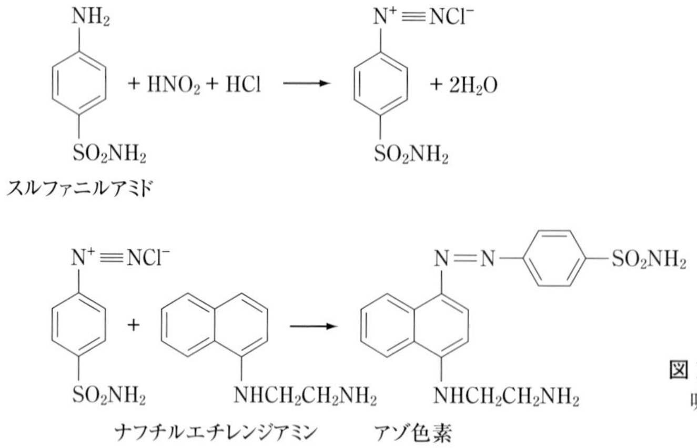

図11.7　ナフチルエチレンジアミン吸光光度法の発色反応

（2）　実　験

（a）　試薬溶液の調製

亜硝酸イオン標準液（NO_2^- 1 mg mL^{-1}）：　亜硝酸ナトリウムを約100℃で加熱乾燥し，デシケーター中で放冷する．純度100%の亜硝酸ナトリウムに対して0.150 gをはかりとり，水に溶解して全量を100 mLとする．

4-アミノベンゼンスルホンアミド溶液 (0.1 g L^{-1}, 塩酸 3.6 mol L^{-1}): 4-アミノベンゼンスルホンアミド 1 g を塩酸 30 mL と水 40 mL に溶かして,水で全量を 100 mL とする.

N-1-ナフチルエチレンジアンモニウム溶液 (0.01 g L^{-1}): N-1-ナフチルエチレンジアンモニウム 0.1 g を水に溶かして 100 mL とする.

(b) 検量線の作成

亜硝酸イオン標準液 (1 μg mL^{-1}) 0〜6 mL を段階的にそれぞれの比色管 10 mL にとり,水で 10 mL とする.これに 4-アミノベンゼンスルホンアミド溶液 (0.1 g L^{-1}, 塩酸 3.6 mol L^{-1}),N-1-ナフチルエチレンジアンモニウム溶液 (0.01 g L^{-1}) 各 1 mL ずつを入れて室温で約 20 分間放置する.波長 540 nm での吸光度を測定し,亜硝酸イオン濃度と吸光度との関係線を作成する.

(c) 試料の測定

亜硝酸イオン 0.6〜6 μg を含む試料 10 mL を比色管 10 mL にとり,(b) と同様に操作して吸光度を測定する.検量線から亜硝酸イオン濃度を算出する.

(3) 測定時の注意事項

この発色反応は pH 1.2 以下の塩酸あるいはリン酸酸性溶液下で良好に進む.pH の影響を図 11.8 に示す.pH 1.3 以上で,吸光度は急激に減少する.

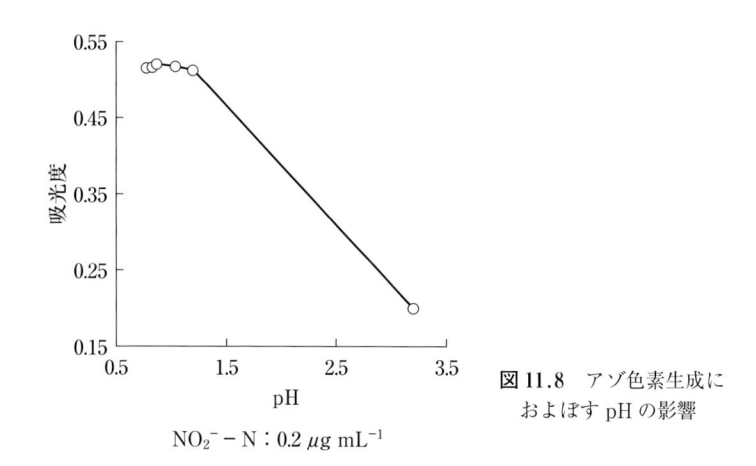

図 11.8 アゾ色素生成におよぼす pH の影響
NO$_2^-$ - N : 0.2 μg mL^{-1}

また,ここに記述した操作では 4-アミノベンゼンスルホンアミド溶液と N-1-ナフチルエチレンジアンモニウム溶液を別々に添加しているが,両者の混合溶液を用いてもよい.

11.2.2 亜硝酸イオンのメンブランフィルター捕集・濃縮吸光光度定量

11.2.1 項の発色反応でアゾ色素を生成させた後,これに陽イオン界面活性剤のゼフィラミン (Zep) を添加すると,負電荷のアゾ色素とゼフィラミンとがイオン会合体を形成し,膜に捕集される.ゼフィラミンはミセル限界濃度[*5]以下の濃度が用いられる.この捕集体を膜ごと少量

[*5] 界面活性剤分子やイオンが集合し,その中に,例えば油分子などを取り込んで乳濁体形成が可能となる界面活性剤の濃度.

の極性溶媒に溶解し，アゾ色素の吸光度を測定（極大吸収波長 $\lambda_{max} = 540\,\mathrm{nm}$）することにより，間接的に亜硝酸イオンの測定が可能となる．

（1）原理

図 11.7 に示す反応で生成させたアゾ色素とゼフィラミンを図 11.9 のように反応させて，イオン会合体を生成させる．ろ過捕集，溶解の過程を図 11.10 に示す．イオン会合体を溶解する溶媒には極性溶媒ジメチルホルムアミド（DMF）やジメチルスルホキシド（DMSO）などが用いられる．

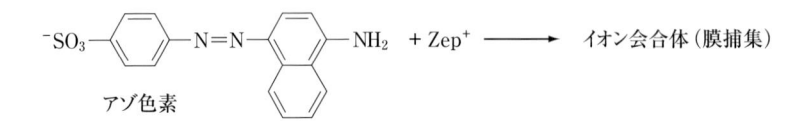

$^-SO_3$―〇―$N=N$―〇―NH_2 + Zep$^+$ ⟶ イオン会合体（膜捕集）

アゾ色素

図 11.9 固相抽出による亜硝酸イオンの濃縮吸光光度定量法

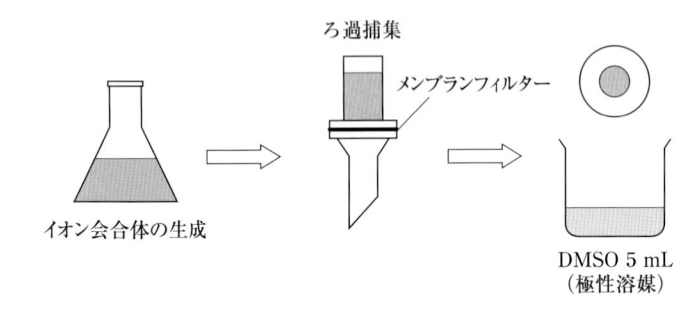

図 11.10 有機溶媒可溶性メンブランフィルターを用いる手順

（2）実験

（a）試薬溶液の調製

亜硝酸イオン標準液，4 - アミノベンゼンスルホンアミド溶液（$0.06\,\mathrm{g\,L^{-1}}$，塩酸 $2.4\,\mathrm{mol\,L^{-1}}$），$N$ - 1 - ナフチルエチレンジアンモニウム溶液（$0.06\,\mathrm{g\,L^{-1}}$，塩酸 $0.12\,\mathrm{mol\,L^{-1}}$）は 11.2.1 項（2）の (a) に準じて調製する．

ゼフィラミン溶液：0.04 g ゼフィラミンを 100 mL の水に溶かす．

（b）試料の測定[1]

試料 50 mL に対して 4 - アミノベンゼンスルホン酸溶液 1 mL を加えて数分間放置する．N - 1 - ナフチルアミン塩酸塩溶液 1 mL を加えた後，酢酸ナトリウム溶液（$3\,\mathrm{mol\,L^{-1}}$）2 mL を加えて放置する．次にゼフィラミン溶液 2 mL を加え，硝酸セルロース製メンブランフィルター（MF）を用いて吸引ろ過する．MF を水洗いした後，5 mL の 2 - メトキシエタノールに溶かし，$1\,\mathrm{mol\,L^{-1}}$ 塩酸 0.1 mL を加えて極大吸収波長 540 nm における吸光度を測定する．地下水，水道水，雨水に適用され，$21.2\,\mu\mathrm{g\,L^{-1}}$，$14.2\,\mu\mathrm{g\,L^{-1}}$，$9.6\,\mu\mathrm{g\,L^{-1}}$ の値が得られている．

（3） 測定時の注意事項

市販の N-1-ナフチルアミンは分解生成物を含んでいるので，空試験値の原因となる．したがって水に溶かし，活性炭を加えて沸騰させた後，ろ過し，ろ液に塩酸を加えて塩酸塩として再結晶したものを用いる．また，発がん性物質なので皮膚に触れないように取り扱うよう注意する．

11.2.3　銅カドミウムカラム還元エチレンジアミン吸光光度法による硝酸体窒素の定量

硝酸体窒素，すなわち硝酸イオンの吸光光度法としてブルシン吸光光度法などがあるが，硫酸 (20 + 3) 10 mL に試料 2 mL とブルシン発色溶液 1 mL を加えるなど発色条件が厳しく，感度も低い．硝酸イオンの感度の良い発色試薬がないため，硝酸イオンを銅カドミウムカラムで還元して亜硝酸イオンとし，これにナフチルエチレンジアミン吸光光度法を適用する．

（1） 原　理

硝酸イオンは，次のように金属カドミウムによって還元されて亜硝酸イオンとなる．亜硝酸イオンは 11.2.1 項（1）と同じ原理で発色させて，定量する．

$$NO_3^- + Cd \rightleftarrows NO_2^- + Cd^{2+}$$

（2） 実　験

（a）　試薬溶液の調製

硝酸イオン標準液（NO_3^- 1 mg mL^{-1}）：　硝酸カリウムを約 100℃で加熱乾燥し，デシケーター中で放冷する．その 0.163 g をはかりとり，水に溶解して全量を 100 mL とする．

塩化アンモニウム - アンモニア緩衝液：　塩化アンモニウム 10 g を水約 70 mL に溶解して，これにアンモニア水 5 mL を加え，水で全量を 100 mL とする．

銅カドミウムカラム：　市販の銅カドミウムを適切なカラム[*6]に充填する．または，カドミウム粒（粒径 0.5 〜 2 mm）を EDTA を含む硫酸銅溶液に浸して，カドミウムの表面に銅をコーティングしたものを充填する．

4 - アミノベンゼンスルホンアミド溶液（0.1 g L^{-1}，塩酸 3.6 mol L^{-1}）および N - 1 - ナフチルエチレンジアンモニウム溶液（0.01 g L^{-1}）は 11.2.1 項（2）の（a）に従って調製する．

（b）　検量線の作成

硝酸イオン 0 〜 80 μg を段階的に各メスフラスコ 100 mL にとり，塩化アンモニウム - アンモニア緩衝液 10 mL を加え，水で全量を 100 mL とする．これらを銅カドミウムカラムに流量約 10 mL min^{-1} [*7] で流し入れる．流出液の最初の 30 mL 程度を捨て，その後の流出液 10 mL を比色管 10 mL にとる．11.2.1 項（2）の（b）の発色操作を行なって吸光度を測定し，吸光度と硝酸イオン濃度との検量線を作成する．

[*6]　工場排水試験方法 JIS K 0102 では，内径 8 mm，長さ 200 mm のカラムに 120 mm の長さの分だけ充填する．

[*7]　内径 8 mm，長さ 200 mm のカラムを使用した場合．

（c） 試料の測定

硝酸イオン $80\,\mu g$ 以下を含む試料をメスフラスコにとり，塩化アンモニウム-アンモニア緩衝液 10 mL を加え，水で全量を 100 mL とする．(b) と同様にカラムに通して得た流出液を発色させ，吸光度を測定する．検量線から硝酸イオン濃度を算出する．

（3） 測定時の注意事項

銅カドミウムカラムによる硝酸イオンの亜硝酸イオンへの還元時の pH は，8.5～9 が適している．銅カドミウムカラムは，使用していると硝酸イオンの亜硝酸イオンへの還元率が低下することがある．窒素 (N) 濃度が同じである硝酸イオン溶液と亜硝酸イオン溶液を用い，前者はカラムに通して得た流出液を発色させ，後者はそのまま発色させてそれらの吸光度を比較して，還元率を求める．

$$還元率 = \frac{前者の吸光度}{後者の吸光度}$$

還元率が低下した場合は，EDTA を含む硫酸銅溶液に浸して銅カドミウムを活性化させる．

（4） 測定時の失敗例

銅カドミウムカラムに流入させる試料溶液の pH は 8.5～9 である．また，使用後にカラムに満たす溶液は塩化アンモニウム-アンモニア緩衝液を水で 10 倍に希釈したものである．いずれもアルカリ性溶液であるために，長期間カラムを使用しないで放置すると，銅やカドミウムの水酸化物が析出して充填剤を固めてしまい，全く溶液が流出しなくなる．この場合は，カラムから充填剤を取り除くのも大変となる．

11.3　リン酸イオンの定量

水中のリンは，無機体および有機体リン化合物[*8]として存在している．無機体リン化合物には，オルトリン酸 (H_3PO_4) や縮合リン酸[*9]（ポリリン酸，メタリン酸など）およびこれらの塩が

[*8] 有機体リン化合物の例：　アデノシン三リン酸

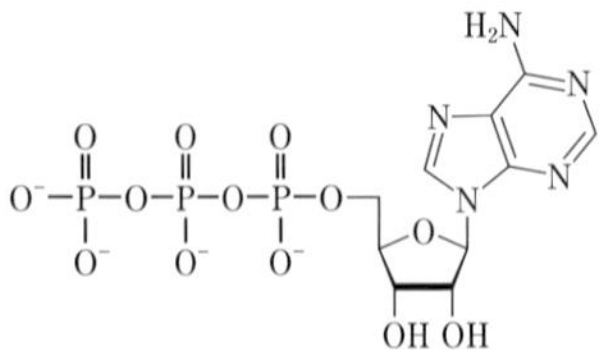

[*9] 縮合リン酸の例
加水分解性リン化合物
トリポリリン酸塩

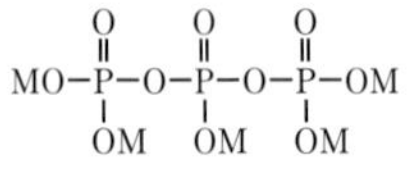

トリメタリン酸塩

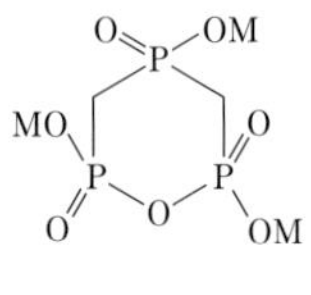

ある．有機体リン化合物は，動植物由来のものであり，死滅後はリン酸塩となって水中に溶け出る．リン酸イオンの吸光光度法では，オルトリン酸とモリブデン酸が酸性下で反応して生成するヘテロポリ酸[*10]（モリブドリン酸（$H_3PMo_{12}O_{40}$）：黄色など）およびその還元生成物（モリブデン青）が用いられる．一方，第1章で述べたように湖沼や海域での環境基準値は，環境水中のすべてのリン化合物の濃度，すなわち全リンで規定されている．したがって，全リンの定量では縮合リン化合物や有機体リン化合物は予めオルトリン酸に分解しておかなければならない．

11.3.1 モリブデン青吸光光度法

（1）原理

ヘテロポリ酸（モリブドリン酸）の生成

硫酸，塩酸などの酸性下でオルトリン酸はモリブデン酸（七モリブデン酸六アンモニウム四水和物（$(NH_4)_6Mo_7O_{24}\cdot 4H_2O$））と反応し，黄色のヘテロポリ酸のモリブドリン酸を生成する．その反応式を下記に示す．ただし，下式では，便宜上モリブデン酸を MoO_3 で示している．

$$H_3PO_4 + 12(MoO_3) \rightarrow H_3PMo_{12}O_{40}（モリブデン黄） \rightarrow 3H^+ + PMo_{12}O_{40}{}^{3-}$$

また，バナジウム（V）の共存下ではバナドモリブドリン酸（$H_4PVMo_{11}O_{40}$），アンチモン（III）の共存下ではモリブドアンチモニルリン酸（$H_6PSbMo_{11}O_{40}$）が生成する．

これらのヘテロポリ酸はいずれも黄色を呈し，モル吸光係数は 400 nm 付近で数千程度であり，水溶液中では三価の陰イオン，モリブドリン酸イオンとして存在する．

アスコルビン酸などの還元剤が存在するとヘテロポリ酸中の Mo（VI）の一部が還元されてMo（V）などになり，青色を呈する．これをモリブデン青という．モリブデン青は還元剤の種類によって極大吸収波長は異なり，750〜900 nm にある．代表的な還元剤によるモリブデン青の吸収曲線を図 11.11 に示す．モリブドアンチモニルリン酸をアスコルビン酸で還元した場

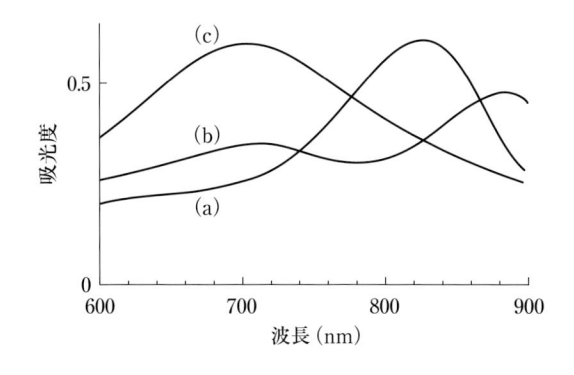

図 11.11 吸収曲線
(a) アスコルビン酸で還元
(b) アンチモン共存アスコルビン酸で還元
(c) 塩化スズ（II）で還元

[*10] ヘテロポリ酸とイソポリ酸
　二モリブデン酸（$H_2Mo_2O_7$）や七モリブデン酸（$H_6Mo_7O_{24}$）のようなモリブデンのポリ酸素酸（モリブデン原子が数個）をイソポリ酸というのに対して，モリブドリン酸（$H_3PMo_{12}O_{40}$）のように異なる原子であるリンが入り込んだポリ酸素酸をヘテロポリ酸という．

合には，極大吸収波長が 880 と 710 nm にあり，公定法では 880 nm で吸光度を測定する（JIS K 0102 など）．以下では，JIS K 0102 の方法に準じて説明する．

(2) 実　験

(a) 試薬溶液の調製

(ⅰ) アスコルビン酸溶液：　L(+)-アスコルビン酸 7.2 g を水に溶かして 100 mL とする．冷暗所（0～10℃）に保存する．着色した溶液は使用しない．ヘテロポリ酸の還元剤として使用する．

(ⅱ) モリブデン酸アンモニウム溶液：　七モリブデン酸六アンモニウム四水和物（$(NH_4)_6Mo_7O_{24}\cdot 4H_2O$）6 g，酒石酸アンチモニルカリウム（タルトラトアンチモン(Ⅲ)酸カリウム（$K(SbO)(C_4H_4O_6)$））0.24 g を水 300 mL に溶かし，これに硫酸 (2+1)（この濃度表示については第 4 章の 4.1 節を参照）120 mL を加える．さらに，アミド硫酸アンモニウム（$NH_4(NH_2SO_3)$）5 g を加えて溶かした後，水を加えて 500 mL とする．この溶液のモリブデン酸アンモニウムおよび硫酸の濃度は，それぞれ 9.7×10^{-3} mol L^{-1}，2.88 mol L^{-1} となる．

(ⅲ) モリブデン酸アンモニウム−アスコルビン酸混合溶液：　(ⅱ)と(ⅰ)の溶液を体積比 (5:1) で混合する（使用時に調製）．

(ⅳ) リン酸イオン標準原液（0.1 mg mL^{-1}）：　110℃で約 5 時間乾燥し，デシケーター中で放冷したリン酸二水素カリウム 0.1433 g を水に溶かして 1000 mL とし，標準原液とする（全量フラスコ使用）．冷暗所（0～10℃）に保存する．

(ⅴ) 検量線作成用リン酸イオン標準液（5 µg mL^{-1}）：　(ⅳ)で調製した溶液 10 mL を全量フラスコにとり，水を加えて 200 mL とする（全量フラスコ使用）．

(b) 検量線の作成

(ⅰ) (a)の(ⅴ)で調製した溶液 0.5～15 ml を段階的に正確に全量フラスコ 25 mL にとる．

(ⅱ) (a)の(ⅲ)で調製した標準液 2 mL を (b) の(ⅰ)の全量フラスコに加え，水を加えて 25 mL とし，十分に振り混ぜた後，20～40℃で約 15 分間放置する．

(ⅲ) 発色した溶液の一部を吸収セルにとり，水を対照として波長 880 nm で吸光度を測定し，検量線を作成する．

(ⅳ) 空試験液[*11]を (b) の(ⅰ)，(ⅱ)と同様に調製し，水を対照として吸光度を測定し，検量線および試料の吸光度の補正に使用してもよい．本操作は必ずしも必要ではないが，試薬溶液等の適・不適確認に用いることができる．

[*11] 空試験液：　リン酸イオン標準液や試料溶液の代わりに水をとり，それらの場合と同様に発色操作などを行なった液．

（c） 試料の測定

試料溶液の適当量を用いて，(b) の（ⅰ），(ⅱ)，(ⅲ) と同様な操作で吸光度を測定し，検量線からリン酸イオンの濃度（$\mathrm{mg\,L^{-1}\,PO_4^{3-}}$）を求める．

（3） 測定時の注意事項

(a) 溶存のリン酸イオン濃度を求めるときには，ろ過した試料を用いる．

(b) 発色反応は温度と時間に影響されるので，試料溶液の発色は検量線作成と同様な条件下で行なわなければならない．

(c) 880 nm 付近の波長が使用できない場合には，710 nm 付近の波長を用いてもよい．

11.3.2 マラカイトグリーン吸光光度法

（1） 原理

酸性下で生成したモリブドリン酸イオンはマラカイトグリーン[*12]（$\mathrm{MG^+}$：緑色）とイオン会合体を生成する．

酸性下ではマラカイトグリーンはプロトン付加体（$\mathrm{HMG^{2+}}$）として存在し，黄色を呈するが，モリブドリン酸イオンとイオン会合することにより，黄色から緑色に変色する．モリブドリン酸イオンの生成，イオン会合体の生成反応は迅速に起こるので，短時間で測定でき，またモル吸光係数は波長 650 nm で約 $8\times10^4\,\mathrm{L\,mol^{-1}\,cm^{-1}}$ でモリブデン青の約 4〜6 倍程度大きい．図 11.12 にモリブドリン酸イオンとマラカイトグリーン（$\mathrm{MG^+}$）とのイオン会合体の吸収曲線を示す．

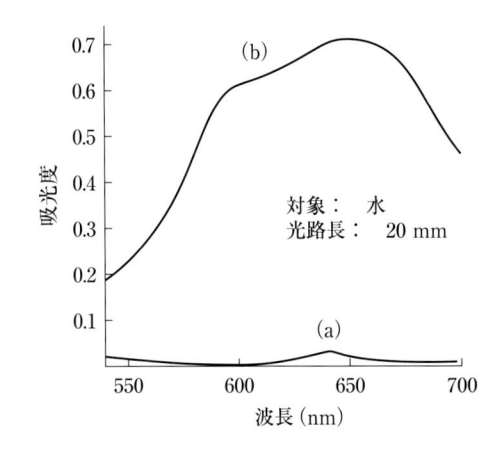

図 11.12 マラカイトグリーン‐モリブドリン酸イオンのイオン会合体の吸収曲線
(a) 試薬ブランク
(b) リン酸イオン（3.72 μg/25 mL）

[*12] マラカイトグリーン

$$\text{PMo}_{12}\text{O}_{40}{}^{3-} + 3\text{H}^+ + \text{HMG}^{2+} \rightarrow (\text{MG}^+)(\text{H}_2\text{PMo}_{12}\text{O}_{40}{}^-) + 2\text{H}^+$$

$$(\text{MG}^+)(\text{H}_2\text{PMo}_{12}\text{O}_{40}{}^-) + \text{HMG}^{2+} \rightarrow (\text{MG}^+)_2(\text{HPMo}_{12}\text{O}_{40}{}^{2-}) + 2\text{H}^+$$

$$(\text{MG}^+)_2(\text{HPMo}_{12}\text{O}_{40}{}^{2-}) + \text{HMG}^{2+} \rightarrow (\text{MG}^+)_3(\text{PMo}_{12}\text{O}_{40}{}^{3-}) + 2\text{H}^+$$

上式のようにイオン会合体は（1：1），（1：2），（1：3）のものが順次生成し，（1：3）のイオン会合体は難溶性であるので，（1：1）が生成した段階で反応を停止させるとイオン会合体は安定化する．

なお，（1：3）イオン会合体は，微量リンの高感度定量法として，溶媒抽出吸光光度法に利用される．

（2） 実　験

（a） 試薬溶液の調製

（ⅰ） マラカイトグリーン（MG^+）溶液： マラカイトグリーン（シュウ酸塩）0.91 g を水に溶かし，1000 mL とする．この溶液の濃度は 2×10^{-3} mol L^{-1} となる．

（ⅱ） モリブデン酸アンモニウム溶液： 七モリブデン酸六アンモニウム四水和物 120 g を水に溶かし 1000 mL とする．この溶液の濃度は 0.68 mol L^{-1} となる．

（ⅲ） ポリビニルアルコール（PVA）水溶液： ポリビニルアルコール（平均重合度 500）1 g を 100 mL の熱水に溶かす．室温に冷却後，使用する．

（ⅳ） 硫酸： 濃硫酸（97 %，18 mol L^{-1}）を適宜希釈して用いる．

（ⅴ） MG^+ 反応試薬溶液： モリブデン酸アンモニウム溶液 300 mL，（ⅳ）の濃硫酸 47 mL，MG^+ 溶液 250 mL を順次混合して調製する．混合してから 30 分間後にメンブランフィルター（孔径：0.45 μm）でろ過し，ろ液を反応試薬溶液として用いる．

（ⅵ） リン酸イオン標準液： 11.3.1 項（2）の（a）と同様に調製する．

（b） 検量線の作成

（ⅰ） 全量メスフラスコ 25 mL にリン酸イオン標準液 0〜20 mL（リン酸イオン < 5 μg）をとり，水で 20 mL に希釈する．

（ⅱ） 7.5 mol L^{-1} 硫酸 1 mL を加える[*13]．

（ⅲ） MG^+ 反応試薬溶液 3 mL を加え，混合する．2 分間以内に PVA 水溶液 0.5 mL を加えて混合し，標線まで水を加え，混合する．

（ⅳ） 2 時間以内に 650 nm で水を対照に吸光度を測定し，検量線を作成する．リン酸イオンの濃度が小さい場合には，光路長 20 mm の吸収セルを用いる．

（c） 試料の測定

適当量の試料溶液を 25 mL 全量フラスコにとり，検量線作成と同様に操作して吸光度を測定し，検量線からリン酸イオン濃度を求める．

[*13] 縮合体リン化合物を加水分解する場合には，7.5 mol L^{-1} 硫酸を加えて混合し，90 ℃ で 40 分間加熱する．

(3) 測定時の注意事項[2]
 (a) MG^+ 反応試薬溶液添加・混合後, ポリビニルアルコールの添加・混合は速やかに行なう.
 (b) MG^+ 反応試薬溶液は冷暗所に保存すれば数日間は使用できる.
 (c) 使用後の全量フラスコは十分に洗浄する. マラカイトグリーンの色が器壁に残っている場合には, 少量のアセトンによる洗浄も効果的である.

11.3.3 加水分解性リン化合物（縮合リン化合物）

試料に硫酸 – 硝酸の混酸を加えて煮沸することにより, 縮合リン化合物をリン酸イオンに変換した後, 11.3.1 項あるいは 11.3.2 項によって定量する. ただし, 煮沸後の試料は中和してから発色操作を行なう.

混酸： 濃硫酸 300 mL を水約 600 mL にかき混ぜながら加え, 放冷する. これに濃硝酸 4 mL を加え, 全量を 1000 mL とする.

11.3.4 全リンの定量

試料 50 mL を分解瓶（約 100 mL）にとり, これにペルオキソ二硫酸カリウム水溶液（40 g L^{-1}）10 mL を加え, 密栓・混合する. これを, 高圧蒸気滅菌器中で 120℃, 30 分間加熱し, 有機物を分解し, 有機体リン化合物または加水分解性リン化合物をリン酸イオンに変換し, 11.3.1 項あるいは 11.3.2 項によって定量する.

11.3.5 測定時の失敗例[3]

モリブデン青吸光光度法は, モリブデン酸アンモニウムと硫酸の濃度が適切でないと良好な発色が得られない. Going らはモリブデン $0.8 \sim 10$ mmol L^{-1} で水素イオンとモリブデンのモル比が 70 ± 10 で良好な発色が得られると報告している.

加水分解性リン化合物のための前処理を行なった後, 中和の操作を行なわないと, 水素イオン濃度が高くなりすぎて発色しなくなることがある.

11.4 ホルムアルデヒドの定量[4,5]

ホルムアルデヒド（HCHO, MW 30）は工業, 建築や医療の分野で広く使用されているが, 揮発性有機化合物であり, 呼吸器系疾患を引き起こしたり, 発がん性が疑われている. 水道法では 0.08 mg L^{-1} が指針値として定められ, 2003 年水質環境基準が一部改正され, ホルムアルデヒドは要監視項目とされ, 河川や湖沼中の指針値は 1 mg L^{-1} 以下に設定されている. また, 厚生労働省は, 壁剤などから揮散する揮発性有機物質などに対して室内空気質の濃度の指針値を定めている. その一部を表 11.1 に示す.

表 11.1 室内空気質濃度の指針値

揮発性有機化合物	指針値 $\mu\mathrm{g\,m^{-3}}$ (ppm)
ホルムアルデヒド	100 (0.08)
アセトアルデヒド	48 (0.03)
トルエン	260 (0.07)
キシレン	870 (0.20)
パラジクロルベンゼン	240 (0.04)
エチルベンゼン	3800 (0.88)
スチレン	220 (0.05)
クロルピリオス	1, 小児では 0.1 (0.07, 小児 0.007)
フタル酸ジ-n-ブチル	220 (0.02)

(厚生労働省による)

大気中の揮発性有機化合物類の濃度は下記の式によって求められる.

$$C = \frac{22.4 \times A}{MV \times \left(\frac{273+T}{273+t}\right) \times \frac{P}{101.3}}$$

C: 大気中の揮発性有機化合物類の濃度 (ppm)

A: 試験溶液中のアルデヒド類の量 (μg)

M: 揮発性化合物類の分子量

V: エア-サンプラーで測定した吸引ガス量 (L)

T: 補正温度 (0℃換算であれば 0 を代入. 20℃換算であれば 20 を代入)

t: ガスメーターにおける温度 (℃)

P: 試料捕集時の大気圧 (kPa)

101.3: 標準大気圧 (kPa)

なお,表中の指針値の $\mu\mathrm{g\,m^{-3}}$ から ppm への換算は,ホルムアルデヒドについて次のように行なう.100 $\mu\mathrm{g\,m^{-3}}$ ホルムアルデヒド (20℃) の濃度は

$$C\,(\mathrm{ppm}) = 100\,(\mu\mathrm{g\,m^{-3}}) \times \frac{22.4}{\text{分子量}\,(30)} \times \frac{273+20}{273} \times \frac{1}{1000} = 0.08\,(\mathrm{ppm})$$

ここではホルムアルデヒドの新しい検出反応とバッチマニュアル法および FIA による測定法について述べる.FIA 法は前述したが(第3章の3.9節を参照),高感度化・少試薬化・半自動化が可能であり,新たな分析技術として注目されている.ここでも定量の迅速分析法としての有用性を示す.

また,最近の研究では 3-メチル-2 ベンゾチアゾリノンヒドラゾン (MBTH) 法を用いる高感度分析法が提案されている.ホルムアルデヒドと MBTH により生成した青色の陽イオン色素をテトラフェニルホウ酸陰イオンとイオン会合させ,この会合体をメンブランフィルターに捕集し,有機溶媒に溶解する吸光光度法が雨水中のホルムアルデヒドの定量に応用されている.

11.4.1 ヒドロキシルアミンとの縮合反応を利用する吸光光度法

（1） 原　理

硫酸ヒドロキシルアミンはホルムアルデヒドと縮合反応を起こし，ホルムアルドキシムを生成する．この反応ではホルムアルデヒドの濃度に比例して硫酸ヒドロキシルアミンが定量的に減少する．反応式を以下に示す．

$$2HCHO + (NH_2OH)_2 \cdot H_2SO_4 \rightarrow 2H_2C = NOH + H_2SO_4 + 2H_2O \quad (11.1)$$

ここに鉄（Ⅲ）イオンを添加すると，残った硫酸ヒドロキシルアミンは鉄（Ⅲ）イオンを鉄（Ⅱ）イオンに還元する．この溶液に1,10‐フェナントロリン（phen）[*14]を添加すると，鉄（Ⅱ）‐phen錯体が生成し，発色反応が起こる．この反応式を以下に示す．

$$(NH_2OH)_2 \cdot H_2SO_4 + 4Fe^{3+} \rightleftarrows N_2O + H_2O + 4H^+ + 4Fe^{2+} + H_2SO_4$$

$$Fe^{2+} + 3phen \rightleftarrows Fe(phen)_3^{2+}$$

1,10‐フェナントロリン鉄錯体（$Fe(phen)_3^{2+}$錯体）の生成量は残った硫酸ヒドロキシルアミンの量に依存する．すなわち，ホルムアルデヒド濃度が大きくなれば硫酸ヒドロキシルアミンが消費され，1,10‐フェナントロリン鉄錯体の生成量が減少する．

（2） 実　験

（a） 試薬溶液の調製

ホルムアルデヒド標準液： ホルムアルデヒド溶液をヨウ素滴定（遊離したヨウ素をチオ硫酸ナトリウムで滴定する方法）により標定して1%標準液（10000 mg L^{-1}）を調製し，これを適宜，水で希釈して標準液とする．

硫酸ヒドロキシルアミン溶液： 硫酸ヒドロキシルアミン0.16 gを水に溶かして100 mLに定容し，1×10^{-2} mol L^{-1}溶液を調製する．これを適宜，水で希釈して用いる．

緩衝液： 1 mol L^{-1}酢酸溶液と1 mol L^{-1}酢酸ナトリウム溶液を適宜混合し，pH 4.0の溶液を調製する．

鉄（Ⅲ）イオン溶液： 硫酸アンモニウム鉄（Ⅲ）・12水和物0.096 gを0.2 mol L^{-1}塩酸に溶解して全量を100 mLとし，2×10^{-3} mol L^{-1}溶液とする．

1,10‐フェナントロリン溶液： 1,10‐フェナントロリン1水和物0.198 gを4 mLの0.2 mol L^{-1}塩酸に溶かして，水で全量100 mLとし，1×10^{-2} mol L^{-1}溶液とする．

（b） 検量線の作成

硫酸ヒドロキシルアミン溶液（2.5×10^{-4} mol L^{-1}）1 mLの入った各メスフラスコ10 mL

[*14] 1,10‐フェナントロリン（phen）

に，ホルムアルデヒド標準液 (2.44 mg L^{-1}) 0, 1, 2, 4 mL をそれぞれとり，全量がほぼ同じになるように水を加える．2分間放置した後，2×10^{-3} mol L^{-1} の鉄（Ⅲ）イオン溶液 1 mL を加えて 1 分間放置する．1,10-フェナントロリン溶液 (1×10^{-2} mol L^{-1}) 1 mL を加えた後，緩衝液 1 mL を加えて水で全量を 10 mL とする．室温で 20 分間放置した後，波長 510 nm での吸光度を測定する．ホルムアルデヒド標準液 0 mL の場合の吸光度から各採取量の標準液での吸光度を差し引いた吸光度差とホルムアルデヒド濃度の検量線を作成する．操作のフローを図 11.13 に，ホルムアルデヒドの濃度変化に伴う吸収スペクトルの変化を図 11.14 に示す．ホルムアルデヒド濃度の増加にともない，510 nm における吸光度の減少が見られる．また，図 11.15 に検量線を示すが，縦軸は吸光度差，横軸はホルムアルデヒドの濃度をプロットする．$0 \sim 0.976$ mg L^{-1} の領域で良い直線性を示し，$y = 0.182x$ の検量線が得られる．

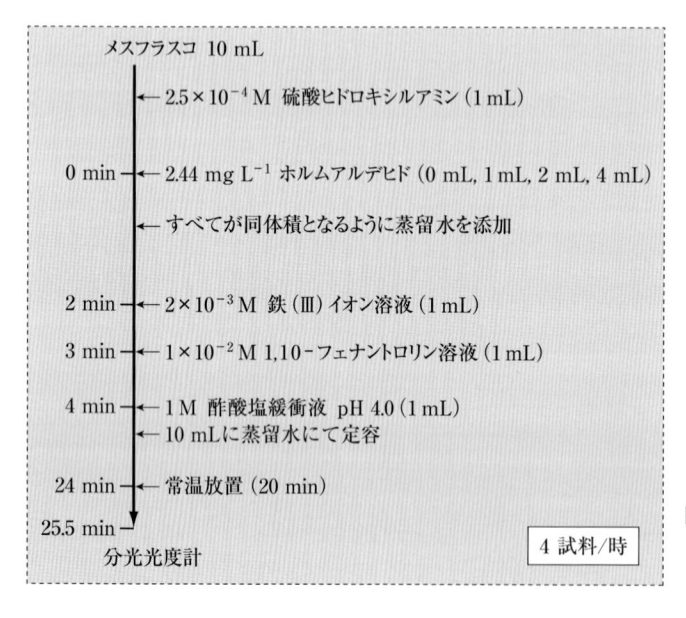

図 11.13 バッチマニュアル法によるホルムアルデヒドの定量

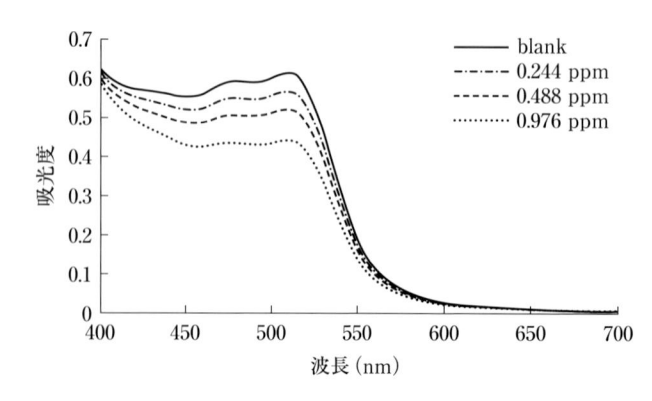

図 11.14 1,10-フェナントロリン鉄錯体のスペクトル
（中井洋和，他：分析化学，**59**，275 (2010) による）

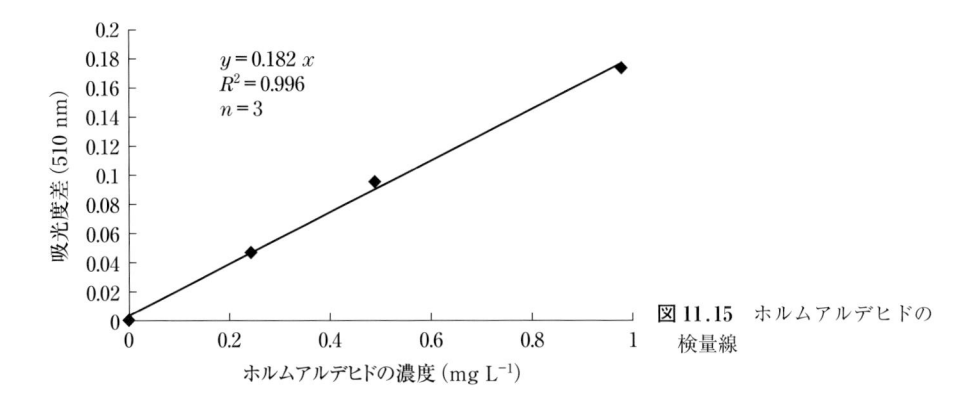

図11.15 ホルムアルデヒドの検量線

（c） 試料の測定

硫酸ヒドロキシルアミン溶液（2.5×10^{-4} mol L^{-1}）1 mL の入ったメスフラスコ 10 mL に，試料の適量をとり，（b）の操作を行なって吸光度を測定する．空試験の場合の吸光度から試料の場合の吸光度を差し引き，検量線によってホルムアルデヒド濃度を算出する．

（3） 測定時の注意事項

鉄（Ⅱ）- phen 錯体の生成量は硫酸ヒドロキシルアミンの残存量に依存する．したがって，吸光度とホルムアルデヒドの濃度をプロットする検量線は負の傾きをもったものとなる．

11.4.2 ヒドロキシルアミンとの縮合反応を利用するホルムアルデヒドの FIA 法

前述のバッチマニュアル法では試薬の消費量も多く，また手操作という煩雑さがあることから，FIA を導入した分析操作のオンライン化を図11.16に示す．

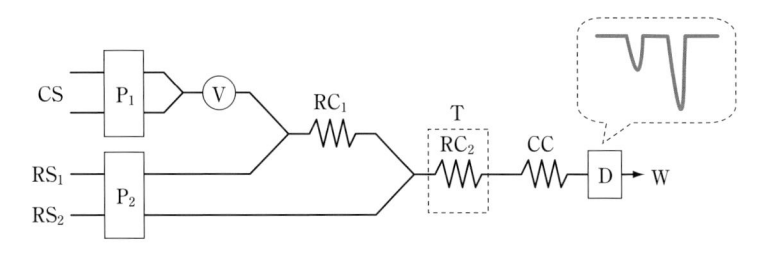

CS：キャリヤー（H$_2$O）
試薬溶液（RS$_1$）：1×10^{-5} M 硫酸ヒドロキシルアミン，（RS$_2$）：8×10^{-3} M 鉄（Ⅲ）イオン + 4×10^{-4} M 1,10 - フェナントロリン + 0.1M 酢酸塩緩衝液（pH 5.0）
V：六方インジェクションバルブ
P$_1$・P$_2$：ダブルプランジャーポンプ（P$_1$：0.5 mL min^{-1}，P$_2$：0.5 mL min^{-1}）
T：恒温槽（60℃）
D：分光光度計（$\lambda = 510$ nm）
RC：反応コイル（RC$_1$：i.d. 0.5 mm × 8 m，RC$_2$：i.d. 0.5 mm × 4 m）
CC：冷却コイル（CC：i.d. 0.5 mm × 1 m）
W：廃液

図11.16 ホルムアルデヒド定量のための FIA システム（中井洋和，他：分析化学，**59**，275（2010）による）

（1） 原　理

発色反応の原理は，11.4.1 項（1）と同じである．

（2） 実　験
（a） 試薬溶液の調製

ホルムアルデヒド標準液（$10000\,\mathrm{mg\,L^{-1}}$），硫酸ヒドロキシルアミン溶液（$1\times10^{-5}\,\mathrm{mol\,L^{-1}}$），鉄（Ⅲ）イオン（$8\times10^{-3}\,\mathrm{mol\,L^{-1}}$）- 1,10 - フェナントロリン（1,10 - phen）（$4\times10^{-4}\,\mathrm{mol\,L^{-1}}$）- 酢酸緩衝液（$0.1\,\mathrm{mol\,L^{-1}}$，pH 5）混合溶液などは 11.4.1 項（1）に準じて調製する．

（b） 標準操作

キャリヤー（水）を $\mathrm{P_1}$（$0.5\,\mathrm{mL\,min^{-1}}$）で流し，この流れに $100\,\mu\mathrm{L}$ の試料を注入する．試薬 1（$\mathrm{RS_1}$）は $1\times10^{-5}\,\mathrm{mol\,L^{-1}}$ 硫酸ヒドロキシルアミン溶液を，試薬 2（$\mathrm{RS_2}$）は $8\times10^{-3}\,\mathrm{mol\,L^{-1}}$ 鉄（Ⅲ）イオン + $4\times10^{-4}\,\mathrm{mol\,L^{-1}}$ 1,10 - phen + $0.1\,\mathrm{mol\,L^{-1}}$ 酢酸塩緩衝液（pH 5）を $0.25\,\mathrm{mL\,min^{-1}}$ で送液する．反応コイル $\mathrm{RC_1}$ は（内径 0.5 mm, 長さ 8 m）を，$\mathrm{RC_2}$ は（内径 0.5 mm, 長さ 4 m）を設置する．$\mathrm{RC_2}$ は反応を促進するために，60℃の恒温槽に浸す．また反応液を冷却するために，1 m の冷却コイルを使用する．検出器は分光光度計を使用し，検出波長は 510 nm に設定する．このシステムを用いると，ホルムアルデヒド $0.25\sim1.00\,\mathrm{mg\,L^{-1}}$ の濃度範囲で良好な検量線が得られる．サンプル処理数は $15\,\mathrm{h^{-1}}$ であり，$1.00\,\mathrm{mg\,L^{-1}}$ 標準液を用いた 5 回の繰り返し測定の精度は，相対標準偏差では 0.3% である．

（3） 測定上の注意

鉄（Ⅱ）- phen 錯体の極大吸収波長は 510 nm に存在するが，この反応系では 400 nm にもピークが観察される．これは過剰に鉄（Ⅲ）イオンを添加しているため，鉄（Ⅲ）- phen の黄色の錯体の生成をともなうためである．

11.5　フェノール類の定量

フェノール，o - クレゾール，m - クレゾール，1 - ナフトールなどのフェノール類は工業，化粧品，医薬品原料として広く使われている．毒性は強くないが，高濃度のフェノール類を短期あるいは長期に暴露すると生理的影響（不快臭や不快味）が発現するといわれている．現在，排出基準におけるフェノール類含有量の許容限度は $5\,\mathrm{mg\,L^{-1}}$ 以下とされている．また水道法に基づく水質基準では，フェノール量として $0.005\,\mathrm{mg\,L^{-1}}$ 以下であることが定められている．フェノール類の定量には，ヘキサシアノ鉄（Ⅲ）酸カリウム（$\mathrm{K_3(Fe(CN)_6)}$）の共存下，pH 10 においてフェノール類が 4 - アミノアンチピリンと赤色の化合物を生成する反応を利用した吸光光度法が用いられている．低濃度のフェノール類（$25\sim500\,\mu\mathrm{g\,L^{-1}}$）の定量に対し，JIS K 0102 の方法ではクロロホルムを用いる溶媒抽出法が規格化されている．

実験室内環境や実験者の保護の観点から，クロロホルムを用いる溶媒抽出法の利用は好ましくない．2013 年の JIS K 0102 の改正では，クロロホルムによる溶媒抽出法の他，安息香酸メチルを用いる溶媒抽出法および疎水性カラムを用いる固相抽出法が新たに追加された．固相抽出法について 11.5.2 項に記述する．

11.5.1 アンチピリン色素生成によるフェノール類の吸光光度法

（1） 原理

発色反応の反応式を図 11.17 に示す．この呈色化合物の極大吸収波長 λ_{max} は 505 nm 付近に存在する．

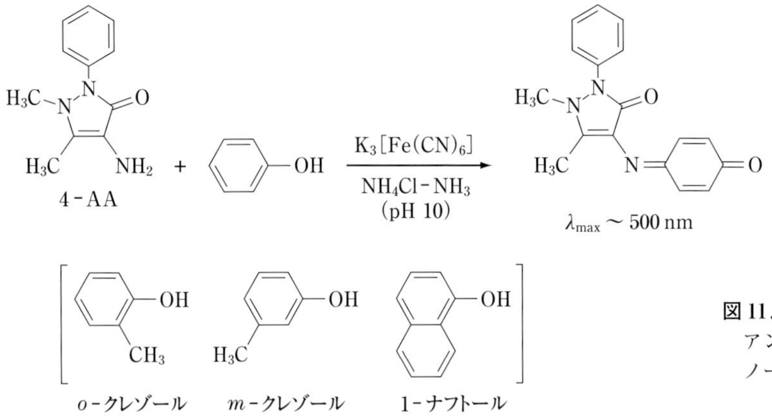

図 11.17 4－アミノアンチピリンとフェノール類との反応

（2） 実験

（a） 試薬溶液の調製

フェノール標準液 (1 mg L^{-1})： フェノール 1.00 g を水に溶かして 1 L とする．これを水で適宜希釈して用いる．

ヘキサシアノ鉄（Ⅲ）酸カリウム溶液 (9.3 g L^{-1})： ヘキサシアノ鉄（Ⅲ）酸カリウム 0.93 g を水に溶かして 100 mL とする．

4－アミノアンチピリン溶液 (20 g L^{-1})： 4－アミノアンチピリン 2 g を水に溶かして 100 mL とする．

塩化アンモニウム－アンモニア緩衝液 (pH 10)： 塩化アンモニウム 6.75 g をアンモニア水 57 mL に溶かして，水で全量を 100 mL とする．

（b） 検量線の作成

フェノール標準液 (10 μg L^{-1}) 1～10 mL を段階的に各メスフラスコ 25 mL にとり，塩化アンモニウム－アンモニア緩衝液 (pH 10) 0.75 mL，4－アミノアンチピリン溶液 (20 g L^{-1}) 0.5 mL，ヘキサシアノ鉄（Ⅲ）酸カリウム溶液 (9.3 g L^{-1}) 0.5 mL を加え，水で標線に合わせる．水を用いて同様な操作をして試薬空試験液を作製し，これを対照にして 505 nm の吸光度を測定する．吸光度とフェノール濃度との検量線を作成する．

（c） 試料の測定

試料の適量をメスフラスコ 25 mL にとり，(b) と同様に操作して吸光度を測定し，検量線からフェノール濃度を算出する．

（3） 測定時の注意事項

フェノールの置換基により，アンチピリン色素のモル吸光係数や，アンチピリン色素の安定性が異なる．発色後の吸光度測定時間を検量線の場合と試料測定の場合で同じにすることが重要である．また，排水など種々のフェノール類が含まれる試料においても，その発色に基づく吸光度をフェノールの検量線にあてはめ，フェノールの濃度として表示する．

11.5.2 アンチピリン色素生成‐固相濃縮によるフェノール類の吸光光度法

生成させたアンチピリン色素を固相カートリッジを用いて捕集し，適切な溶離液にて溶離して，溶離液の吸光度を測定する．本法により，低濃度のフェノール類をクロロホルムによる溶媒抽出をせずに定量することができる．

（1） 固相濃縮法

2000年に水質基準の見直しが行なわれ，環境汚染物質の監視濃度レベルが下げられており，高感度な分析法が求められている．従来の吸光光度法では，高感度有機試薬を用いてもモル吸光係数は $1 \sim 2 \times 10^5$ L mol^{-1} cm^{-1} が限界であった．そこで検討されたのが，溶媒抽出である．溶媒抽出はマトリックスの除去と目的物質の濃縮に欠かすことができない分離分析技術であるが，揮発性・有毒性の有機溶媒を使用することから，最近は固相抽出法が盛んに応用されている．田口らはメンブランフィルターを用いる化学種の固相抽出法を提案し，広く活用されている[6,7]．固相抽出の原理を以下に述べる．

金属イオンを対象とした場合： 金属イオンを M^{n+} とし，配位子を L^- とする．図11.18に膜捕集のメカニズムを示す． M^{n+} は配位子 L^- が m 個配位した配位化合物 ML_m^{n-m} を生成す

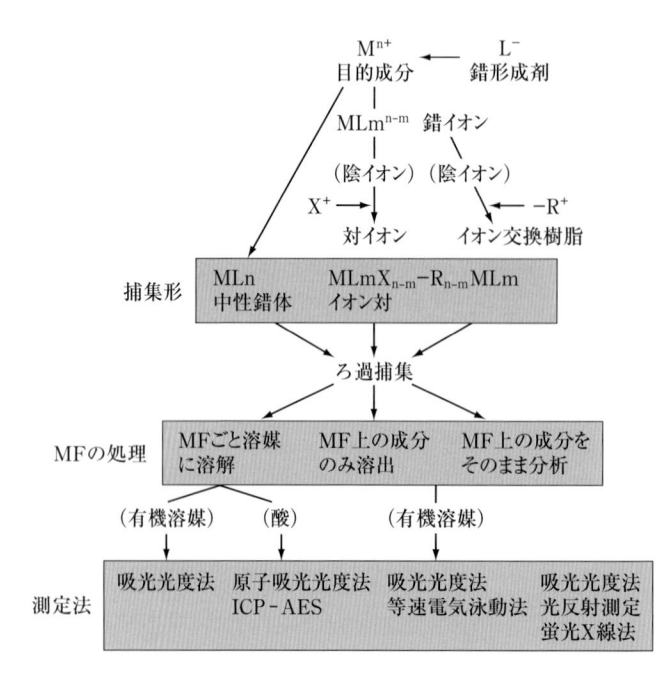

図11.18 メンブランフィルターによる濃縮
（田口 茂，後藤克己：ぶんせき，No.7, p.525 (1989) による）

る．この錯体が電荷をもたない場合は，金属イオンの価数と同じ数 n 個の配位子 L^- が配位した中性種 ML_n が形成される．陰イオン錯体を生成する場合は，対イオンに R^+ を加えると ML_mR_{n-m} のイオン会合体が生成される．また，固相がイオン交換樹脂 $-R^+$ の機能をもっていれば $-R^+ML_m$ のイオン対が固相上に生成される．電気的な中性種やイオン会合体は疎水的となり，メンブランフィルターにろ過捕集される．

この捕集物をメンブランフィルターと一緒に極性溶媒に溶解し，その溶液の吸光度を測定することができる．溶液からイオン会合体（固体）を膜に凝集し，少量の溶媒に溶かすことで，高倍率の濃縮が可能となる．膜が溶けないときはフィルター上の成分のみを溶解して測定する方法や，フィルター上の固体を光反射測定したり，蛍光X線測定をする直接測定が可能である．

（2） アンチピリン色素生成 − 疎水性カラム濃縮によるフェノール類の吸光光度法 1

シリカゲル基剤にオクタデシル基（C_{18}）を結合させた疎水性カラムである Waters 社製 Sep-Pak C_{18} を用い，メタノール，水を2回通し前処理をする．$0.4 \sim 4\,\mu g\,L^{-1}$ フェノールについて 11.5.1 項（2）の（b）の操作を行ない，アンチピリン色素を生成発色させる．この溶液を $15\,mL\,min^{-1}$ の速さで Sep-Pak C_{18} に通した後，60％アセトニトリル水溶液 3 mL で溶離し，溶出液の吸光度を測定する．

手順を図 11.19 に示す．また，Sep-Pak C_{18} による濃縮効果を表 11.2 に示す．吸光度，見かけのモル吸光係数が濃縮率に比例して大きくなっていることがわかる．

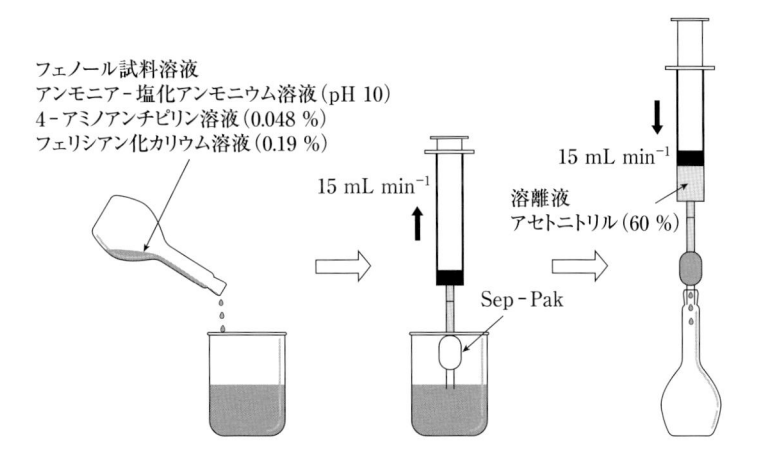

図 11.19 Sep-Pak C_{18} による濃縮定量
（酒井忠雄，他：分析化学，**49**，679（2000）による）

表11.2　固相抽出カラムによる濃縮効果

フェノール濃度 (μg L^{-1})	濃縮率	吸光度	ε_{app} (L mol^{-1} cm^{-1})
400	1 (25 → 25)	0.051	1.20×10^4
	2 (50 → 25)	0.113	2.65×10^4
	10 (250 → 25)	0.601	1.41×10^5
40	20 (500 → 25)	0.112	2.63×10^5
	50 (500 → 10)	0.304	7.14×10^5
4	100 (500 → 2)	0.073	1.71×10^6

ε_{app} は見かけのモル吸光係数.（　）内は試料の最初体積と最終体積.

（3）アンチピリン色素生成 – 疎水性カラム濃縮によるフェノール類の吸光光度法2

ジビニルベンゼン[*15]とビニルピロリジン[*16]の共重合体であるポリマー基剤にオクタデシル基（C$_{18}$）を結合させた疎水性カラムで，疎水性が11.5.2項（2）でのカラムより弱いWaters社製のPorapak R$_{DX}$を用い，メタノール10 mLと水を通して前処理・洗浄を行なう．10 μg L^{-1}フェノール標準液1〜10 mLをメスフラスコ25 mLにとり，リン酸緩衝液（pH 4）3 mLを加え，水で25 mLとする．この溶液を図11.20の操作に従い，Porapak R$_{DX}$にフェノールを保持

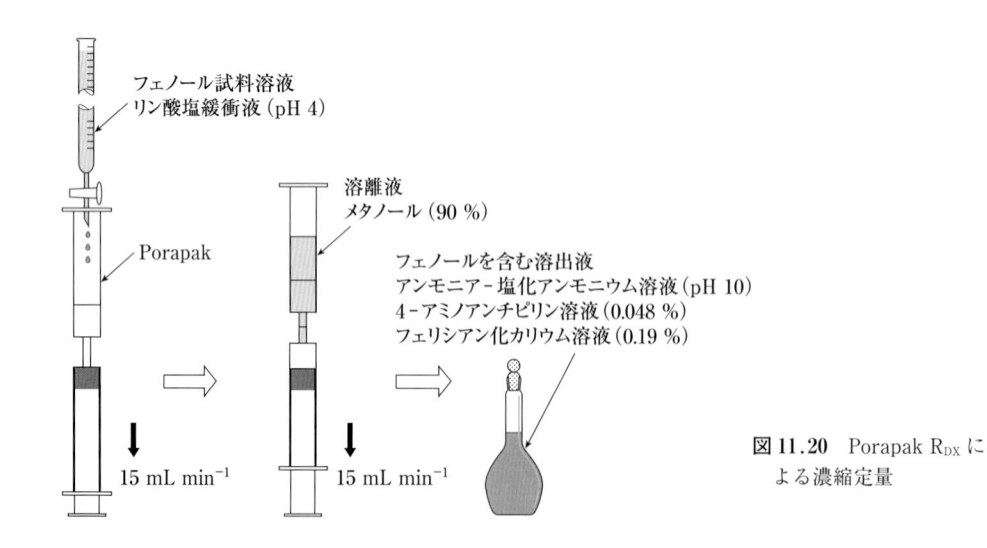

図11.20　Porapak R$_{DX}$による濃縮定量

[*15]　ジビニルベンゼン

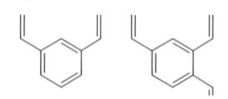

[*16]　ビニルピロリジン

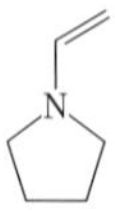

させた後，90％メタノール水溶液 5 mL で溶離する．溶離液を 11.5.1 項（2）の (b) の操作により発色させ，標準液の代わりに水を用いて同様に操作・調製した試薬空試験液を対照に吸光度を測定する．

（4） オンライン固相濃縮 FIA システム

バッチ法の 4-アミノアンチピリン吸光光度法で $ng\ mL^{-1}$ レベルのフェノール類を定量するには固相抽出を用いる必要があるが，操作が煩雑で時間を要する．そこで，操作のオンライン化が試みられている．その一例を図 11.21 に示す．

固相抽出には，ポリマー基剤に疎水基と親水基を結合させたもので，酸性からアルカリ性の試料の前処理に適するカラムである Waters 社製の OASIS HLB（内径 2.1 mm，長さ 20 mm）を用い，これを六方バルブ内に装着する．pH 4 の緩衝液で調製したフェノールの試料溶液を P1（流速 $2.0\ ml\ min^{-1}$）を用いて 20 分間通液・濃縮する．カラムを水で洗浄した後，バルブを切り替え，90％メタノールでカラムに保持されたフェノールを溶離する．溶離されたフェノールは P2（流速 $1.0\ mL\ min^{-1}$）より運ばれた 4-アミノアンチピリン溶液（0.15％，pH 10）およびヘキサシアノ鉄（III）酸カリウム溶液（0.6％）と合流し，反応コイル RC_1（内径 0.5 mm，長さ 2 m），RC_2（内径 0.5 mm，長さ 2 m）で赤色化合物を生成する．検出器には分光光度計を用い，505 nm で吸光度を測定する．すべての流速，バルブの切り替え，および水，メタノールが分光光度計内のフローセルに入らないように，自動制御されている．この濃縮では $10\ ng\ mL^{-1}$ までのフェノールの定量が可能である．

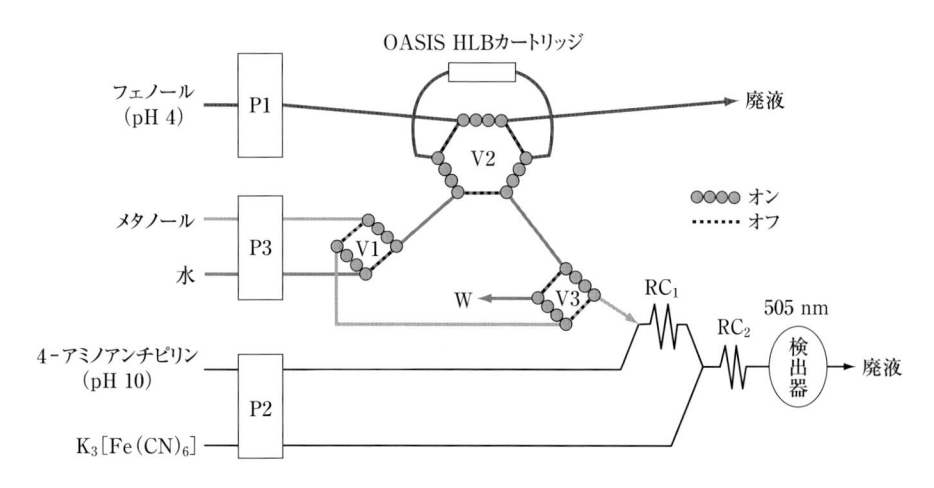

図 11.21 OASIS HLB を利用するオンライン固相濃縮-フローインジェクション分析システム
（酒井忠雄，他：分析化学，**54**，1184（2005）による）

11.6 クロムの定量

金属クロムは，光沢があり，固く，耐食性がある．そのため，クロムめっきとしての用途が大きい．また，鉄，ニッケル，クロムを含む合金（ステンレス鋼）としての需要も多い．クロム（Ⅲ）は人間にとって必須元素の1つであり，不足すると糖代謝異常が起こり，糖尿病の発症に関係することが知られている．一方，クロム（Ⅵ）化合物は極めて毒性が強い．

11.6.1 反応の原理

（1） クロム（Ⅵ）化合物の吸光光度法

クロム（Ⅵ）は図 11.22, 11.23 に示すようにジフェニルカルバジド（1,5 - ジフェニルカルボノヒドラジド（H_4L））と次式のように反応し，ジフェニルカルバゾン（H_2L'）の赤紫色キレート（$Cr(HL')_2^+$）を生成する．生成した赤紫色キレートの吸光度を 542 nm で測定する．

$$2CrO_4^{2-} + 3H_4L + 8H^+ \rightarrow Cr(HL')_2^+ + Cr^{3+} + H_2L' + 8H_2O$$

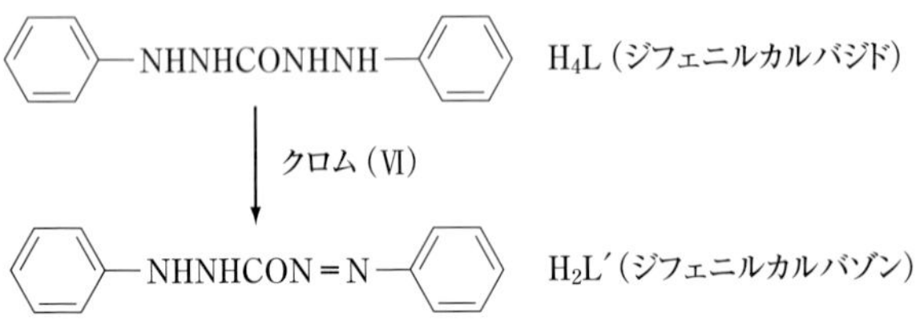

図 11.22 ジフェニルカルバジドとジフェニルカルバゾン

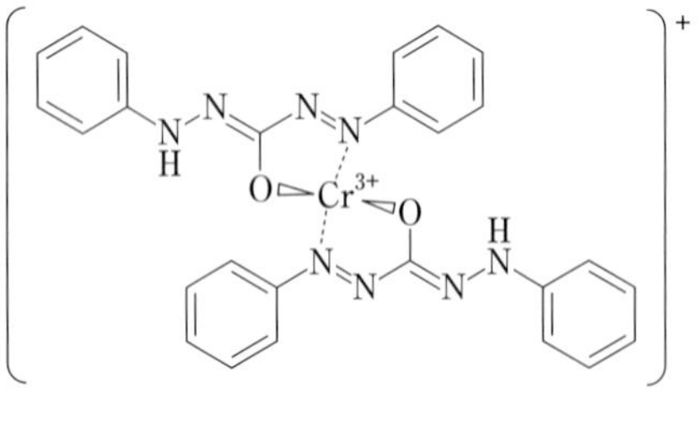

図 11.23 ジフェニルカルバジドとクロム（Ⅵ）から生成するクロム（Ⅲ）キレート

（2） 全クロムの吸光光度法

クロム（Ⅲ）を過マンガン酸カリウムでクロム（Ⅵ）に酸化し，ジフェニルカルバジドと反応させ，生成した赤紫色キレートの吸光度を測定する．

11.6.2 実 験

（1） クロム（Ⅵ）の吸光光度法

硫酸酸性でクロム（Ⅵ）とジフェニルカルバジドを反応させ，生成する赤紫色のキレートの吸光度を測定する．

   （a） 試薬溶液の調製（JIS K 0102 に準ずる）

   （ⅰ） 硫酸（1 + 9）： 濃硫酸と水を用いて調製する．

   （ⅱ） エタノール（95%）

（ⅲ） ジフェニルカルバジド溶液： ジフェニルカルバジド 0.5 g をアセトン 25 mL に溶かし，水を加えて 50 mL とする．冷暗所に保存すれば 1 週間は使用できる．

（ⅳ） クロム標準液 ($0.1\,\mathrm{mg\,mL^{-1}}$)： 容量分析用標準物質の二クロム酸カリウム ($K_2Cr_2O_7$) を 150℃ で約 1 時間乾燥し，デシケータ中で放冷する．二クロム酸カリウムの 0.283 g をはかりとり，水を加えて 1000 mL とする（全量フラスコ使用）．

（ⅴ） クロム標準液 ($2\,\mathrm{\mu g\,mL^{-1}}$)： （ⅳ）の溶液を 50 倍に希釈する（全量フラスコ使用）．

(b) 検量線の作成

（ⅰ） （1）の（ⅴ）で調製したクロム標準液 ($2\,\mathrm{\mu g\,mL^{-1}}$) の 1～25 mL を段階的に 50 mL の全量フラスコにとり，硫酸 (1 + 9) 2.5 mL を加える．

（ⅱ） 全量フラスコのそれぞれにジフェニルカルバジド溶液を 1 mL ずつ加え，ただちに振り混ぜ，水を加えて 50 mL とし，約 5 分間放置する．

（ⅲ） 水を対照として，波長 540 nm 付近で吸光度を測定し，検量線を作成する．

(c) 試料の測定

（ⅰ） 試料の適量を 2 個のビーカー (A) と (B) にとり，水酸化ナトリウム溶液または硫酸 (1 + 35) で中和する．

（ⅱ） ビーカー (A) の溶液は 50 mL の全量フラスコに移し，硫酸 (1 + 9) 2.5 mL を加える．

（ⅲ） ビーカー (B) の溶液に硫酸 (1 + 9) 2.5 mL を加え，次にエタノールを少量加えた後，煮沸し，クロム (Ⅵ) をクロム (Ⅲ) に還元し，過剰のエタノールを追い出す．放冷後，50 mL の全量フラスコ (B) に移す．

（ⅳ） 全量フラスコ (A)，(B) のそれぞれにジフェニルカルバジド溶液を 1 mL ずつ加え，ただちに振り混ぜ，水を加えて 50 mL とし，混合する．約 5 分間放置する．

（ⅴ） 全量フラスコ (B) の溶液を対照とし，全量フラスコ (A) の溶液の吸光度を測定する．

（ⅵ） 検量線からクロム (Ⅵ) の量 ($\mathrm{mg\,L^{-1}}$) を求める．

これらの操作により，濁りや色のある試料や試料の共存物の影響の補償が可能となる．

(d) 測定時の注意事項

（ⅲ）の操作でのエタノールの追い出しが不十分な場合は，発色妨害が起こる．

（2） 全クロムの吸光光度法

硫酸酸性下，過マンガン酸カリウムでクロム (Ⅲ) をクロム (Ⅵ) に酸化し，過剰の過マンガン酸イオンおよび酸化マンガン (Ⅳ) を尿素と亜硝酸ナトリウムで分解する．以後の操作はクロム (Ⅵ) の定量法に準じる．

(a) 試薬溶液の調製

（ⅰ） 過マンガン酸カリウム溶液 ($3\,\mathrm{g\,L^{-1}}$)： 過マンガン酸カリウム 0.3 g を水に溶かして 100 mL とする．

（ⅱ）亜硝酸ナトリウム溶液 (20 g L^{-1})：亜硝酸ナトリウム2gを水に溶かして100 mLとする．

（ⅲ）尿素溶液 (200 g L^{-1})：尿素20 gを水に溶かして100 mLとする．

硫酸 (1＋9)，ジフェニルカルバジド溶液，クロム標準液は11.6.2項（1）の (a) と同様に調製する．

(b) 検量線の作成

（ⅰ）クロム標準液 (2 μg mL^{-1}) の1～25 mLを段階的にビーカーにとり，硫酸 (1＋9) 3 mLを加え，水で約30 mLにする．

（ⅱ）（ⅰ）の溶液を加熱し，過マンガン酸カリウム溶液を1滴ずつ加えて薄赤色に着色させる．加熱を続け，着色が消えたら過マンガン酸カリウム溶液を滴下し，着色を保ったまま数分間煮沸する．

（ⅲ）（ⅱ）の溶液を流水で冷却しながら尿素溶液10 mLを加え，激しくかき混ぜながら亜硝酸ナトリウム溶液を1滴ずつ加え，過剰の過マンガン酸イオンおよび酸化マンガン（Ⅳ）を還元する．

（ⅳ）溶液を全量フラスコ50 mLに移し入れ，11.6.2項（1）の (b) 検量線の作成の（ⅱ）（ⅲ）を行なう．

(c) 試料の測定

試料の適量をビーカーにとり，硫酸 (1＋9) 3 mLを加え，硫酸白煙が生じるまで加熱する．冷却後，水約30 mLを加える．上記 (b) 検量線の作成の（ⅱ）～（ⅳ）を行なう．

(d) 測定時の注意事項

過マンガン酸イオンの存在下ではクロムはクロム（Ⅵ）の状態でいるが，過マンガン酸イオンとマンガンイオン（Ⅱ）の反応で二酸化マンガンのみになった状態で試料中に有機物が残存する場合は，この有機物によりクロム（Ⅵ）が還元されて，低い結果を与える原因となる．

11.7 銅の定量

現在，銅イオンの定量は，ICP-MSによる方法が主として用いられているが，本章では，分光光度計という簡単な装置でできる方法を紹介する．

11.7.1 ジエチルジチオカルバミン酸発色溶媒抽出吸光光度法

銅イオンを以下のようにジエチルジチオカルバミン酸 (DDTC) と反応させて有色の銅-DDTCキレート（錯体）を生成させ，その発色の強さを測定する．

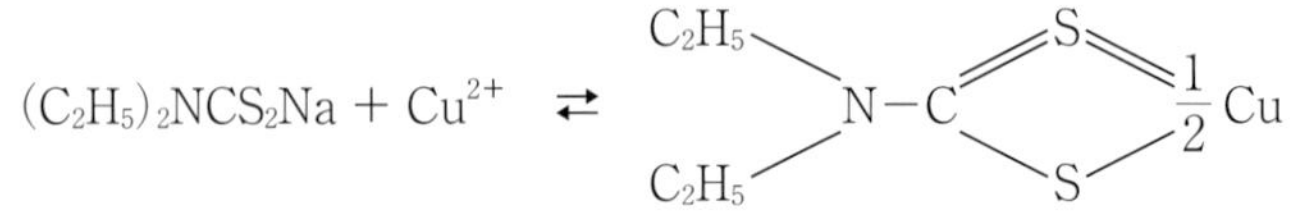

$$(C_2H_5)_2NCS_2Na + Cu^{2+} \rightleftarrows \underset{C_2H_5}{\overset{C_2H_5}{}}N-C\underset{S}{\overset{S}{\diagup\diagdown}}\tfrac{1}{2}Cu$$

原理や実験の操作などは第9章の9.2節に記したので参照してほしい．

11.7.2 接触反応を利用する吸光光度法

ある化学反応系では，触媒（接触）作用によって活性化エネルギーが低くなり，反応速度が増大することがある．この反応速度の変化量から触媒の量を測定する方法が接触分析法である．接触分析法の最大の特長は，触媒が循環再生して指示反応を増幅するため，化学量論的な反応系を用いるよりもさらに高い感度で分析できることである．したがって，分光光度計のような汎用装置があれば，高周波誘導結合プラズマ原子発光分光法（ICP-AES）やICP質量分析法（ICP-MS）法と同程度，あるいはそれを上回る感度で微量分析が可能になる場合がある．

（1） 原 理

接触分析法では，有機物の酸化発色反応が指示反応として最もよく用いられる[8]．ここでは，適切な発色試薬を共存させた鉄（Ⅲ）イオンによるシステイン（RSH）のシスチン（RS−SR）への酸化反応を指示反応とする銅（Ⅱ）イオンの接触分析法を取り上げる．

(11.2)に示す鉄（Ⅲ）イオンによるシステインのシスチンへの酸化反応は，pH 4〜6付近で1,10-フェナントロリンの共存によって熱力学的に有利に進行する．

$$2RSH + 2[Fe(phen)_3]^{3+} \rightleftarrows RS-SR + 2[Fe(phen)_3]^{2+} + 2H^+ \tag{11.2}$$

このことは，(11.3)のネルンストの式（第2章の2.4節を参照）からも明らかである．

$$E'_{Fe} = E^0_{Fe} + 0.059 \log \frac{\alpha_{Fe(II)phen}}{\alpha_{Fe(III)phen}} + 0.059 \log \frac{C_{tFe(III)}}{C_{tFe(II)}} \tag{11.3}$$

ここで，E'_{Fe}は鉄（Ⅲ）/鉄（Ⅱ）系の条件酸化還元電位，E^0_{Fe}はその系の標準酸化還元電位（0.771 V vs. 標準水素電極），αは錯形成反応の副反応係数[*17]（例えば$\alpha_{Fe(II)phen} = 1 + \sum_n \beta_{n(Fe(II)phen)}[phen]^n$であり，$\beta$は全生成定数[*17]（$n = 1, 2, 3$）)，$C$は各酸化数の金属の総濃度である．鉄（Ⅱ）-phen錯体の生成定数（$\log \beta_3 = 21.3$）は，鉄（Ⅲ）-phen錯体（$\log \beta_3 = 14.1$）の生成定数よりも大きいため，(11.3)右辺の第2項が大きくなる．この結果，E'_{Fe}が上昇し，鉄（Ⅲ）の酸化力が高まることでシステインが有利に酸化される．ところが，このシステインの酸化反応の完結は室温で約1時間を要する遅い反応である．しかし，銅（Ⅱ）イオンが(11.2)の反応に対し，触媒として作用する．

(11.2)の反応において1,10-フェナントロリン鉄錯体は過剰に存在しているので，反応速度式を(11.4)のように仮定する．

[*17] 鉄（Ⅱ）の全濃度$C_{tFe(II)}$は次のように表される．

$$C_{tFe(II)} = [Fe(II)] + [Fe(II)phen] + [Fe(II)phen_2] + [Fe(II)phen_3]$$
$$= [Fe(II)] + f_1[Fe(II)][phen] + f_1f_2[Fe(II)][phen]^2 + f_3f_2f_1[Fe(II)][phen]^3$$
$$= [Fe(II)]\{1 + f_1[phen] + f_1f_2[phen]^2 + f_3f_2f_1[phen]^3\}$$
$$= [Fe(II)]\{1 + \beta_1[phen] + \beta_2[phen]^2 + \beta_3[phen]^3\}$$

f_1, f_2, f_3は逐次生成定数（第2章の2.5節を参照），$\beta_1 = f_1$，$\beta_2 = f_1f_2$，$\beta_3 = f_1f_2f_3$，これらのβを副反応係数とよぶ．

$$-\frac{d[\text{RSH}]}{dt} = k'[\text{RSH}] \tag{11.4}$$

ここで k' は条件速度定数である．$t = 0$ のときのシステインの濃度を $[\text{RSH}]_0$ とし，0 と t および $[\text{RSH}]_0$ と $[\text{RSH}]_t$ の間で (11.4) を積分すると (11.5) が得られる．

$$\ln[\text{RSH}]_t = \ln[\text{RSH}]_0 - k't \tag{11.5}$$

時間 t に対して $\ln[\text{RSH}]_t$ をプロットすると，銅（Ⅱ）が存在してもしなくても図 11.24 に示すような直線が得られる．よって，この反応は擬一次反応の速度式 (11.4) に従うことがわかる．直線の傾きから k' は，銅（Ⅱ）イオンの非共存下で $8.3 \times 10^{-4}\,\text{s}^{-1}$，共存下では $1.7\,\text{s}^{-1}$ であり，銅（Ⅱ）イオンが存在すると反応速度が約 2000 倍増大する．

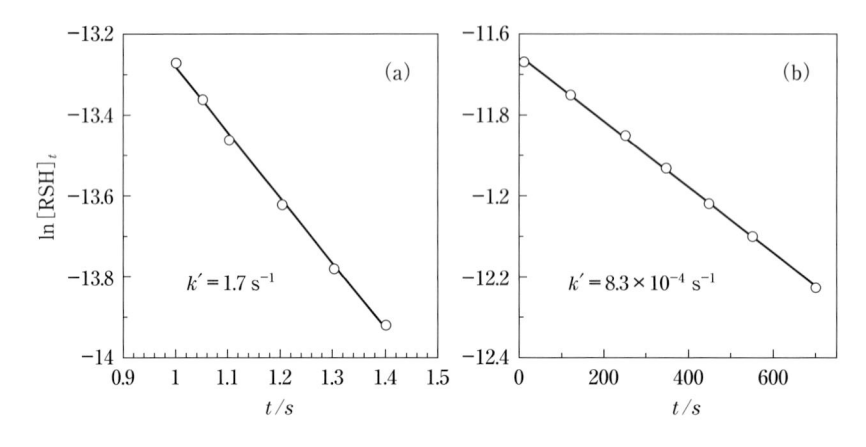

図 11.24 反応時間に対する $\ln[\text{RSH}]_t$ のプロット
(a) 銅共存　(b) 銅非共存

銅が触媒サイクルする概念を図 11.25 に示す．銅（Ⅱ）イオンはシステインをシスチンに酸化して，自身は銅（Ⅰ）イオンとなるが，鉄（Ⅲ）イオンによって速やかに銅（Ⅱ）イオンに酸化再生され，

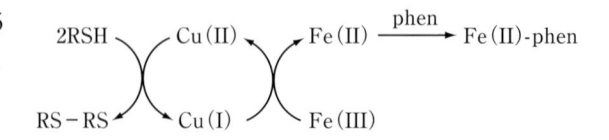

図 11.25 銅イオンの触媒サイクル

再びシステインの酸化反応に関与する．この微量銅のサイクルによって鉄（Ⅱ）イオンが多量に生成し，phen と赤色の鉄（Ⅱ）- phen 錯体 (Fe(phen)_3^{2+}) が生成する．したがって，この錯体の吸光度から $\mu\text{g L}^{-1}$ レベルの銅を定量することができる．

（2）実　験

図 11.26 に示す FIA システムに上述の接触反応を導入する[9]．試料注入バルブから $200\,\mu\text{L}$ の銅（Ⅱ）イオン水溶液を注入すると，システインと緩衝液（pH 4.8）の混合液，次いで鉄（Ⅲ）イオン水溶液と合流し，図 11.25 に示す銅の触媒サイクルが反応コイル RC_2 において進行する．生じた鉄（Ⅱ）が反応コイル RC_3 において 1,10 - フェナントロリンと合流することによ

11.7 銅の定量

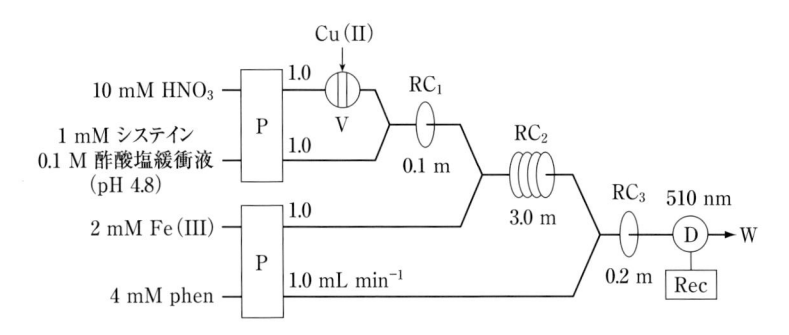

図 11.26 銅の接触分析のためのフローシステム

P：送液ポンプ，V：試料注入バルブ（注入体積 200 μL），
RC₁, RC₂, RC₃：反応コイル（内径 0.5 mm テフロン管，長さは図中），
D：分光光度計，Rec：記録計，W：廃液

り，注入された銅（II）イオン濃度に比例した鉄（II）- phen 錯体が生成する．この方法により，銅 $0.1 \sim 10\,\mu\text{g L}^{-1}$ を自動計測することができる．

1,10-フェナントロリンの代わりに，2,4,6-トリス（2-ピリジル）-1,3,5-トリアジン（TPTZ）[*18]を用いると，定量範囲は銅 $0.05 \sim 8\,\mu\text{g L}^{-1}$ となり，感度がさらに高まる[10]．この場合，試料体積 200 μL 中の銅の物質量は，$0.16 \sim 25$ pmol（ピコモル $= 10^{-12}$ mol）であり，濃度感度とともに質量感度も高い．

（3） 実際の試料への応用例

本法により，河川水中の銅イオンを前濃縮することなく定量することができる．鉄（II）イオンの発色試薬として TPTZ を用いた場合の結果を表 11.3 に示す．

表 11.3 標準河川水中の銅の定量結果

試料*	銅定量値 ($\mu\text{g L}^{-1}$)	認証値 ($\mu\text{g L}^{-1}$)
JAC 0031	0.91 ± 0.03	0.88 ± 0.03
JAC 0032	10.7 ± 0.1	10.5 ± 0.2

＊無機分析用河川水認証標準物質（(社)日本分析化学会頒布）

[*18] 2,4,6-トリス（2-ピリジル）-1,3,5-トリアジン（TPTZ）

（4） 測定時の注意事項[8〜10]

試料注入バルブから注入する銅の標準液ならびに実際試料の液性は，FIA のキャリヤー溶液に一致させる必要がある．ここでのキャリヤー溶液は 10 mmol L^{-1} 硝酸であるので，注入する標準液ならびに試料溶液も 10 mmol L^{-1} の硝酸溶液とする．そうしないと，pH の異なる溶液が注入されることになり，銅の存在に関係のない pH の変化による FIA ピークが出現し，それに気が付かないと，誤った銅の定量値を算出してしまう．

11.8 発色試薬 TPTZ を用いる鉄の定量

鉄の吸光光度法に用いる試薬としては 1,10 - フェナントロリンが一般的であるが，モル吸光係数が約 1×10^4 L mol^{-1} cm^{-1} であり，高感度分析法とは言い難い．そのため，1980 年代に水溶性高感度試薬が開発された．例えば，2 - ニトロソ - 5 - ［N - n プロピル - N - (3 スルホプロピルアミン) アミノ］フェノール (Nitroso-PSAP) は鉄 (II) イオンと pH 3 〜 8 の間で赤色の鉄 (II) - Nitroso-PSAP 錯体を生成する．この錯体の極大吸収波長 λ_{max} は 582 nm にあり，モル吸光係数（第 3 章の 3.2.2 項を参照）は 10.7×10^4 L mol^{-1} cm^{-1} と 1,10 - フェナントロリンの約 10 倍大きく，鉄の高感度定量には相応しい．しかし高価である．ここでは入手が容易な 2,4,6 - トリス (2 - ピリジル) - 1,3,5 - トリアジン (TPTZ)（11.7 節の脚注 18 を参照）による鉄 (II) イオンの定量法について述べる．

11.8.1 原理

TPTZ は，その構造式からもわかるように三座配位子であり，鉄 (II) イオンと 1 : 2 の錯体 Fe(TPTZ)$_2^{2+}$ を形成する．モル吸光係数 ε は約 20000 L mol^{-1} cm^{-1} である．

11.8.2 実験

（1） 試薬溶液の調製

TPTZ 溶液 (2.5×10^{-3} mol L^{-1})： 市販の TPTZ(MW 312.3) 0.078 g をはかりとり，水に溶かして 100 mL にする．

塩酸ヒドロキシルアミン (5%)： 塩酸ヒドロキシルアミン 5 g を水に溶かして 100 mL とする．

酢酸塩緩衝液 (pH 4.5)： 酢酸ナトリウム 13.6 g を 800 mL の水に溶かし，氷酢酸を加えて pH を 4.5 にした後，水を加えて 1 L とする．

鉄 (II) イオン標準液 (100 mg L^{-1})： 硫酸鉄 (II) アンモニウム ((NH$_4$)$_2$Fe(SO$_4$)$_2$・6H$_2$O) (MW 392.06) 0.7022 g を水に溶かし，濃硫酸 20 mL を加えた後，1 L に希釈する．

（2） 試料の測定

上記で調製した鉄 (II) イオン標準液 (100 mg L^{-1}) を純水で正確に 10 倍希釈したものを実験に用いる．鉄 (II) イオン標準液 (10 mg L^{-1}) 0, 2, 4, 6, 8, 10 mL をメスフラスコ 50 mL にとり，塩酸ヒドロキシルアミン溶液 (5%) を 1 mL，緩衝液 (pH 4.5) 5 mL，TPTZ 溶液 5 mL

を加えて水で 50 mL とする．よく振り混ぜ，5 分間放置した後，595 nm で吸光度を測定し，横軸に鉄（II）イオン濃度，縦軸に吸光度をプロットし，検量線を作成する．鉄（II）– TPTZ 錯体は 2 時間は安定である．

図 11.27 に吸収スペクトルを示す．スペクトル (a), (b), (c) は，それぞれ鉄（II）イオン濃度が 0.8, 1.2, 2.0 mg L^{-1} に対するもので，極大吸収波長 λ_{max} は 595 nm に存在する．得られた検量線を図 11.28 に示す．原点を通る良好な直線関係が得られる．試料の適量をとり，鉄（II）標準液の場合と同様に操作して吸光度を測定し，検量線から試料の鉄の濃度を求める．

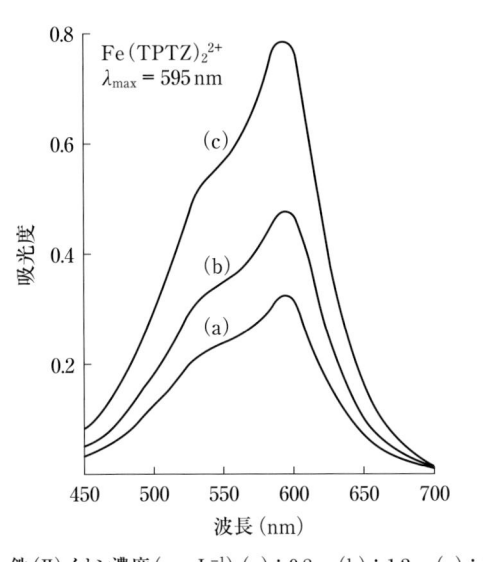

鉄（II）イオン濃度（mg L^{-1}）(a)：0.8，(b)：1.2，(c)：2.0

図 11.27 Fe(TPTZ)$_2^{2+}$ の吸収スペクトル

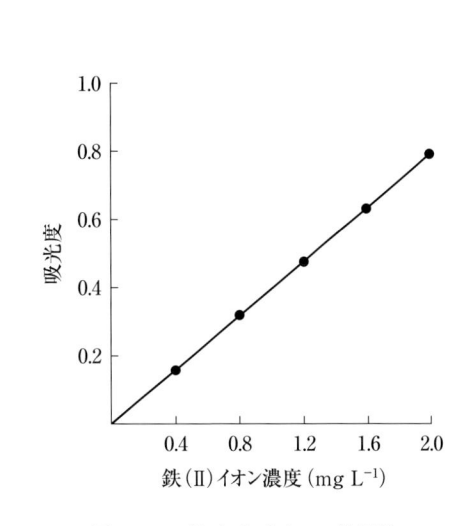

図 11.28 鉄（II）イオンの検量線

11.8.3 実際の試料への応用例[11]

検量線の直線性は 595 nm の測定波長で 2 mg L^{-1} までであり，LOD (limit of detection, 検出限界) は 0.015 mg L^{-1} である．

11.9 バナジウムの定量

バナジウムは，糖尿病と深い関わりがある．糖尿病ラットへのバナジウム投与で高血糖値が正常化する実験結果から，バナジウム自体がインスリン様作用を有することが発見された (Heyliger ら，1985)[12]．この発見以来，ヒトへの臨床実験も行なわれており，バナジウムにインスリンの作用を促進する働きがあることも見出されている[13,14]．このような背景から，最近では健康増進をうたって地下水を原水とするバナジウム含有のミネラルウォーターが市販されるようになった．しかし，その作用機作は不明な点が多い．また，バナジウムは，正の II，III，

Ⅳ，Ⅴ価とさまざまな酸化状態をとり，水溶液中では主にⅣ価とⅤ価として存在するが，その毒性はⅣ価よりもⅤ価の方が強い[15]．したがって，地下水中のバナジウムの全濃度のみならず，価数別分析は極めて重要である．本節では，酸化還元反応を用いるバナジウムの吸光光度法による価数別分析について述べる．

11.9.1 鉄とバナジウムの酸化還元反応

バナジウム（Ⅳ）とバナジウム（Ⅴ）を価数別分析するために，適切な配位子が共存する鉄（Ⅲ）によるバナジウム（Ⅳ）の酸化反応（①）と鉄（Ⅱ）によるバナジウム（Ⅴ）の還元反応（②）を用いる．

まず，①の酸化反応をみよう．(11.6) に示す鉄（Ⅲ）によるバナジウム（Ⅳ）の酸化反応の平衡定数 $K_{\text{Fe-V}}$ は，ネルンストの式から (11.7) のように表される．

$$\text{Fe}^{3+} + \text{VO}^{2+} + \text{H}_2\text{O} \underset{}{\overset{K_{\text{Fe-V}}}{\rightleftarrows}} \text{Fe}^{2+} + \text{VO}_2^+ + 2\text{H}^+ \tag{11.6}$$

$$\log K_{\text{Fe-V}} = \log \frac{[\text{Fe}^{2+}][\text{VO}_2^+][\text{H}^+]^2}{[\text{Fe}^{3+}][\text{VO}^{2+}]} = \frac{E^0_{\text{Fe}} - E^0_{\text{V}}}{0.059} \tag{11.7}$$

ここで E^0_{Fe} と E^0_{V} はそれぞれ，酸化還元対である鉄（Ⅲ）/鉄（Ⅱ）系とバナジウム（Ⅴ）/バナジウム（Ⅳ）系の標準酸化還元電位であり，それらの電位は標準水素電極（normal hydrogen electrode, NHE）に対して $E^0_{\text{Fe}} = 0.77\,\text{V}$，$E^0_{\text{V}} = 1.00\,\text{V}$ である（第2章の2.4節を参照）．pH 0 の条件では，これらの標準酸化還元電位を (11.7) に代入して，(11.6) の平衡定数 $K_{\text{Fe-V}}$ を導くことができる．結果は $\log K_{\text{Fe-V}} = -3.9$，すなわち $K_{\text{Fe-V}} = 10^{-3.9}$ となる．このことは強酸性下（pH 0）で (11.6) の平衡が左に偏っていることを意味し（第2章の2.1節を参照），鉄（Ⅲ）によるバナジウム（Ⅳ）の酸化反応は進行しない．しかしバナジウム（Ⅴ）/バナジウム（Ⅳ）系の酸化還元には，(11.8) で示すイオン–電子反応式のように，水素イオンが関与する．

$$\text{VO}_2^+ + 2\text{H}^+ + \text{e}^- \rightleftarrows \text{VO}^{2+} + \text{H}_2\text{O} \tag{11.8}$$

したがって，バナジウム（Ⅴ）/バナジウム（Ⅳ）系の条件酸化還元電位 $E'_{\text{V(H)}}$ は，ネルンストの式より (11.9) のように表され，展開すると (11.10) が得られる．

$$E'_{\text{V(H)}} = E^0_{\text{V}} - 0.059 \log \frac{[\text{VO}^{2+}]}{[\text{VO}_2^+][\text{H}^+]^2}$$

$$= E^0_{\text{V}} - 0.059 \log \frac{[\text{VO}^{2+}]}{[\text{VO}_2^+]} - 0.12\,\text{pH} \tag{11.9}$$

平衡時は $[\text{VO}^{2+}] = [\text{VO}_2^+]$ なので，

$$E'_{\text{V(H)}} = E^0_{\text{V}} - 0.12\,\text{pH} \tag{11.10}$$

したがって (11.6) の条件平衡定数 $K'_{\text{Fe-V}}$ は，(11.11) のように表される．

11.9 バナジウムの定量

$$\log K'_{\text{Fe-V}} = \frac{E^0_{\text{Fe}} - E'_{\text{V(H)}}}{0.059} \tag{11.11}$$

すなわち，pH の上昇とともに $E'_{\text{V(H)}}$ が低下する（バナジウム (IV) が酸化されやすくなる）ので $K'_{\text{Fe-V}}$ が大きくなる．

ここでさらに，適当な配位子を共存させることにより鉄 (III)/鉄 (II) 系の酸化還元電位を変化させ，(11.6) をより有利に右辺へ進行させることができる．配位子 L が共存する場合の鉄 (III)/鉄 (II) 系の条件酸化還元電位 E'_{Fe} は (11.12) で表される．

$$E'_{\text{Fe}} = E^0_{\text{Fe}} + 0.059 \log \frac{[\text{Fe(III)}]}{[\text{Fe(II)}]}$$

$$= E^0_{\text{Fe}} + 0.059 \log \frac{C_{t\text{Fe(III)}}/\alpha_{\text{Fe(III)}}}{C_{t\text{Fe(II)}}/\alpha_{\text{Fe(II)}}}$$

$$= E^0_{\text{Fe}} + 0.059 \log \frac{\alpha_{\text{Fe(II)}}}{\alpha_{\text{Fe(III)}}} + 0.059 \log \frac{C_{t\text{Fe(III)}}}{C_{t\text{Fe(II)}}}$$

$$C_{t\text{Fe(III)}} = [\text{Fe(III)}]\{1 + \sum_n \beta_n (\text{phen})^n\} = [\text{Fe(III)}]\alpha_{\text{Fe(III)}}, \quad [\text{Fe(III)}] = \frac{C_{t\text{Fe(III)}}}{\alpha_{\text{Fe(III)}}}$$

$$C_{t\text{Fe(II)}} = [\text{Fe(II)}]\{1 + \sum_n \beta_n (\text{phen})^n\} = [\text{Fe(II)}]\alpha_{\text{Fe(II)}}, \quad [\text{Fe(II)}] = \frac{C_{t\text{Fe(II)}}}{\alpha_{\text{Fe(II)}}}$$

$$\tag{11.12}$$

ここで α は，鉄 (II) あるいは鉄 (III) と配位子 L との錯形成反応の副反応係数である．配位子として 1,10 - フェナントロリンを取り上げれば，例えば $\alpha_{\text{Fe(II)}}$ は，

$$\alpha_{\text{Fe(II)}} = 1 + \sum_n \beta_{n(\text{Fe(II)-phen})} [\text{phen}]^n \tag{11.13}$$

となる．ここで $\beta_{n(\text{Fe(II)-phen})}$ および $\beta_{n(\text{Fe(III)-phen})}$ はそれぞれ鉄 (II) および鉄 (III) と 1,10 - フェナントロリンとの錯形成反応の全生成定数 ($n=3$) である (11.7.2 項の (1) を参照)．

$$\left. \begin{array}{l} \beta_{n(\text{Fe(II)-phen})} = \dfrac{[\text{Fe(phen)}_n]^{2+}}{[\text{Fe}^{2+}][\text{phen}]^n} \\[2mm] \beta_{n(\text{Fe(III)-phen})} = \dfrac{[\text{Fe(phen)}_n]^{3+}}{[\text{Fe}^{3+}][\text{phen}]^n} \end{array} \right\} \tag{11.14}$$

(11.12) から明らかなように，錯体の生成定数が鉄 (III) よりも鉄 (II) の方が大きい配位子 L を共存させれば，$\alpha_{\text{Fe(II)}}$ が増加することで E'_{Fe} が上昇し，鉄 (III) の酸化力が高まることになる．1,10 - フェナントロリンの場合，$\log \beta_{3(\text{Fe(II)-phen})} = 21.3$，$\log \beta_{3(\text{Fe(III)-phen})} = 14.1$ であることから，1,10 - フェナントロリン共存下で鉄 (III) の酸化力が高まり，pH 5 の条件で鉄 (III) によるバナジウム (IV) の酸化反応が有利に進行することが電位差滴定により明らかにされている[16]．図 11.29 に示すように，1,10 - フェナントロリン濃度の増加とともに当量点付近での電位の飛躍が大きくなっている ((11.6) がより右辺へ進行している)．

1,10 - フェナントロリンと同様に，鉄 (II) と錯形成し鋭敏に発色する配位子として，2,4,6 -

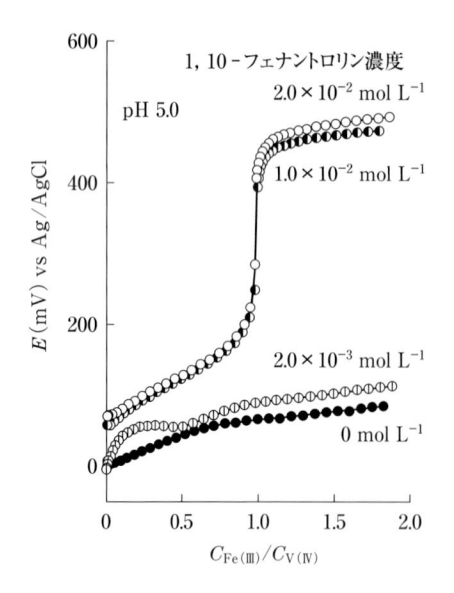

図11.29 鉄（Ⅲ）によるバナジウム（Ⅳ）の電位差滴定曲線に及ぼす配位子の効果
（N. Teshima and T. Kawashima：Bull. Chem. Soc. Jpn., **69**, 1975-1979 (1996) による）

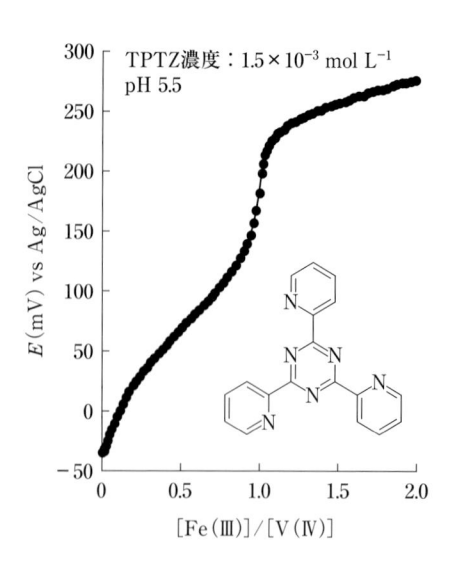

図11.30 TPTZ 共存下の鉄（Ⅲ）によるバナジウム（Ⅳ）の電位差滴定曲線
（J. Wei, N. Teshima and T. Sakai：Anal. Sci., **24**, 371-376 (2008) による）

トリス（2-ピリジル）-1,3,5-トリアジン（TPTZ）（11.7節の脚注を参照）がある．TPTZ を用いた場合の電位差滴定曲線を図11.30に示す．TPTZ が共存することによっても（11.6）が右方向へ有利に進行することがわかる[17]．

続いて，②の鉄（Ⅱ）によるバナジウム（Ⅴ）の還元反応の（11.15）を見てみよう．

$$\text{Fe}^{2+} + \text{VO}_2^+ + 2\text{H}^+ \underset{}{\overset{K_{\text{V-Fe}}}{\rightleftarrows}} \text{Fe}^{3+} + \text{VO}^{2+} + \text{H}_2\text{O} \quad (11.15)$$

（11.15）が（11.6）の逆反応であることに気付いてほしい．したがって，（11.15）の条件平衡定数 $K'_{\text{V-Fe}}$ は（11.16）のように表される．

$$\log K'_{\text{V-Fe}} = \frac{E'_{\text{V(H)}} - E^0_{\text{Fe}}}{0.059} \quad (11.16)$$

今度はバナジウム（Ⅴ）が酸化剤なので，$E'_{\text{V(H)}}$ が高い方がバナジウム（Ⅴ）の酸化力が高まる（バナジウム（Ⅴ）が還元されやすくなる）．（11.10）より pH の低下にともない $E'_{\text{V(H)}}$ が高くなるが，（11.16）より pH 0 においても $K'_{\text{V-Fe}}$ は $10^{3.9}$ であり，定量的な分析化学反応とはいえない．そこで適当な配位子を共存させることにより，鉄（Ⅱ）の還元力の増大（E'_{Fe} を低下させる）を図る．そのためには，鉄（Ⅱ）よりも鉄（Ⅲ）と，より安定な錯体を生成する配位子を共存させればよい．二リン酸は鉄（Ⅲ）と非常に安定な錯体を形成することが知られているので，その効果が電位差滴定によって調べられている[18]．図11.31に示すように，二リン酸の共存によって，（11.15）の反応が右方向へ有利に進行することがわかる．

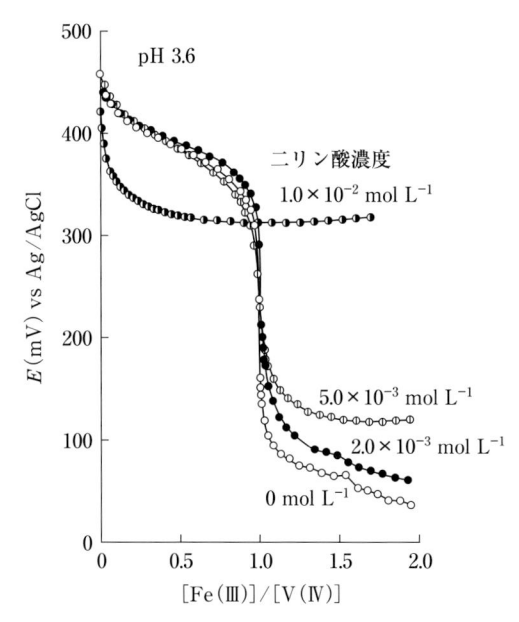

図11.31 鉄(Ⅱ)によるバナジウム(Ⅴ)の電位差滴定曲線に及ぼす配位子の効果
(K. Umetsu, *et al.*: Anal. Sci., **7**, 115-118 (1991) による)

11.9.2 吸光光度法によるバナジウム(Ⅳ)とバナジウム(Ⅴ)の定量原理

(11.6) と (11.15) に示す酸化還元反応式を簡略化して，それぞれ右方向へ反応が進行するのに有利な配位子を共存させると，次のようになる．

$$\text{Fe(Ⅲ)} + \text{V(Ⅳ)} \xrightarrow{\text{TPTZ}} \text{Fe(Ⅱ)} + \text{V(Ⅴ)} \quad (11.17)$$

$$\text{Fe(Ⅱ)} + \text{V(Ⅴ)} \xrightarrow{\text{二リン酸}} \text{Fe(Ⅲ)} + \text{V(Ⅳ)} \quad (11.18)$$

(11.17) に示す反応系では，バナジウム(Ⅳ)濃度に比例した鉄(Ⅱ)-TPTZ錯体($\lambda_{\max}$ = 593 nm) が生成するので，この錯体の吸光度からバナジウム(Ⅳ)を定量することができる．一方，(11.18)では二リン酸の共存下でバナジウム(Ⅴ)の濃度に比例して鉄(Ⅱ)濃度が減少する．したがって，鉄(Ⅱ)の消費量を鉄(Ⅱ)-TPTZ錯体の吸光度の減少量から見積もることにより，バナジウム(Ⅴ)を定量することができる．

11.9.3 実　験[17]

前節で述べた原理をフローインジェクション分析(FIA)システムに導入する．図11.32にFIA流路内の概念図を示す．この概念図は，内径0.5 mmという細管内の様子を示していると考えてほしい．

FIAシステムは，希塩酸，酢酸塩緩衝液(pH 5.5)，鉄(Ⅲ)と鉄(Ⅱ)の等モルの混合液，TPTZ溶液の四流路で構成される．この4つの溶液をポンプにより一定流量で送液すると，反応コイル2(RC_2)で鉄(Ⅱ)-TPTZ錯体が一定量生成するので，593 nmにおける吸光度をモニターすれば，安定したベースラインが形成される．図11.32に示すように，バナジウム(Ⅳ)

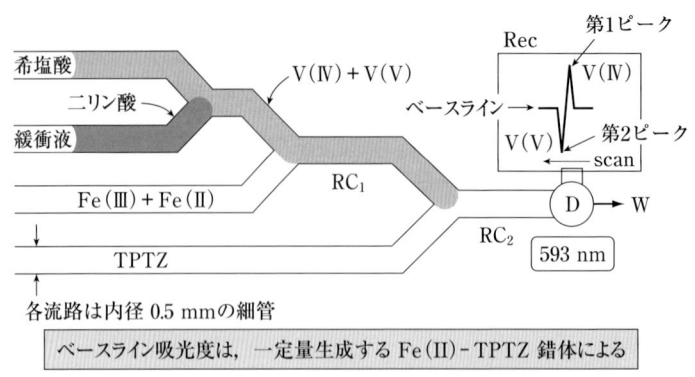

168   11 吸光光度法を用いる環境分析

図11.32 バナジウム (IV) とバナジウム (V) の価数別分析における
フローインジェクション分析システム内の概念図

とバナジウム (V) が混在している試料溶液 (400 μL) を希塩酸の流れに，二リン酸 (200 μL) を緩衝液の流れに同時に注入する．二リン酸は遅延コイル (図 11.32 には示されていない) を通過してくるため，試料ゾーンの前方とは合流せず，後方だけと合流する．試料ゾーンの前方は，順に緩衝液，鉄 (III) と鉄 (II) の混合液，TPTZ と合流することにより，鉄 (III) によるバナジウム (IV) の酸化反応 (11.17) が進行し，バナジウム (IV) に比例した鉄 (II) - TPTZ 錯体が生成する (正方向の第 1 ピークが出現)．そして試料ゾーンの後方は，まず緩衝液中の二リン酸，次いで鉄 (III) と鉄 (II) の混合液と合流するので，反応コイル 1 (RC₁) 中で鉄 (II) によるバナジウム (V) の還元反応 (11.18) が進行して，鉄 (II) 濃度が減少する．その後に TPTZ と合流するので，鉄 (II) - TPTZ 錯体の生成量が減り，バナジウム (V) 濃度に比例した負方向の第 2 ピークが出現する．

11.9.4 測定時の注意事項

遅延コイル (任意の長さのテフロン管) の長さは，この実験において重要である．もう一度，図 11.32 を見てほしい．遅延コイルが短すぎると，二リン酸が速く試料ゾーンに合流してしまうため，バナジウム (IV) 濃度に対応する正方向の第 1 ピークが極めて小さくなってしまう．反対に長すぎると，二リン酸の到達が余りに遅くなり，試料ゾーンと合流しなくなる．長さの異なる遅延コイルをいくつか用意し，正方向と負方向のピーク高さを比べながら，適切な長さの遅延コイルを設置すべきである．

11.9.5 実際の試料への応用例

本法により，地下水を原水とする市販のミネラルウォーター中のバナジウム (IV) とバナジウム (V) の価数別分析を行なった．その結果を表 11.4 に示す．いずれの試料でもバナジウム (IV) は検出されず，バナジウムは 5 価として存在することが明らかとなった．バナジウム (V) の検出量は，ICP - MS による全バナジウム濃度ならびにラベル表示濃度とよく一致している．

表11.4 市販のミネラルウォーター中のバナジウム（Ⅳ）とバナジウム（Ⅴ）の価数別分析結果

サンプル番号[b]	バナジウム(Ⅳ)添加量 (μg L^{-1})	バナジウム検出量[a] (μg L^{-1}) FIA法 バナジウム(Ⅳ)	バナジウム(Ⅴ)	ICP-MS	表示濃度 (μg L^{-1})
1	—	n.d.[c]	91 ± 1.3	91 ± 1.7	91
	63	66 ± 1	—	—	—
2	—	n.d.[c]	62 ± 1.2	59 ± 1.2	62
	63	62 ± 2	—	—	—
	318	319 ± 3	—	—	—
3	—	n.d.[c]	60 ± 1.4	59 ± 0.9	62

a) 3回測定の平均値
b) 測定前にキャリヤー溶液（希塩酸）で1.25倍に希釈
c) 未検出

また，試料水に添加したバナジウム（Ⅳ）の回収率もほぼ100%である．

11.10 アルセナゾⅢ吸光光度法によるウランの定量

ウランは正のⅡ，Ⅲ，Ⅳ，Ⅴ，Ⅵ価と様々な酸化数をとり，水溶液中ではⅥ価のウラニルイオン（UO_2^{2+}，黄色）が最も安定で，次いでⅣ価（U^{4+}，緑色）が安定に存在する．ウランの吸光光度法に用いる発色試薬は多数報告されているが[19]，それらの中でアルセナゾⅢ[*19]（2,7-ビス（2-アルソノフェニルアゾ）-1,8-ジヒドロキシナフタレン-3,6-ジスルホン酸）が高感度で選択性も高いため，最も広く用いられている．

ウランのアルセナゾⅢ吸光光度法は，3つに大別される．(1) ウラン（Ⅳ）を砂状亜鉛によりウラン（Ⅳ）に還元して，塩酸酸性下で発色させる方法，(2) ウラン（Ⅵ）と過塩素酸または硝酸酸性下で発色させる方法，(3) ウラン（Ⅵ）をpH 1.5〜2.0で発色させる方法，である．(1)の方法を還元法，(2)と(3)の方法を直接法とよぶこともある．極大吸収におけるモル吸光係数 ε（L mol^{-1} cm^{-1}）（第3章の3.2.2項を参照）は，(1)の方法で120000（665 nm，6 mol L^{-1} 塩酸），(2)の方法で72000（655 nm，5 mol L^{-1} 過塩素酸），(3)の方法で44000（650 nm，pH 1.5）であり，(1)の方法が最も高感度である．しかし，(1)の方法は還元処理があるため，(2)の方法より煩雑である．ここでは(2)の方法について解説する．

*19 アルセナゾⅢ

11.10.1 原　理

アルセナゾⅢは，ウラン（Ⅵ）と pH 1.1 ～ 3.4 で 1：1 の組成の錯体を形成する[20]．また，(2) の方法の条件である強酸性下（6 mol L^{-1} 塩酸あるいは 6 mol L^{-1} 過塩素酸）においても同様にその組成は 1：1 であると報告されている[21]．(2) の方法の極大吸収波長は 655 nm に存在し，この波長における吸光度を測定することにより，ウラン（Ⅵ）の定量が可能である．この方法では，ウラン（Ⅵ）とアルセナゾⅢの錯形成反応を強酸性下で起こすので，他の陽イオンの妨害は少ない．ただし，ジルコニウム，トリウム，プルトニウムなどは妨害をする．

11.10.2 実　験

ウランが 5 ～ 50 μg 含まれる試料液を 25 mL メスフラスコにとり，60% 過塩素酸 13 mL，次いで 10% 塩酸ヒドラジン溶液 1 mL を加え，水で全量を約 20 mL とする．高濃度の過塩素酸は水に溶解して熱を発生するので，室温まで冷却する．その後，0.1% アルセナゾⅢ溶液 4 mL を加え，水で全量を 25 mL とする．水を対照にして 655 nm での吸光度を測定する．

なお，過塩素酸中の低次酸化物によるアルセナゾⅢの分解を防ぐために，還元剤である塩酸ヒドラジンを添加する[22]．

11.10.3 実際の試料への応用

2011 年 3 月 11 日に発生した東北地方太平洋沖地震が，東日本大震災を引き起こしたことは記憶に新しい．また，この地震にともなう東京電力福島第一原子力発電所事故により，放射性物質に関する国民の関心は急速に高まった．核燃料物質の一つであるウランは現在，公共用水域ならびに地下水の要監視項目の一つに定められており，その指針値は 0.002 mg L^{-1} 以下である[23]．

核燃料製造工場，原子力発電所，核燃料再処理工場等の施設周辺における環境モニタリングのためのウラン分析法が，文部科学省科学技術・学術政策局原子力安全課防災環境対策室によって定められている[22]．このマニュアルによれば，海水中のウランをキレート樹脂法 - アルセナゾⅢ吸光光度法を用いて定量することになっている．

海水試料に浮遊物が多い場合は，ろ紙（No.5C）により吸引ろ過し，試料に塩酸（または硝酸）を加えて pH を約 1 とする．次いで trans - 1,2 - シクロヘキサンジアミン四酢酸（CyDTA）の共存下でウランをキレート樹脂に捕集する．炭酸アンモニウム溶液で溶離し，溶離液を蒸発乾固する．この蒸発乾固物を放冷した後，過塩素酸に溶解し，11.10.2 項で述べた方法で吸光光度定量する．海水には通常 3 μg L^{-1} 程度のウランが含まれているので，これより高濃度に検出される場合は，何らかの人為的な汚染が疑われる．

参考文献

1) 波多宣子，路　慶英，谷　学新，笠原一世，田口　茂，後藤克己：分析化学，**43**, 461 (1994)
2) S. Motomizu, T. Wakimoto and K. Toei：Analyst, **108**, 361 (1983)

3) J. E. Going and J. Eisenrich：Anal. Chim. Acta, **70**, 95 (1974)
4) 田口 茂，関絵理子，村井景太，波多宜子，倉光英樹：分析化学，**55**, 525 (2006)
5) K. Murai, M. Okano, H. Kuramitsu, N. Hata, T. Kawakami and S. Taguchi：Anal. Sci., **24**, 1455 (2008)
6) 田口 茂：ぶんせき，p. 343‒349 (2008)
7) 田口 茂，笠原一世，波多宜子：分析化学，**44**, 505‒520 (1995)
8) 中野恵文，手嶋紀雄，栗原 誠，河嶌拓治：分析化学，**53**, 255‒269 (2004)
9) N. Teshima, H. Katsumata, M. Kurihara, T. Sakai and T. Kawashima：Talanta, **50**, 41‒47 (1999)
10) J. Wei, N. Teshima, S. Ohno and T. Sakai：Anal. Sci., **19**, 731‒735 (2003)
11) R. C. Denney and R. Sinclair："Visible and Ultraviolet Spectroscopy" in Analytical Chemistry by Open Learning (John Wiley & Sons, 1987)
12) C. E. Heyliger, A. G. Tahiliani and J. H. McNeill：Science, **227**, 1474‒1477 (1985)
13) K. Cusi, S. Cukier, R. A. Defronzo, M. Torres, F. M. Puchulu and J. C. P. Redondo：J. Clin. Endocrinol. Metab., **86**, 1410‒1417 (2001)
14) 橘田 力，山田静雄，浅川武彦，石原勝也，渡辺信夫，石山久男，涯辺泰雄：応用薬理，**64**, 77‒84 (2003)
15) Z. Ma and Q. Fu：Biol. Trace Elem. Res., **132**, 278‒284 (2009)
16) N. Teshima and T. Kawashima：Bull. Chem. Soc. Jpn., **69**, 1975‒1979 (1996)
17) J. Wei, N. Teshima and T. Sakai：Anal. Sci., **24**, 371‒376 (2008)
18) K. Umetsu, H. Itabashi, K. Satoh and T. Kawashima：Anal. Sci., **7**, 115‒118 (1991)
19) 無機応用比色分析編集委員会 編：無機応用比色分析 5, 58 ウラン・プルトニウム，p. 307 (1976)
20) 大西 寛，関根敬一：分析化学，**18**, 524‒526 (1969)
21) H. Rohwer, N. Rheeder and E. Hosten：Anal. Chim. Acta, **341**, 263‒268 (1997)
22) 文部科学省科学技術学術政策局原子力安全課防災環境対策室 編：放射能測定法シリーズ 14 ウラン分析法 (文部科学省，2002)
23) "水質汚濁に係る環境基準についての一部を改正する件及び地下水の水質汚濁に係る環境基準についての一部を改正する件の施行等について (通知)"，環水大水発第 091130004 号，環水大土発第 091130005 号，平成 21 年 11 月 30 日．

12 蛍光光度法による環境分析

最近の環境分析は試料の微量化・低濃度化が進んでおり，高感度分析が要求されている．したがって，機器分析は必要不可欠である．また，従来の発色分析法は汎用性は高いが，分析目的成分だけが分析できる選択性，低濃度まで測定可能な感度の点で，最近の環境試料に対応できない．そこで，吸光光度法より選択性・感度に優れた，蛍光光度法について述べる．

12.1 ホルムアルデヒドの定量

ホルムアルデヒドの定量については，ヒドロキシルアミンとの縮合反応を利用した吸光光度法について第11章の11.4節で述べたが，ここでは吸光光度法に比べて選択性，感度とも良好なシクロヘキサンジオンを用いる蛍光光度法について述べる．

12.1.1 原　理

ホルムアルデヒドはpH 5において，酢酸アンモニウム共存下で図12.1に示すようにシクロヘキサン-1,3-ジオン（CHD）と反応して蛍光を有する誘導体を生成する．この誘導体の励起スペクトルと蛍光スペクトルを図12.2に示すが，励起波長は376 nmに，蛍光波長は452 nmに存在する．ここでは高感度分析のため，FIAによる検出システムを示す．

図12.1　シクロヘキサンジオンによる蛍光誘導体化反応（T. Sakai, 他：Talanta, **43**, 859 (1996) による）

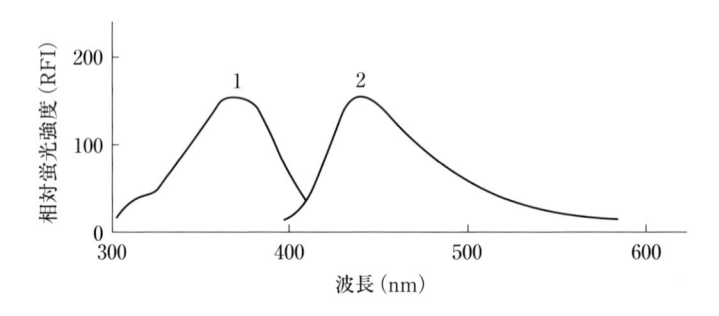

図12.2　ホルムアルデヒド-CHD誘導体の励起スペクトル (1) と蛍光スペクトル (2)

12.1.2 実　験

（1）　蛍光誘導体化試薬シクロヘキサン-1,3-ジオンを用いる流路の設計

図12.3のように三流路システムが設計されている．キャリヤーには蒸留水を流速1.0 mL min^{-1}で送液する．0.1%シクロヘキサン-1,3-ジオン（CHD）溶液とpH 5の酢酸塩緩衝液を1.0 mL min^{-1}で送液する．試料は150 μLをシリンジで注入する．この誘導体化の反応速度は小さいので，90℃の湯浴に反応コイルを浸け，加温する．高温下での気泡の発生を抑えるため，この後に水浴（25℃）に通す．生成されたCHD誘導体の蛍光強度をレコーダーに記録する．

図12.3では三流路システムを用いているが，CHD試薬と酢酸アンモニウム緩衝液の混合溶

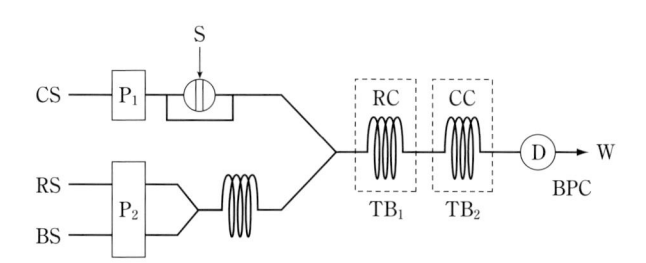

CS：水，RS：0.1 % CHD溶液，BS：緩衝液（6.6 M CH$_3$COONH$_4$-CH$_3$COOH, pH 5），P$_1$：ダブルプランジャーポンプ，（流速 1.0 mL min^{-1}），P$_2$：ダブルプランジャーポンプ（流速 1.0 mL min^{-1}），S：六方注入バルブ（試料体積 150 μL），RC：反応コイル（0.5 mm i.d.×5 m），CC：冷却コイル（0.5 mm i.d.×3 m），TB$_1$：湯浴（90℃），TB$_2$：水浴（25℃），D：蛍光分光光度計（励起波長 = 376 nm，蛍光波長 = 452 nm），BPC：背圧コイル（0.25 mm i.d.×2 m）

図12.3　ホルムアルデヒド-CHD誘導体検出のためのFIAシステム
（西川治光，他：分析化学，**47**, 227 (1998) による）

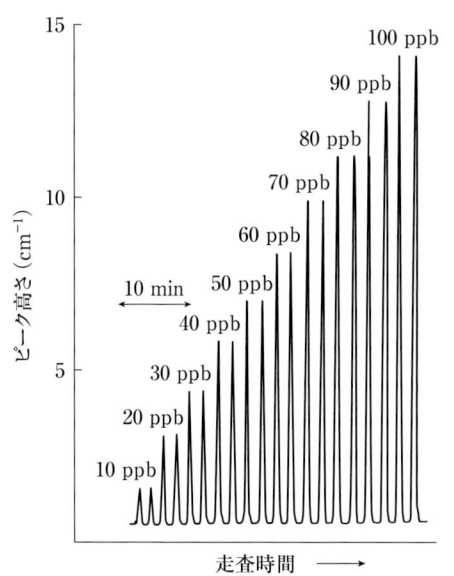

図12.4　三流路によるホルムアルデヒドの検量線シグナル（西川治光，他：分析化学，**47**, 229 (1998) による）

液とキャリヤー（蒸留水）を用いる二流路を設計することも可能である．しかし，CHD 溶液と酢酸塩緩衝液の混合溶液が使われる場合，若干の蛍光性物質が生成され，ベースラインの上昇が見られるので三流路システムが適している．三流路で得られた検量線のフローシグナル（10 ppb ～ 100 ppb）を図 12.4 に示す．

　高感度化を図るための 5,5 - ジメチルシクロヘキサン - 1,3 - ジオン（ジメドン）との蛍光誘導体化反応について述べる．図 12.5 に示すように，ホルムアルデヒドは酢酸アンモニウム共存下，pH 5.5 においてジメドンと蛍光誘導体を形成する．この蛍光誘導体は 395 nm に励起波長，463 nm に蛍光波長を示す．この蛍光反応は，実用分析に応用することができる．この蛍光反応を利用した二流路 FIA システムを図 12.6 に示す．

図 12.5　ジメドンによる蛍光誘導体化反応（T. Sakai, 他：Talanta, **58**, 1271 (2002) による）

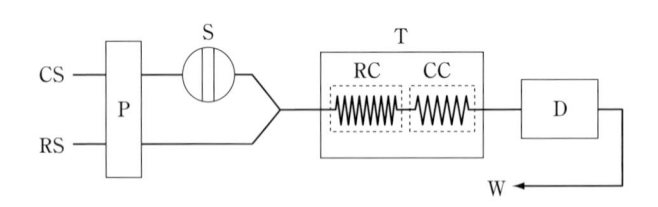

CS：キャリヤー(H$_2$O)，RS：試薬溶液 (0.2% ジメドン-酢酸緩衝液)，
P：ポンプ (流速 0.7 mL min^{-1})，S：試料，T：反応システム，
RC：反応コイル (i.d. 0.5 mm×7 m)，CC：冷却コイル (i.d. 0.5 mm×2 m)
D：蛍光検出器，W：廃液

図 12.6　ジメドンを用いるホルムアルデヒドの蛍光（FIA）

（2）試料の採取法

　ガス成分の分析では，適切なガス成分の捕集が大切である．試料により捕集方法が異なることもあるが，いくつかの例を示す．

　図 12.7 は，接着剤から揮散されるホルムアルデヒドの試料採取法を示す．20 L のテドラーバック（気体捕集袋）に 2 g の接着剤を入れたシャーレをセットする．このテドラーバックには窒素を充填する．室温で 24 時間放置した後，エアーサンプラー用い，流量 0.5 L min^{-1} で 10 分間吸引し，インピンジャー中の蒸留水に試料中のホルムアルデヒドを吸収させる．この吸収液を試料とする．また，合板材の場合は，成形熱圧した木片を容積 20 L のデシケーター内に

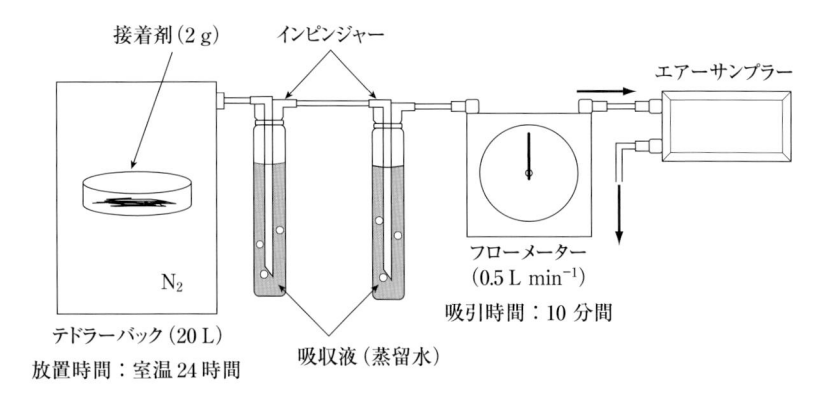

図 12.7 接着剤からのホルムアルデヒドの採取例

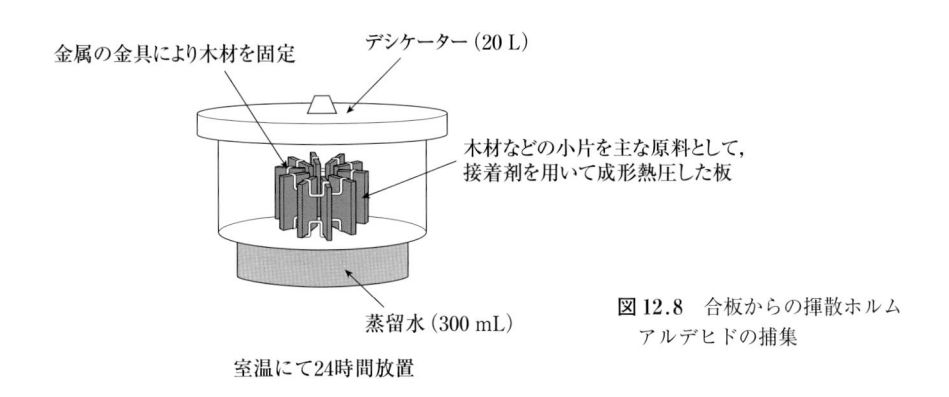

図 12.8 合板からの揮散ホルムアルデヒドの捕集

固定する．デシケーターには 300 mL の蒸留水を入れ，室温で 24 時間放置し，蒸留水に吸収されたホルムアルデヒドを試料とする（図 12.8）．大気や自動車の排ガスの試料採取にはインピンジャーがよく利用される．

（3） 検出反応に用いる試薬

シクロヘキサン-1,3-ジオン (CHD) (0.1%)： 20 g の酢酸アンモニウムと 0.25 g の CHD を 10 mL の酢酸を含む蒸留水 200 mL に溶かす．

酢酸アンモニウム-酢酸緩衝液 (6.6 mol L^{-1})： 酢酸アンモニウム 20 g を蒸留水 100 mL に溶かし，これに酢酸 10 mL を加え，全量を 100 mL とする．

ホルムアルデヒド標準原液 (1%)： ホルムアルデヒド液 (35%) 2.86 g をメタノールに溶かし，水を加えて全量を 100 mL として標準原液とするが，JIS K 0303 (1993) の滴定法により，標定する．

12.1.3 実際の試料への応用例

この方法による測定例として，自動車排ガスでの結果を以下に述べる．

自動車排ガスを2つ連結したインピンジャー（捕集液：メタノール）に通してホルムアルデヒド等のアルデヒド類を採取した．第一インピンジャーでの捕集効率は99.8%であった．採取後の捕集液を水で10～1000倍希釈し，その60 μLをFIAに打ち込んだ．作成した検量線よりホルムアルデヒドの濃度を求めたところ，アルデヒド類の全濃度として4.4 ppmと10.5 ppm (RSD = 1.23%, 1.74%, $n = 3$) であった．

12.2 溶存酸素の定量

環境水中の溶存酸素は水の汚染状況を知る上で重要な測定項目で，1013 hPa下の大気圧と平衡状態にある20℃の水の飽和溶存酸素濃度は8.84 mg L^{-1} である．測定法としては酸素選択電極を用いる方法とウインクラー‐アジ化ナトリウム法（ヨウ素滴定法）がある．後者では，酸素ビンに試料水を満たし，これに硫酸マンガン溶液 (240 g/500 mL) とアルカリ性ヨウ化ナトリウム‐アジ化ナトリウム溶液 (350 g NaOH + 75 g KI/500 mL，5 g NaN$_3$/20 mLを加えて調製) を加える．容器に空気が残らないように密栓をし，溶液を混合する．溶存酸素と水酸化マンガン（Ⅱ）が次のように反応して褐色の沈殿が生成する．

$$\mathrm{Mn(OH)_2 + \frac{1}{2}O_2 \rightarrow MnO(OH)_2}\text{（褐色沈殿）}$$

これに硫酸を加えると，次の反応が起こり，溶存酸素量に比例してヨウ素I$_2$が遊離する．

$$\mathrm{MnO(OH)_2 + 2I^- + 4H^+ \rightarrow Mn^{2+} + I_2 + 3H_2O}$$

この遊離したI$_2$をチオ硫酸ナトリウム標準液 (0.025 mol L^{-1} Na$_2$S$_2$O$_3$溶液) で滴定する．

$$\mathrm{I_2 + 2S_2O_3^{2-} \rightarrow 2I^- + S_4O_6^{2-}}$$

指示薬にはデンプンを用いる．ここでは遊離したヨウ素との反応による2-ナフタレンチオールの蛍光消光を利用するFIA法について述べる．

ヨウ素と2ナフタレンチオールの反応による蛍光強度減少を利用した定量

（1）原　理

図12.9，あるいは上記に示すように水酸化マンガンにより固定化された酸素は強酸性下でヨウ化物イオンと反応して，I$_2$を生成する．このI$_2$は蛍光を有する2-ナフタレンチオールを酸化し，その結果，ジスルフィドが生成する．このジスルフィドは蛍光を発しない．I$_2$の生成量に応じて蛍光強度が定量的に減少する．この現象は溶存酸素の濃度に比例する．すなわち，I$_2$を測定することにより，間接的に溶存酸素が測定できる．2-ナフタレンチオールの励起波長は288 nm，蛍光波長は355 nmに存在する．

蛍光検出反応

$$2 \text{(2-チオナフトール)} + I_2 \longrightarrow \text{(ジ-2-ナフチルジスルフィド)} + 2HI$$

図12.9 ヨウ素と2-チオナフトールの蛍光検出反応（励起波長：288 nm，蛍光波長：355 nm）

（2）実　験

オンライン化した二流路のフローシステムを図12.10に示す．キャリヤーには蒸留水を用い，試薬溶液には2×10^{-5} mol L^{-1}の2-ナフタレンチオール（1,2-ジクロロエタン溶液）を0.3 mL min^{-1}で送液する．オフラインで生成されたI_2を含む試料溶液200 μLがSより注入されると，ジスルフィドが生成され，これは抽出コイル中で1,2-ジクロロエタンに溶解する．有機相と水相は疎水性PTFE膜で分離され，有機相のみが蛍光光度計に導かれ，蛍光強度が測定される．

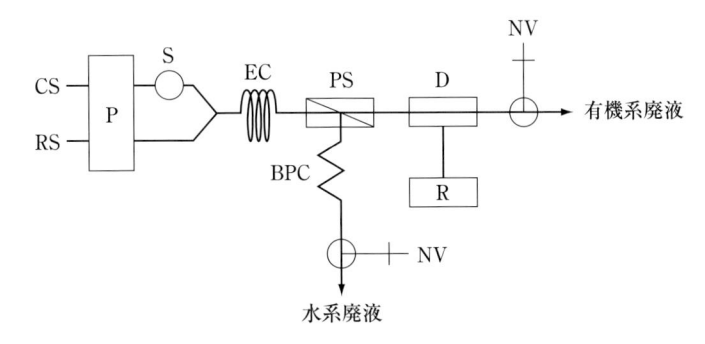

CS：キャリヤー（水），RS：試薬溶液（2×10^{-5} mol L^{-1} 2-チオナフトール），P：ポンプ（流速 0.30 mL min^{-1}），S：試料（200 μL），EC：抽出コイル（250 cm × 0.5 mm i.d.），BPC：背圧コイル（500 cm × 0.25 mm i.d.），NV：ニードルバルブ，PS：相分離器（PTFE膜），D：蛍光分光光度計（励起波長288 nm，蛍光波長355 nm），R：記録計

図12.10 ウインクラー反応生成物のオンライン検出

図12.11に$2 \times 10^{-6} \sim 12 \times 10^{-6}$ mol L^{-1} I_2の検量線用フローシグナルを示すが，濃度に応じて定量的に蛍光強度が負に大きくなることがわかる．ここではオフラインで生成されたI_2をFIAを用いて測定する例を示したが，酸素を固定した後，ウインクラー法の操作も含めオンラインで測定する方法も報告されている．

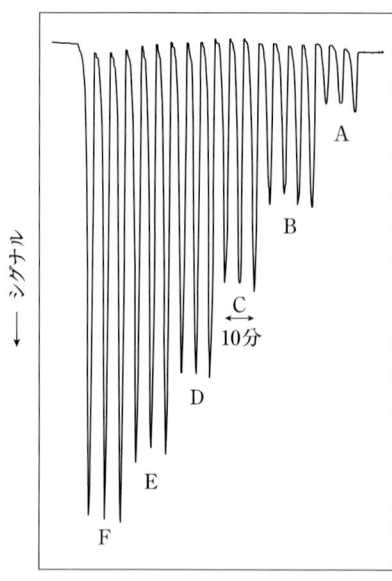

図 12.11 ヨウ素標準液に対する検量線のフローシグナル
(ヨウ素標準液 (× 10⁻⁶M): A, 2.0; B, 4.0; C, 6.0; D, 8.0; E, 10.0; F, 12.0)

（3） 実際の試料への応用例

この方法を河川水などへ適用した結果を以下に述べる.

試料は川, 池の表層 30 cm で採取し, 溶存酸素をウインクラー法により固定化して, 持ち帰った. 暗所に保存した後, この方法により分析した. 川の水では $8.2 \sim 9.3 \, \text{mgO L}^{-1}$, 池の水では $6.8 \sim 9.1 \, \text{mgO L}^{-1}$ の値が得られた. RSD($n = 8$) は $6 \times 10^{-6} \, \text{mol L}^{-1}$ ヨウ素に対して 1% 以下であった. 分析処理速度は $18 \, \text{h}^{-1}$ である.

参 考 文 献

1) T. Sakai, 他: Talanta, **43**, 859 - 865 (1996)
2) T. Sakai, H. Takio, N. Teshima and H. Nishikawa: Anal. Chim. Acta, **438**, 117 (2001)
3) 酒井忠雄, 小熊幸一, 本水昌二 監修:「環境測定のための最新分析技術」(p. 158, シーエムシー出版, 2005)
4) 合原 眞, 他 共著:「環境分析化学」(p. 160, 三共出版, 2004)

13 原子吸光光度法による環境分析

原子吸光光度法は，環境水，排水などの水試料をはじめ，土壌，生体，鉱物などの自然界試料，食料品，衣料品，電気製品などの製品試料中の金属類の分析を行なう方法として広く利用されている．水試料以外は，試料を酸などで溶解してから適用する．

13.1 キレート樹脂濃縮黒鉛炉原子吸光光度法による鉛およびカドミウムの定量

鉛やカドミウムは，鉛蓄電池やニッケル・カドミウム蓄電池などで有効利用される一方で，それらの毒性の高さから，RoHS[*1]・WEEE[*2]指令に指定され，使用や廃棄が厳密に制限されている．また，国内では，食品，添加物等の規格基準[*3]の一部が改正され，食器類等からの鉛およびカドミウムの溶出規格の強化が図られた[1]．

原子吸光光度法には，第3章の3.4.2項に述べたようにフレーム原子吸光光度法と黒鉛炉原子吸光光度法（grafite furnace atomic absorption spectrometry，GFAAS）があるが，ここでは高感度な後者での鉛およびカドミウムの定量法について述べる．

検出限界は，400 ng L^{-1}，20 ng L^{-1}（ただし黒鉛炉に導入する試料体積を 50 μL とした場合）とされているが[2]，本節では，キレート樹脂を充填したミニカラムを装着した自動前処理装置とGFAAS装置をカップリングすることにより，従来の感度を超える分析法（検出限界：鉛 0.630 ng L^{-1}；カドミウム 0.0231 ng L^{-1}）[3]が開発された例について述べる．

13.1.1 原　理

開発された方法には新しい概念の流れ分析法としてシーケンシャルインジェクション（sequential injection，SI）法が採用されている．SIは，シリンジポンプ（溶液保持コイルに発色試薬，試料を注入），ホールディングコイル（溶液保持コイルともよばれ，発色試薬，試料などの溶液を保持），マルチセレクションバルブ（六方や八方などがあり，バルブの切り替えにより，発色試薬，試料，洗浄水などを溶液保持コイルに送る）を備えており，キャリヤー液が充填されたシリンジポンプを引くことによりマルチセレクションバルブを通してホールディグコイ

[*1] 電気・電子機器に含まれる特定有害物質の使用制限に関する欧州議会および理事会指令：鉛，カドミウム，水銀，六価クロム，ポリ臭化ビフェニル，ポリ臭化ジフェニルエーテルの含有率が，電気・電子機器のすべての構成部材で指定の数値（カドミウム 100 ppm，他は 1000 ppm）以下にする．

[*2] 電気・電子機器の廃棄に関する欧州議会及び理事会指令：電気・電子機器の収集・リサイクル・回収の目標を定めている．

[*3] 昭和34年厚生省告示第370号

ル内に発色試薬,試料を保持した後,シリンジポンプを押してキャリヤー液をホールディグコイルに送り,保持された溶液類を検出器側に押し出して検出定量する.

これらのシステムでの自動前処理装置と原子吸光装置の写真とフローダイアグラムを図13.1に示す.自動前処理装置は,シリンジポンプ,八方セレクションバルブ,六方インジェクションバルブから構成される.

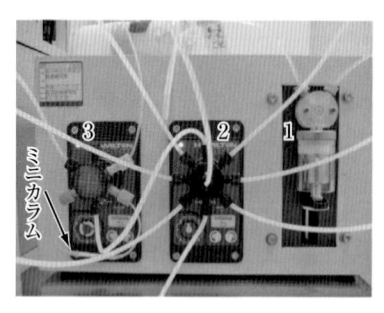

(a) シーケンシャルインジェクション技術による自動前処理装置(1:シリンジポンプ,2:八方セレクションバルブ,3:六方注入バルブ(ミニカラムを設置))

(b) グラファイトファーネス原子吸光分析装置

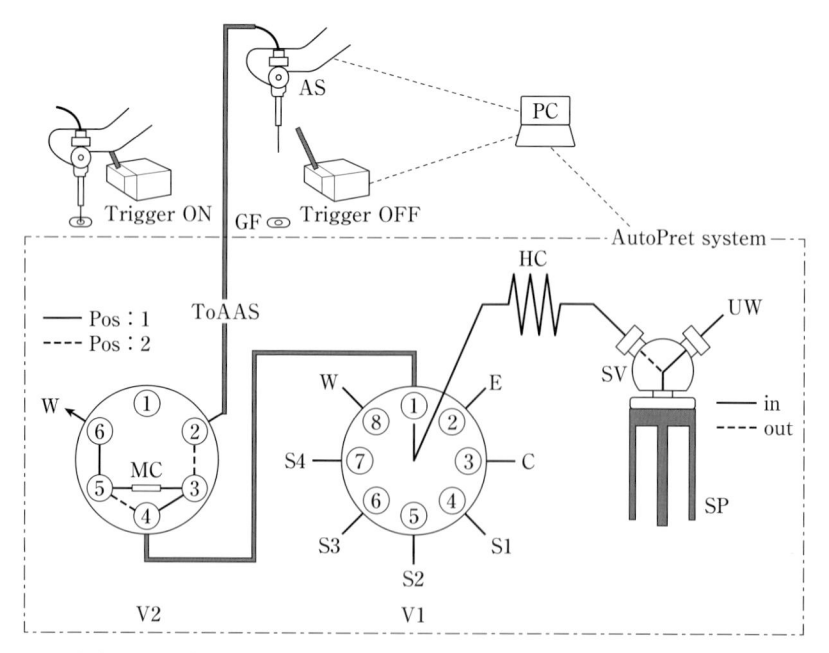

GF:黒鉛炉原子吸光装置,AS:黒鉛炉原子吸光装置への自動注入アーム,SV:シリンジバルブ,SP:シリンジポンプ,V1:八方バルブ,V2:六方バルブ,MC:ミニカラム,HC:ホールディングコイル,UW:高純度水,E:溶離液(3M HNO_3),C:カラムコンディション用溶液,S_1~S_4:標準液あるいは試料,W:廃液,Pos1,2:シリンジバルブの接続,Triger on off:トリガースイッチオン・オフ,Auto Pret system:自動前処理濃縮装置,PC:パソコン

(M. Ueda, N. Teshima, T. Sakai, Y. Joichi and S. Motomizu: And. Sci., **26**, 598 (2010) による)

図13.1

13.1 キレート樹脂濃縮黒鉛炉原子吸光光度法による鉛およびカドミウムの定量

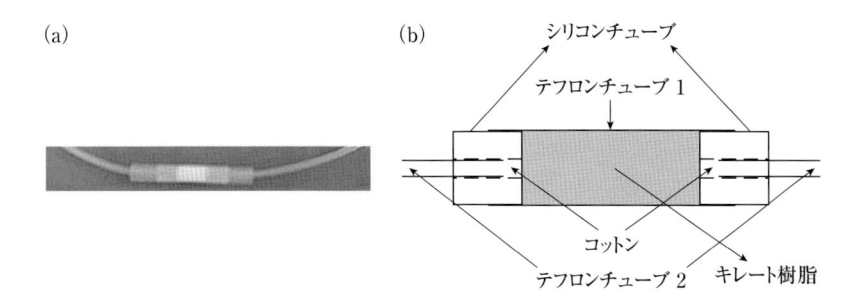

図 13.2 キレート樹脂充填ミニカラムの写真 (a) とその構造 (b). 両脇のシリコンチューブの外径はカラム本体 (テフロンチューブ 1) の内径より 1 mm 程度太いものとする. これをカラム本体にねじ込むことにより, 充填剤や液体の漏れがなくなる.

キレート樹脂[*4]（日立ハイテクホールディング製 NOBIAS CHELATE-PA1）を充填したミニカラムを図 13.2 に示す. このミニカラムを六方注入バルブ上に装着する. 自動前処理装置と GFAAS 装置のカップリングにより, 試料の濃縮, 溶離, 測定の全工程が自動化される.

13.1.2 実　験

まず, コンディショニングとしてミニカラムに 0.1 mol L^{-1} 酢酸アンモニウム溶液を通し, 次に 0.1 mol L^{-1} 酢酸アンモニウム溶液で希釈した試料溶液を通し, カドミウム, 鉛をミニカラムに捕集する. 続いて超純水でカラム洗浄を行なう. 次に 3 mol L^{-1} 硝酸を用いてミニカラムに捕捉したカドミウム, 鉛を溶離し, これを GFAAS の黒鉛炉に注入する. この際, 図 13.3 に示すように, GFAAS のオートサンプラーの動きを利用したトリガースイッチを用いて, 自動前処理装置のプログラムと GFAAS 内蔵の分析プログラムを同期させる. 鉛とカドミウムを定量するために, GFAAS 装置にはそれぞれの光源を装着し, 鉛は波長 283.3 nm, カドミウムは波長 228.8 nm で測定する.

標準液 1 mL をミニカラムに通液した場合, 鉛は 0.1～2 µg L^{-1}, カドミウムは 1～200 ng L^{-1} の濃度範囲で良好な検量線が得られる. ブランク値の 3σ[*5]から算出した検出限界は, 鉛が

[*4] キレート樹脂の例. ポリアミノカルボン酸型カルボキシル基およびアミノ基のキレート生成能により金属イオンが金属キレート（第 2 章の 2.5.2 項を参照）として捕捉.

[*5] 標準液の代わりに純水を用いた場合の検出シグナルのばらつきの偏差 (σ) の 3 倍を検出限界, 10 倍を定量限界として用いる.

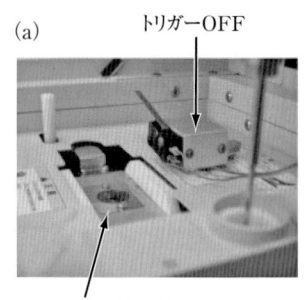

(a) トリガーOFF　　この下部に黒鉛炉がある．

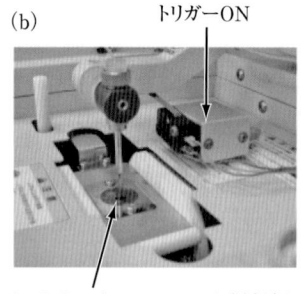

(b) トリガーON　　オートサンプラーのアームが黒鉛炉に向けて下がると，アームがトリガーをONの状態にし，自動前処理装置に信号が送られる．この信号により，50 μLのサンプル溶液が黒鉛炉に導入される．

図13.3　黒鉛炉付近に設置したトリガー

2.63 ng L^{-1}，カドミウムが0.197 ng L^{-1}である．ミニカラムに通液する溶液を増やせば，保持される金属イオンも増えるので，当然ながら感度が上昇する．10 mLを通液した際の検出限界は，鉛0.630 ng L^{-1}，カドミウム0.0231 ng L^{-1}である．検出限界を含めて，他の分析パフォーマンスを表13.1にまとめた．

表13.1　標準液10 mLをミニカラムに通液した場合の分析パフォーマンス

パラメータ	鉛	カドミウム
直線範囲	0.01～0.2 μg L^{-1}	0.1～20 ng L^{-1}
傾き	0.977	0.0116
相関係数	0.996	0.998
検出限界 (ng L^{-1})	0.630	0.0231
定量下限 (ng L^{-1})	2.10	0.0772
相対標準偏差，% ($n=10$)	2.09[a]	2.27[b]
濃縮率	76.3	69.0

a) 0.1 μg L^{-1}の鉛水溶液を10回繰り返し測定した際の相対標準偏差[*6]
b) 10 ng L^{-1}のカドミウム水溶液を10回繰り返し測定した際の相対標準偏差[*6]

13.1.3　測定時の注意事項

　原子吸光光度法では，分析対象の原子に固有の波長を有する光源を用いなければならない．したがって，例えば鉛を測定するときにカドミウム用の光源を用いると，測定ができない．

　また，GFAASの場合，黒鉛炉の寿命に気を付けなければならない．扱うサンプルのマトリックス組成等の要因により，寿命が大きく左右される．強い酸やアルカリのマトリックスの場合，100回の測定すらもたないこともある．炉の損傷により測定感度が変化することに気が付いていないと，分析値を正しく評価できない．

---

*6　繰り返し測定の精度を表すもの．

13.1.4 実際の試料への応用

本システムを，陶器の釉薬*7から溶出する鉛とカドミウムの定量に応用した．釉薬抽出液の採取は，図13.4に示す操作による[4]．3種の陶器から，鉛が$0.307 \sim 2.26\,\mu\mathrm{g\,L^{-1}}$，カドミウムが$0.820 \sim 1.38\,\mathrm{ng\,L^{-1}}$検出されたが，もちろん，規格基準[1]を満たしている．鉛の測定結果はICP-MS法と良く一致し，カドミウムについてはICP-MSでは検出できない濃度レベルを検出することができた．

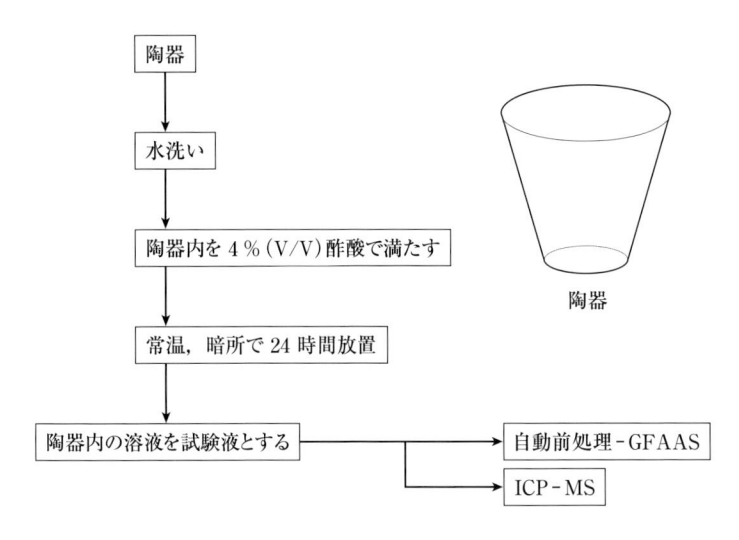

図 13.4 釉薬からの金属溶出試験の操作（詳しくは参考文献 4) を参照）

13.2 クロムの定量

クロムの吸光光度法について第11章の11.6節で述べたが，ここでは原子吸光光度法によるクロムの定量について述べる．

13.2.1 原　理

試料を，アセチレン - 空気フレームに噴霧，あるいは黒鉛炉に注入し，波長357.9 nmでの吸光度を測定し，検量線から濃度を求める（第3章の3.4節を参照）．この場合は，試料中に含まれる全クロムが定量される．

13.2.2 実　験

試料の共存物の状態や分析目的に応じて次のような前処理を行なう．

（1）塩酸あるいは硝酸による煮沸：　試料100 mLにつき塩酸5 mLまたは硝酸5 mLを加え，約10分間加熱する（有機物や懸濁物が少ない試料に適用）．

---

*7　釉薬（うわぐすり）とは，陶磁器の表面に塗ってつやを付けるもの．アルカリ金属，アルカリ土類金属，鉛，亜鉛，カドミウムなどが使われている．

(2) 塩酸あるいは硝酸による分解： 試料 100 mL につき塩酸 5 mL または硝酸 5 mL を加え，液量が約 15 mL になるまで濃縮する．不溶物がある場合は，ろ紙 5 種 B でろ過した後，純水で液量を一定量にする（有機物が少なく，懸濁物として水酸化物，酸化物，硫化物などを含む試料に適用）．

(3) 硝酸と硫酸による分解： 試料の適量をビーカーまたは蒸発皿にとる．硝酸 5～10 mL を加え，加熱板上で静かに加熱して液量が約 10 mL になるまで濃縮する．硝酸 5 mL と硫酸（1 + 1）（この濃度表示については第 4 章の 4.1 節を参照）10 mL を加え，硫酸白煙が出るまで加熱を続ける．有機物が多く，未分解物質が残った場合は，さらに硝酸を加えて加熱を行なう．冷却後，純水を加えて液量約 50 mL とする．不溶物がある場合は，ろ紙 5 種 B でろ過した後，純水で液量を一定量にする（有機物の多い試料に適用）．

硫酸の代わりに過塩素酸を用いる方法がある．これらの方法は，工場排水試験方法（JIS K 0102）の 5 試料の前処理に記載されている．

前処理後の試料をアセチレン–空気フレームに噴霧，あるいは黒鉛炉に注入し，吸光度を測定する．クロム標準液（第 11 章の 11.6.2 項（1）の（iv），（v）を参照）を用いて検量線を作成する．フレーム原子吸光光度法およびグラファイトファーネス原子吸光光度法での測定条件の例を表 13.2 および 13.3 に示す．

表 13.2 フレーム法による Cr の測定条件[*]

測定波長	357.9 nm
中空陰極ランプ電流値	10 mA
スリット	0.25 nm
空気流量	10 mL min^{-1}
アセチレン流量	2.6 mL min^{-1}
1%吸収の濃度	0.09 mg L^{-1}

[*]各数値は，原子吸光光度装置 AA-660 のマニュアル（島津製作所）を参考にした．

表 13.3 黒鉛炉法による Cr の測定条件[*]

測定波長	357.9 nm
中空陰極ランプ電流値	10 mA
スリット	0.5 nm
乾燥	120℃，20 秒
灰化	250℃，10 秒 → 700℃，10 秒 → 700℃，3 秒
原子化	2500℃，3 秒

[*]各数値は，原子吸光分析クックブック第 4 部「電気加熱式原子吸光法の元素別測定条件」（島津製作所）を参考にした．

13.2.3 測定時の注意点

クロム（Ⅲ）とクロム（Ⅵ）が共存する試料に対してクロム（Ⅵ）だけを定量する場合は，試料にアンモニア水を加えてクロム（Ⅲ）を水酸化物として沈殿除去する前処理を行なう．

13.3 ヒ素およびその化合物の定量

亜ヒ酸（三酸化ヒ素）を含むヒ石が古くから「石見銀山ねずみ捕り」などとよばれて殺鼠剤や暗殺などに用いられていたように，ヒ素およびその化合物のほとんどは，人体に非常に有害である．飲み込んだときの急性症状では，吐き気，嘔吐，下痢，激しい腹痛などがみられ，場合によってはショック状態から死に至る．単体ヒ素およびヒ素化合物は，毒物および劇物取締法により医薬用外毒物に指定されており，環境水や水道水の基準値も $0.01~\mathrm{mg~L^{-1}}$ と厳しく規制されている．

13.3.1 原理

無機体のヒ素（Ⅲ）は，容易に気体状の水素化物（AsH_3，アルシン）に変換できる．したがって，ヒ素およびその化合物の定量では酸性下で試料を酸化分解し，すべてのヒ素をヒ素（Ⅴ）にした後，ヨウ化カリウムを加えてヒ素（Ⅲ）に還元する．このヒ素（Ⅲ）を含む試料に水素化試薬のテトラヒドロホウ酸ナトリウム（$NaBH_4$）水溶液を加え，アルシンを発生させる．このアルシンを原子吸光法で測定する．

原子吸光光度法ではアルシンを含むアルゴンの流れを水素 – アルゴンフレームに導入し，吸光度を測定するか，あるいはフレーム原子吸光装置のバーナヘッド部を石英製加熱セルに交換し，アルシンを含む気体を加熱セル（950℃）に導入し，原子状ヒ素に分解後，吸光度を測定する（図 13.5 を参照）．

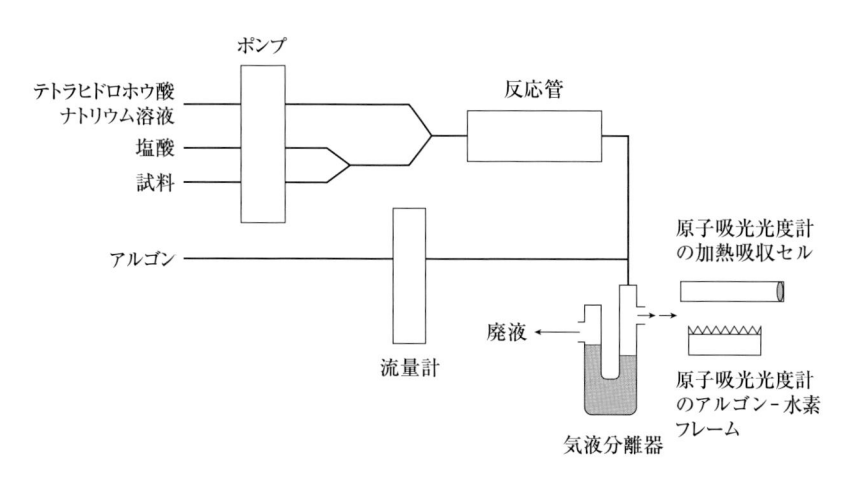

図 13.5 連続式水素化物発生装置（JIS K 0102, 図 61.3 を改変）

$$H_3AsO_4 + 2H^+ + 2e \rightleftarrows H_3AsO_3 + H_2O, \quad E^0 = 0.56\,V \quad (13.1)$$

$$I_2 + 2e \rightleftarrows 2I^-, \quad E^0 = 0.54\,V \quad (13.2)$$

(13.1) と (13.2) より

$$H_3AsO_4 + 2H^+ + 2I^- \rightleftarrows H_3AsO_3 + H_2O + I_2$$

$$NaB(OH)_4 + 8H^+ + 8e \rightleftarrows NaBH_4 + 4H_2O, \quad E^0 = -1.24\,V \quad (13.3)$$

$$H_3AsO_3 + 6H^+ + 6e \rightleftarrows AsH_3 + 3H_2O, \quad E^0 = -0.35\,V \quad (13.4)$$

(13.3) と (13.4) より

$$4H_3AsO_3 + 3NaBH_4 \rightleftarrows 4AsH_3 + 3NaB(OH)_4$$

$$HAsO_2 + 3H^+ + 3e \rightleftarrows As + 2H_2O, \quad E^0 = 0.25\,V \quad (13.5)$$

$$HAsO_2 + 6H^+ + 6e \rightleftarrows AsH_3 + 2H_2O, \quad E^0 = -0.35\,V \quad (13.6)$$

(13.5) と (13.6) より

$$As + 3H^+ + 3e \rightleftarrows AsH_3, \quad E^0 = -0.60\,V$$

13.3.2 実験（全ヒ素定量）

（1） 試薬溶液の調製

(a) ヒ素標準液 ($0.1\,mg\,L^{-1}$)： 容量分析用標準物質の三酸化二ヒ素（酸化ヒ素（Ⅲ））を105℃で約2時間加熱し，デシケーター中で放冷する．その0.132 g をとり，水酸化ナトリウム溶液（$40\,g\,L^{-1}$）2 mL に溶かした後，水を加えて500 mL とする．

(b) 硫酸 (1 + 1)： 濃硫酸と水を体積比1：1で混合する．

(c) 過マンガン酸カリウム溶液 ($3\,g\,L^{-1}$)： 過マンガン酸カリウム0.3 g を水に溶解して100 mL とする．

(d) 塩酸 (1 + 1)： 濃塩酸と水を体積比1：1で混合する．

(e) ヨウ化カリウム溶液 ($200\,g\,L^{-1}$)： ヨウ化カリウム20 g を水に溶解して100 mL とする．

(f) テトラヒドロホウ酸ナトリウム溶液 ($10\,g\,L^{-1}$)： テトラヒドロホウ酸ナトリウム5 g を水酸化ナトリウム溶液（$0.1\,mol\,L^{-1}$）に溶かして500 mL とする．

（2） 前処理操作

JIS K0102 では連続式水素化物発生装置（図13.5）を用いている．本装置を用いてアルシンを発生させるための試料前処理の概略は以下のとおりである．

(a) 試料の適量（ヒ素として $0.1 \sim 1\,\mu g$ を含む）を100 mL のビーカーにとり，硫酸 (1 + 1) 1 mL，硝酸2 mL を加える．この溶液に，過マンガン酸カリウム溶液（$3\,g\,L^{-1}$）を溶液が着色するまで滴加する．

(b) この溶液を硫酸の白煙が発生するまで加熱板上で加熱し，有機物などを分解する．

(c) 溶液を室温まで放冷後，水10 mL，塩酸 (1 + 1) 3 mL，ヨウ化カリウム溶液（$200\,g\,L^{-1}$）2 mL を加える．約30分間放置後，全量フラスコ20 mL に移し，標線まで水を加える．

(d) 水をビーカーにとり，試料前処理と同様な操作を行ない，空試験液を調製する．

(3) 検量線用溶液の調製

ヒ素標準液 1～10 mL を段階的にメスフラスコ 20 mL にとり，塩酸 (1 + 1) 3 mL, ヨウ化カリウム溶液 (200 g L^{-1}) 2 mL を加えた後，水を標線まで加える．

(4) 原子吸光測定

(a) 図 13.5 に示す連続式水素化物発生装置にアルゴンガスを流しながら，検量線用標準液，テトラヒドロホウ酸ナトリウム溶液 (10 g L^{-1})，塩酸 (1 mol L^{-1}) を定量ポンプで連続的に送液し，アルシンを発生させる．

(b) アルシンを含むアルゴンの流れを水素 – アルゴン炎，あるいは石英製加熱セルに導入し，波長 193.7 nm で吸光度を測定し，検量線を作成する．

(c) (2) で前処理した試料溶液についても，同様に吸光度を測定し，検量線から濃度を求める．

13.3.3 測定時の注意点

試料中に硝酸イオンが共存すると，テトラヒドロホウ酸ナトリウムによるヒ化水素発生時に妨害するので，前処理時に硫酸白煙を発生させ，完全に除去する．

13.4 セレンおよびその化合物の定量

セレンはコピー機の感光ドラム，ガラスの着色剤や消色剤，電気の絶縁体などに用いられ，亜セレン酸 (H_2SeO_3)，アセレン酸ナトリウム (Na_2SeO_3) やセレン化水素などの化合物が知られている．また，人にとって必須微量元素ではあるが，多量の摂取は発ガン性の疑いや呼吸器疾患の原因になることが知られている．

環境水中では，主に四価の亜セレン酸 (H_2SeO_3) と六価のセレン酸 (H_2SeO_4) として存在する．生物体中では，二価のセレン化合物や他の有機体セレンとして存在する．

13.4.1 原理

水素化合物発生原子吸光光度法では，試料を前処理してセレン化合物をすべてセレン化水素 (H_2Se) として水素 – アルゴンフレーム中，あるいは石英製加熱セルに導入し，セレンによる原子吸光を波長 196.0 nm で測定する．定量操作は，ヒ素とほぼ同じである．

$$H_2SeO_3 + 4H^+ + 4e \rightleftarrows Se + 3H_2O, \qquad E^0 = 0.74 \text{ V} \qquad (13.7)$$

$$H_2SeO_4 + 2H^+ + 2e \rightleftarrows H_2SeO_3 + H_2O, \qquad E^0 = 1.15 \text{ V} \qquad (13.8)$$

$$NaB(OH)_4 + 8H^+ + 8e \rightleftarrows NaBH_4 + 4H_2O, \qquad E^0 = -1.24 \text{ V} \qquad (13.9)$$

$$H_2SeO_3 + 7H^+ + 7e \rightleftarrows SeH_3 + 3H_2O \qquad (13.10)$$

(13.9) と (13.10) より

$$8H_2SeO_3 + 7NaBH_4 + 4H_2O \rightleftarrows 8SeH_3 + 7NaB(OH)_4$$

セレン (VI) のセレン酸からはセレン化水素はほとんど発生しない．このため，試料を塩酸

($6\ \text{mol L}^{-1}$) 酸性とし，90〜100℃で10分間加熱し，セレン（Ⅵ）を還元してセレン（Ⅳ）にする．

13.4.2 実 験

（1） 試薬溶液の調製

セレン標準液（$2\ \mu\text{g mL}^{-1}$）： 市販のセレン標準液を水で希釈して調製する．検量線用標準液は，セレン標準液（$2\ \mu\text{g mL}^{-1}$）0.5〜3 mL を段階的に 100 mL ビーカーにとり，以下（2）の(b)，(c)の操作を行なって調製する．

硫酸（1 + 1），塩酸（1 + 1），テトラヒドロホウ酸ナトリウム溶液は 13.3.2 項と同様に調製する．

（2） 前処理操作

(a) 試料の適量（セレン 0.05〜0.3 μg）を 100 mL ビーカーにとり，H_2SO_4（1 + 1）1 mL，HNO_3 2 mL を加え，加熱板上で乾固する直前まで加熱する．

(b) 放冷後，塩酸（1 + 1）20 mL を加え，90〜100℃で約10分間加熱する．

(c) 放冷後，25 ml 全量フラスコに移し，水で定容とする．

（3） 検量線用標準液の調製

セレン標準液（$2\ \mu\text{g mL}^{-1}$）0.5〜3 mL を段階的に 100 mL ビーカーにとり，（2）の(b)，(c)の操作を行なう．

（4） 原子吸光の測定

(a) 図 13.5 の装置にアルゴンガスを流しながら，前処理した試料液あるいは（3）で調製した検量線用標準液，テトラヒドロホウ酸ナトリウム溶液（$10\ \text{g L}^{-1}$），塩酸（$1\ \text{mol L}^{-1}$）を定量ポンプで連続的に流し，H_2Se を発生させる．

(b) H_2Se を含むアルゴン流れを水素‐アルゴン炎，あるいは石英製加熱セルに導入し，波長 196.0 nm で吸光度を測定する．検量線から，試料中のセレン濃度を求める．

(c) （3）で調製したセレン標準液についても，同様に吸光度を測定して検量線を作成し，試料中のセレン定量に用いる．

13.4.3 測定時の注意点

セレン化水素発生の最適塩酸濃度は，2.5〜5.0 mol L^{-1} である．

参 考 文 献

1) "食品，添加物等の規格基準の一部を改正する件"，平成 20 年厚生労働省告示第 416 号．

2) 日本分析化学会 編：「改訂五版 分析化学便覧」(2001)

3) M. Ueda, N. Teshima, T. Sakai, Y. Joichi and S. Momomizu：Anal. Sci., **26**, 597 - 602 (2010)

4) JIS S 2400：陶磁器製耐熱食器 解説 (2000)

14 発光分析法による環境分析

発光分析法は，多元素を定性的あるいは定量的に同時分析できる特長をもっている．発光分析の代表的な方法である ICP‐AES の基本原理は第 3 章の 3.5 節で述べた．

14.1 クロム (Ⅵ) および全クロムの定量

クロム (Ⅵ) の定量については，吸光光度法を第 11 章の 11.6 節で，全クロムの定量については，原子吸光光度法を第 13 章の 13.2 節でそれぞれ述べた．ここでは，ICP‐AES によるクロム (Ⅵ) および全クロムの定量について詳解する．

14.1.1 クロム (Ⅵ) の定量

クロム (Ⅲ) が存在する場合には，次の沈殿分離操作によりクロム (Ⅲ) を除いた後に，クロム (Ⅵ) を定量する．

実　験

(a) 試薬溶液の調製

(ⅰ) 硫酸アンモニウム鉄 (Ⅲ) 溶液： 硫酸鉄 (Ⅲ) アンモニウム 12 水和物 (Fe (Ⅲ) (NH$_4$) (SO$_4$)$_2$・12H$_2$O) 5 g を硫酸 (1 + 1) (この濃度表示については第 4 章の 4.1 節を参照) 1 mL に溶かし，水で 100 mL とする．

(ⅱ) アンモニア水 (1 + 4)： 濃アンモニア水と水を体積比で 1：4 に混合する．

(ⅲ) 硝酸アンモニウム溶液 (10 g L^{-1})： 硝酸アンモニウム 1 g を水に溶解して 100 mL とする．

(ⅳ) クロム標準液 (2 µg mL^{-1})： 第 11 章の 11.6.2 項 (1) の (a) と同様に調製する．

(b) 試料の前処理

試料中のクロム (Ⅲ) を水酸化物の沈殿として除去する．

(ⅰ) 試料の適量 (500 mL 以下) に硫酸アンモニウム鉄 (Ⅲ) 溶液 1 mL を加えてかき混ぜる．

(ⅱ) アンモニア水 (1 + 4) を加えて微アルカリ性にした後，アンモニア臭がほとんどなくなるまで静かに煮沸する．沸点近くの温度に保ち，沈殿を熟成させた後，ろ紙 (5 種 A) でろ過し，温硝酸アンモニウム溶液 (10 g L^{-1}) で洗浄する．

(ⅲ) ろ液と洗液を合わせ，塩酸または硝酸を加えて 0.1 ～ 1 mol L^{-1} の酸性溶液とする．

(c) 検量線の作成

全量フラスコ (100 mL) に測定濃度範囲を含むようにクロム標準液 ($2\,\mu\mathrm{g\,mL^{-1}}$) を段階的にとり，硝酸 (1 + 1) 1 mL を加え，水で 50 mL とする．この溶液を高周波プラズマ中に噴霧し，クロムによる発光強度を 206.149 nm で測定し，発光強度と濃度との検量線を作成する．

(d) 試料の測定

前処理した試料を高周波プラズマ中に噴霧し，クロムによる発光強度を 206.149 nm で測定し，予め作成した検量線を用いてクロム濃度を求める．

14.1.2 全クロムの定量

全クロムの定量では，試料を第 13 章の 13.2.2 項のような前処理を行なった後，高周波プラズマ中に導入して，発光強度を測定する．

実　験

(a) 試料溶液の調製

有機物や懸濁物質が極めて少ない試料では，試料 100 mL につき濃硝酸 5 mL を加え，加熱して約 10 分間煮沸する．放冷後，水で一定量にする．

(b) 検量線の作成

14.1.1 項の検量線と同様に作成する．

(c) 試料の測定

(a) で調製した試料を高周波プラズマ中に噴霧し，クロムによる発光強度を 206.149 nm で測定し，予め作成した検量線を用いてクロム濃度を求める．

14.1.3 コンピュータ制御カラム前処理を併用するクロム (III) と (VI) の同時定量

(1) 原　理

クロム (III) とクロム (VI) を別々に捕集する固相をカラムに充填し，それぞれの固相にクロム (III)，クロム (VI) を捕集する．カラム洗浄等を行なった後に溶離液で順次溶出し，高周波プラズマに導入し，発光強度を測定する．これら一連の操作はコンピュータですべて制御され，自動的に行なわれる．用いるカラムは，容量約 0.1 mL のミニカラム (内径 2 mm，長さ 40 mm) で，それぞれの固相を充填する．

装置の概略を図 14.1 に示す．ここでは，クロム (III) の捕集にはキレート樹脂 (第 13 章の 13.1 節の * 4 を参照) を用い，クロム (VI) の捕集にはキトサン基材樹脂 (キトサンは直鎖型の多糖類であり，分子量は数千から数十万におよぶ高分子で，分子式は $(\mathrm{C_6H_{11}NO_4})_n$) を用いているが，クロム (VI) の捕集には陰イオン交換樹脂，クロム (III) の捕集には陽イオン交換樹脂を用いることもできる．

14.1 クロム(VI)および全クロムの定量

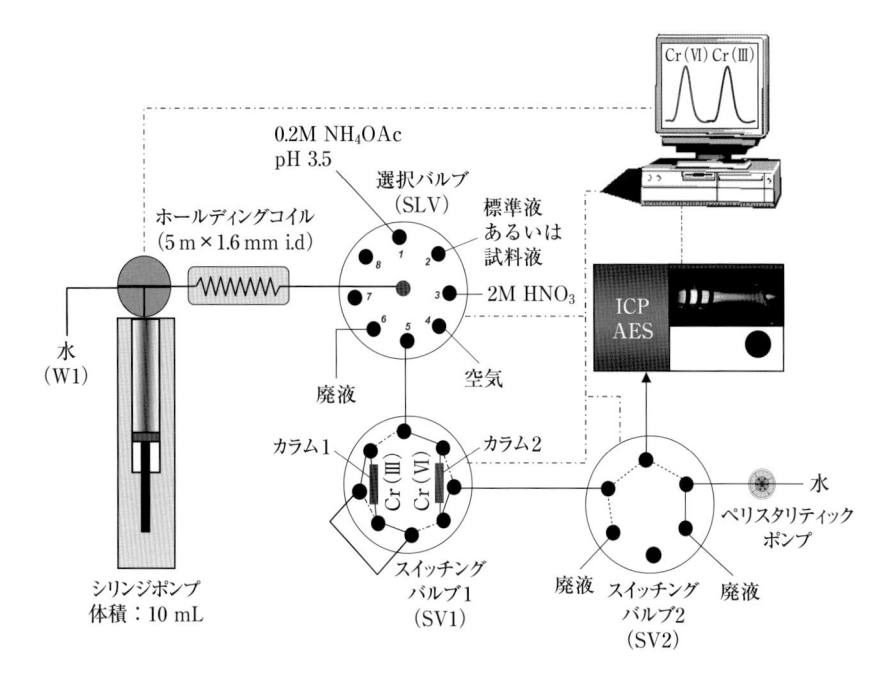

図14.1 コンピュータ制御カラム前処理/ICP-AESによるクロム(III)およびクロム(VI)の同時測定

図14.2には，4-ヒドロキシフタル酸を固定化したキトサン基材樹脂(CCTS-HPA)を用いた場合のpHによる捕集挙動を示している．pH 3.5では，CCTS-HPAはクロム(VI)のみを捕集する．一方，このpHにおいてキレート樹脂はクロム(III)のみを捕集する．

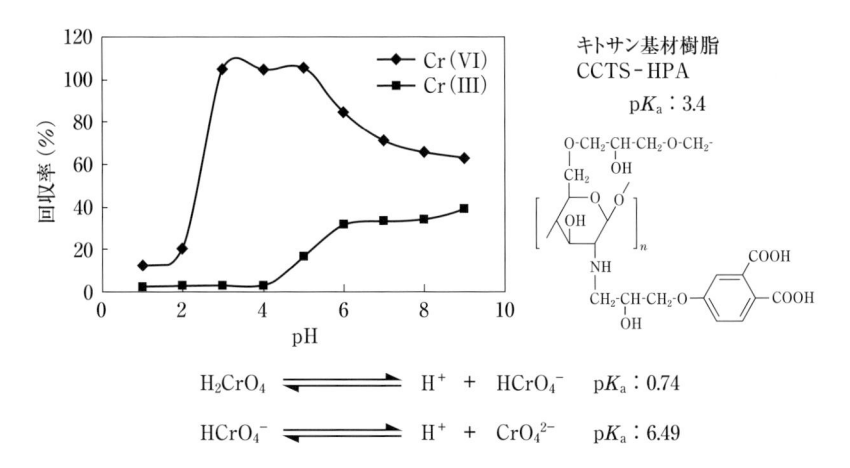

$$H_2CrO_4 \rightleftharpoons H^+ + HCrO_4^- \quad pK_a : 0.74$$

$$HCrO_4^- \rightleftharpoons H^+ + CrO_4^{2-} \quad pK_a : 6.49$$

Cr(III)はpH 1〜4で$[Cr(H_2O)_6]^{3+}$として存在している．pH 4以上では，$Cr(OH)_3$として沈殿する傾向にある．

図14.2 クロム(VI)およびクロム(III)の捕集挙動

(2) 実　験

(a) 試薬溶液の調製

（ⅰ）　クロム（Ⅵ）標準液（$2\,\mu\mathrm{g\,mL^{-1}}$）：　第11章の11.6.2項（1）の（a）と同様に調製する．

（ⅱ）　クロム（Ⅲ）標準液（$2\,\mu\mathrm{g\,mL^{-1}}$）：　硝酸クロム（Ⅲ）九水和物 0.0769 g を 0.01 mol L^{-1} 硝酸 100 mL に溶解する．これを純水で 50 倍に希釈する．

（ⅲ）　クロム（Ⅲ）とクロム（Ⅵ）の混合標準液：　（ⅰ）と（ⅱ）の適量をとり，（ⅲ）の酢酸アンモニウム溶液で適宜希釈する．

（ⅳ）　酢酸アンモニウム溶液（$0.2\,\mathrm{mol\,L^{-1}}$, pH 3.5）：　酢酸アンモニウム 1.54 g を水に溶かし，酢酸などを用いて pH を 3.5 に調整した後，全量を水で 100 mL とする．

（ⅴ）　溶離液（$2\,\mathrm{mol\,L^{-1}}$ 硝酸）：　濃硝酸を水で希釈して調製する．

(b) 定量操作

（ⅰ）　カラムのコンディショニング：　図 14.1 のスイッチングバルブ 1（SV 1）をポジション 2（点線の流路）に，スイッチングバルブ 2（SV 2）をポジション 1（点線の流路）に合わせる．シリンジポンプを用いて選択バルブ（SLV）のポート 1 から，酢酸アンモニウム溶液（$0.2\,\mathrm{mol\,L^{-1}}$, pH 3.5）2 mL（流量 $200\,\mu\mathrm{L\,s^{-1}}$）をホールディングコイルに吸引する．この酢酸アンモニウムを選択バルブ（SLV）のポート 5 を通してカラムに流し，カラムのコンディショニングを行なう．

（ⅱ）　クロム（Ⅲ），クロム（Ⅵ）のカラム捕集：　図 14.1 のシリンジポンプで 5 mL の試料を選択バルブ（SLV）のポート 2 を通してホールディングコイルに吸引する．選択バルブ（SLV）のポート 5 を通してこの試料をカラムに流し，クロム（Ⅲ），クロム（Ⅵ）を捕集する．

（ⅲ）　洗浄：　超純水 1 mL をシリンジポンプに吸引し，流量 $50\,\mu\mathrm{L\,s^{-1}}$ でカラムを洗浄する．

（ⅳ）　クロム（Ⅵ）の溶離と測定：　溶離液（$2\,\mathrm{mol\,L^{-1}}$ 硝酸）$500\,\mu\mathrm{L}$ をホールディングコイルに吸引する．超純水 2 mL をシリンジポンプに満たす．スイッチングバルブ 1（SV 1）をカラム 2 側のポジション 1（実線の流路）に，スイッチングバルブ 2（SV 2）をポジション 2（実線の流路）に設定し，ホールディングコイル中の溶離液および超純水をカラム 2 に流し，クロム（Ⅵ）を溶出し，発光強度を測定する．

（ⅴ）　クロム（Ⅲ）の溶離と測定：　クロム（Ⅵ）と同様に溶離液，超純水を吸引する．スイッチングバルブ 1（SV 1）をカラム 1 側に切り換えて，溶離液および超純水をカラム 1 に流し，クロム（Ⅲ）を溶出し，発光強度を測定する．

（ⅵ）　クロム（Ⅲ）およびクロム（Ⅵ）の定量：　クロム（Ⅲ）とクロム（Ⅵ）の混合標準液を用いて検量線を作成する．この検量線を用いて，試料中のクロム（Ⅲ）およびクロム（Ⅵ）の濃度を求める．

（3） 実際の試料への応用例

クロム（Ⅲ）とクロム（Ⅵ）の混合標準液を用いて（b）の定量操作を行なって得られたシグナルの一例を図 14.3 に示す．また，表 14.1 には，本測定法による河川水，水道水，市販飲用水中のクロム（Ⅲ）およびクロム（Ⅵ）の測定結果を示す．

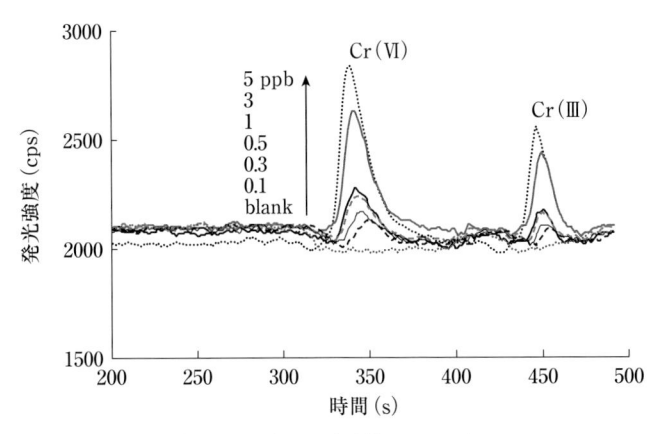

試料：5 mL（pH 3.5）流量 30 μL s^{-1}
溶離液：0.5 mL of 2 mol L^{-1} HNO$_3$ Cr（Ⅲ），Cr（Ⅵ）
溶離液流量：Cr（Ⅲ）：50 μL s^{-1}
溶離液流量：Cr（Ⅵ）：30 μL s^{-1}

図 14.3 クロム（Ⅲ）およびクロム（Ⅵ）の測定シグナル例

表 14.1 環境試料，飲料水等中のクロム（Ⅲ）およびクロム（Ⅵ）の定量

	添加量 (mg L^{-1})		測定値 (mg L^{-1})		回収率 (％)	
	Cr（Ⅲ）	Cr（Ⅵ）	Cr（Ⅲ）	Cr（Ⅵ）	Cr（Ⅲ）	Cr（Ⅵ）
Zasu River	0	0	0.31 ± 0.02	0.11 ± 0.00		
	0.2	0.2	0.51 ± 0.02	0.32 ± 0.01	99.9	100.3
Asahi River	0	0	0.30 ± 0.02	0.10 ± 0.00		
	0.2	0.2	0.49 ± 0.02	0.31 ± 0.00	97.0	103.4
水道水 A（岡山）	0	0	0.15 ± 0.01	0.10 ± 0.01		
	0.2	0.2	0.36 ± 0.00	0.31 ± 0.01	101.6	106.1
水道水 B（岡山）	0	0	0.12 ± 0.02	0.07 ± 0.01		
	0.1	0.1	0.22 ± 0.01	0.17 ± 0.01	94.1	97.0
ミネラル水 A	0	0	0.23 ± 0.02	0.15 ± 0.00		
	0.2	0.2	0.43 ± 0.02	0.36 ± 0.01	97.9	107.1
ミネラル水 B	0	0	0.79 ± 0.04	0.62 ± 0.03		
	0.8	0.8	1.61 ± 0.03	1.41 ± 0.02	102.9	97.8

試料：5 ml（pH 3.5）を使用

14.2 多元素同時定量

14.2.1 原 理

最近の ICP‐AES では，試料を高周波プラズマに導入すれば，数十元素の発光強度を 1 mL

表 14.2 測定波長，定量範囲，繰り返し分析精度の一例

対象元素	測定波長 (nm)	定量範囲 (μg L^{-1})	繰返し精度 (%)
銅 (Cu)	324.754	20 〜 5000	2 〜 10
亜鉛 (Zn)	213.856	10 〜 6000	2 〜 10
鉛 (Pb)	220.351	100 〜 2000	2 〜 10
カドミウム (Cd)	214.438	10 〜 2000	2 〜 10
マンガン (Mn)	257.610	10 〜 5000	2 〜 10
鉄 (Fe)	238.204	10 〜 5000	2 〜 10
ニッケル (Ni)	221.647	40 〜 2000	2 〜 10
コバルト (Co)	228.616	30 〜 3000	5 〜 10
イットリウム (Y)*	371.029	—	—

*内標準元素（第3章の3.5節を参照）にはイットリウムの他，インジウム，イッテルビウムも使用できる． (JIS K 0102, 表 52.1 による)

表 14.3 測定波長，定量範囲，繰り返し分析精度の一例

対象元素	測定波長 (nm)	定量範囲 (μg L^{-1})	繰返し精度 (%)
アルミニウム (Al)	309.271	80 〜 4000	2 〜 10
クロム (Cr)	206.149	20 〜 4000	2 〜 10
モリブデン (Mo)	202.030	40 〜 4000	2 〜 10
バナジウム (V)	309.311	20 〜 2000	2 〜 10
イットリウム (Y)*	371.029	—	—

*内標準元素 (JIS K 0102, 表 58.1 による)

もしくは，これ以下の試料量で数十秒間内に同時に測定できる．また，ほとんどの金属元素に対し，定量下限は 1 〜 10 μg L^{-1} 程度で電気加熱原子吸光光度法と同程度であり，共存物質の影響を受けにくいという利点がある．

表 14.2 には銅と，表 14.3 にはアルミニウムと同時に測定できる元素の測定波長および定量範囲をそれぞれ示す．

14.2.2 実　験

(a) 試料液の調製

有機物や懸濁物質が極めて少ない試料では，試料 100 mL につき濃硝酸 5 mL を加え，加熱して約 10 分間煮沸する．放冷後，水で一定量にする．

(b) 検量線の作成

金属標準液を用いて，測定対象元素を含み，段階的に濃度を変えた混合標準液を調製する（試料液と同じ濃度の硝酸酸性にするため，標準液 100 mL 当たり，硝酸 (1 + 1) 2 mL を含む）．この混合標準液を高周波プラズマに導入し，それぞれの元素に対応する波長における発光強度を測定し，検量線を作成する．

(c) 試料の測定

(a)で調製した試料溶液を高周波プラズマ中に噴霧し，それぞれの元素の波長で発光強度を測定し，(b)で作成した検量線を用いてそれぞれの元素の濃度を求める．

14.2.3 実際の試料への応用例

環境水，水道水等の有害金属の水質基準は，表14.2，14.3の定量範囲以下であり，この方法では測定できない．例えばカドミウム，鉛，水銀，ヒ素，クロム(Ⅵ)の基準値は，それぞれ0.003，0.01，0.0005，0.01，0.05 mg L^{-1}以下であるので，何らかの前処理操作により，濃縮等が必要とされる．

14.1.3項で述べたコンピュータ制御カラム前処理を併用する金属の同時定量法を用いれば，河川水中の微量金属の一斉分析が可能となる．図14.4の装置を用いて測定した結果を表14.4と14.5に示す．なお，ミニカラムには，市販のキレート樹脂であるイミノ二酢酸型キレート樹脂 (Muromac A-1) を充填したものを用いた．

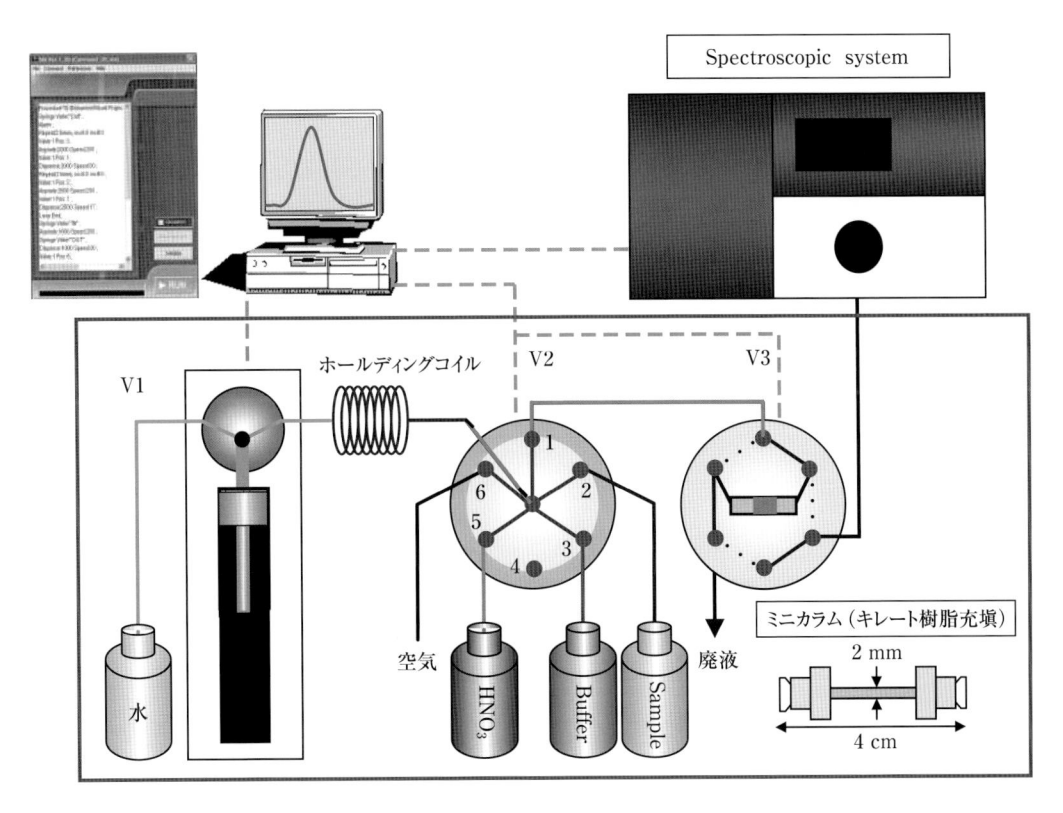

図 **14.4** コンピュータ制御カラム前処理/ICP‐AESによる多元素同時測定装置
(R. K. Katarina, N. Lenghor and S. Motomizu：Anal. Sci. **23**, 343-350 (2007) による)

表14.4 コンピュータ制御カラム前処理/ICP‐AES による多元素同時定量

金属	波長 (nm)	直線範囲 (ng mL^{-1})	直線性 (R^2)	濃縮係数	RSD	LOD	
Ba	493.408	0.1 ~ 10	0.9973	5	4.6	0.02	0.4
Be	313.042	0.001 ~ 10	0.9946	10	5.1	0.001	0.4
Cd	226.502	0.01 ~ 10	0.9991	16	6.7	0.018	0.6
Co	228.615	0.1 ~ 10	0.9987	9	9.6	0.10	1.5
Cr	205.560	0.1 ~ 10	0.9998	14	4.6	0.09	1.3
Cu	324.754	0.1 ~ 10	0.9909	15	2.1	0.08	1.5
Fe	259.940	0.1 ~ 10	0.9968	13	2.7	0.05	1.3
Mn	257.610	0.01 ~ 10	0.9997	10	4.4	0.008	0.4
Ni	231.604	0.05 ~ 10	0.9971	12	6.7	0.16	2.4
Pb	220.353	0.1 ~ 10	0.9980	16	5.5	0.18	4.4
Sc	361.383	0.01 ~ 10	0.9916	19	4.5	0.01	0.3
V	292.401	0.1 ~ 10	0.9986	17	2.9	0.09	1.4
Zn	213.856	0.1 ~ 10	0.9955	12	8.7	0.02	1.3

試料：5 mL，金属イオン濃度：0.5 μg L^{-1} ($n=7$)，検出限界 (LOD)：(S/N) = 3 に相当，右側は直接測定の LOD，SD (0.01M HNO$_3$ の標準偏差，$n=10$) の3倍に相当．

(R. K. Katarina, N. Lenghor and S. Motomizu：Anal. Sci. **23**, 343‐350 (2007) による)

表14.5 河川水中の金属イオンの多元素同時定量

金属	人工河川水[a]での回収率(%)	河川水 A (ng mL^{-1})	河川水 B (ng mL^{-1})	河川水 C (ng mL^{-1})	水道水 A[b] (ng mL^{-1})	水道水 B[c] (ng mL^{-1})
Ba	111.5	2.6 ± 0.2	1.7 ± 0.2	9.6 ± 0.4	5.0 ± 0.8	6.3 ± 0.4
Be	98.7	0.002 ± 0.001	0.003 ± 0.001	0.009 ± 0.001	0.003 ± 0.001	0.003 ± 0.001
Cd	92.9	0.042 ± 0.003	0.023 ± 0.008	0.090 ± 0.006	0.005 ± 0.002[e]	0.006 ± 0.002[e]
Co	96.8	0.046 ± 0.010[e]	0.20 ± 0.03	0.15 ± 0.04	0.035 ± 0.018[e]	0.049 ± 0.013[e]
Cr	105.9	0.24 ± 0.02	0.17 ± 0.00	0.36 ± 0.04	0.12 ± 0.01	0.13 ± 0.03
Cu	94.5	1.7 ± 0.1	1.8 ± 0.3	1.2 ± 0.0	2.5 ± 0.2	7.3 ± 0.0
Fe	103.4	OR[d]	OR[d]	OR[d]	OR[d]	3.7 ± 0.1
Mn	105.0	5.2 ± 0.6	3.7 ± 0.1	OR[d]	0.25 ± 0.01	0.20 ± 0.02
Ni	106.6	0.29 ± 0.02	0.36 ± 0.01	0.94 ± 0.10	0.73 ± 0.07	0.75 ± 0.11
Pb	96.9	0.25 ± 0.06	0.23 ± 0.04	0.48 ± 0.10	0.08 ± 0.02[e]	0.10 ± 0.04[e]
Sc	97.9	0.05 ± 0.00	0.04 ± 0.01	0.13 ± 0.01	0.05 ± 0.01	0.08 ± 0.00
V	92.8	1.2 ± 0.2	1.0 ± 0.1	1.8 ± 0.3	0.94 ± 0.05	1.2 ± 0.1
Zn	101.9	2.3 ± 0.1	0.8 ± 0.1	6.8 ± 1.0	0.8 ± 0.1	0.8 ± 0.0

試料：5 mL，a) 人工河川水：各金属イオン濃度 0.5 ng mL^{-1}，b) 水道水 (岡山市)，c) 水道水 (岡山市)，d) OR，測定範囲を超えた高濃度，e) 試料：15 mL．

(R. K. Katarina, N. Lenghor and S. Motomizu：Anal. Sci. **23**, 343‐350 (2007) による)

参 考 文 献

1) Y. Furusho, A. Sabarudin, L. Hakim, K. Oshita, M. Oshima and S. Motomizu：Anal. Sci., **25**, 51‐56 (2009)

2) S. Motomizu, K. Jitmanee and M. Oshima：Anal. Chim. Acta, **499**, 149‐155 (2003)

15 高周波誘導結合プラズマ（ICP）- 質量分析法（MS）

　試料溶液をアルゴンプラズマ中に導入し，生成する各元素イオンの質量数を質量分析計の分離部で分離し，検出部でイオン数をカウントして定量する．この方法の原理の詳細については，第3章の3.6節で述べた．この方法は，高感度で多元素を同時に測定できることから，水道水，環境水をはじめ，生体試料，種々の加工品など多方面に用いられている．

15.1　原　理

　原理については，第3章の3.6.1項を参照してほしい．

15.2　実　験

（1）装置

　一例を図15.1に示す．

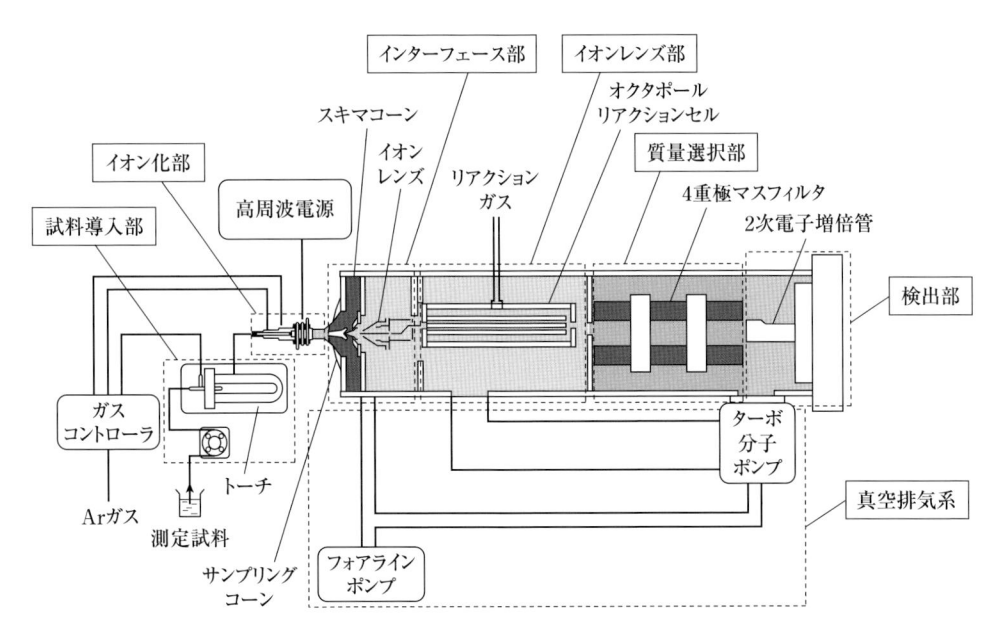

図15.1　リアクションセル[1,2]搭載ICP - MSの概要例
（G7200-96210（Rev. A）MassHunter Workstation クイックスタートガイド（アジレントテクノロジー（株））による）

（2） 混合標準液，内標準液，検量線用標準液などの調製

(a) 混合標準液の調製： 市販の ICP 測定用混合標準液を純水で希釈して用いる．あるいは，測定対象元素に応じて市販の各金属標準液を混合し，純水で希釈して用いる．

例： 混合標準液（Al, As, Bi, Cd, Co, Cr, Cu, Mn, Ni, Pb, Se, V, Zn の $10\,\mu\mathrm{g\,mL^{-1}}$）の調製

市販の各金属標準液（$1\,\mathrm{mg\,mL^{-1}}$）を各 5 mL ずつ 500 mL メスフラスコにとり，硝酸（1＋1）10 mL を加え，純水で 500 mL とする．

(b) 内標準液（第 3 章の 3.5 節を参照）（イットリウム $50\,\mu\mathrm{g\,mL^{-1}}$）の調製： 酸化イットリウム 0.3185 g を高純度試薬硝酸 5 mL に加熱しながら溶かし，煮沸して窒素酸化物を追い出した後，冷却する．これをメスフラスコ 250 mL に移し入れた後，純水を加えて 250 mL にする．この溶液 10 mL をメスフラスコ 100 mL にとり，純水を加えて 100 mL にする．

(c) 内標準液（インジウム $50\,\mu\mathrm{g\,mL^{-1}}$）の調製： インジウム 0.250 g を高純度試薬硝酸 10 mL に加熱しながら溶かし，煮沸して窒素酸化物を追い出した後，冷却する．これをメスフラスコ 250 mL に移し入れた後，純水を加えて 250 mL にする．この溶液 5 mL をメスフラスコ 100 mL にとり，硝酸（1＋1）2 mL を加え，純水で 100 mL とする．

(d) 内標準液（イットリウムあるいはインジウム $1\,\mu\mathrm{g\,mL^{-1}}$）： (b) あるいは (c) の溶液 2 mL をメスフラスコ 100 mL にとり，硝酸（1＋1）2 mL を加え，純水で 100 mL とする．市販のイットリウム標準液（$1\,\mathrm{mg\,mL^{-1}}$）あるいはインジウム標準液（$1\,\mathrm{mg\,mL^{-1}}$）0.1 mL をメスフラスコ 100 mL にとり，硝酸（1＋1）2 mL を加え，純水で 100 mL とする．

(e) 検量線標準液の調製： 例えば，(a) の例にあげた混合標準液（$10\,\mu\mathrm{g\,mL^{-1}}$）0.1～5 mL をメスフラスコ 100 mL にとり，(d) の内標準液 1 mL，硝酸（1＋1）を試料の硝酸濃度と同じになるように加え，純水で 100 mL とする．

（3） 前処理操作

目的に応じて試料の前処理を行なう．

(a) 溶存態の各金属イオン（錯イオンを含む）の測定： 試料をメンブランフィルター $0.45\,\mu\mathrm{m}$ でろ過する．

(b) 懸濁態も含めた金属の全量測定： 工場排水試験方法 JIS K 0102 では，試料に応じて以下の酸処理分解のいずれかを行なうように規定されている（第 13 章の 13.2 節を参照）．

  1. 塩酸あるいは硝酸による煮沸　　2. 塩酸あるいは硝酸による分解
  3. 硝酸と硫酸による分解　　4. 硝酸と過塩素酸による分解

(c) 低濃度試料の濃縮

1. 蒸発濃縮： 試料を加熱し，濃縮する．塩類の多い試料では，濃縮にともない塩類の析出による突沸に注意をする．

2. 溶媒抽出： N,N-ジエチルジチオカルバミド酸ナトリウム（$(\mathrm{C_2H_5})_2\mathrm{NCS_2Na}$）（DDTC-Na），1-ピロリジンカルボジチオ酸アンモニウム（$\mathrm{N(CS_2NH_4)CH_2CH_2CH_2CH_2}$）（APDC-NH$_4$）

は多くの金属イオンと錯体を生成し，メチルイソブチルケトンなどの有機溶媒に抽出される．

3．固相抽出： キレート樹脂などを充填したカラムやディスクに試料を通して金属イオンを捕集した後，硝酸などで溶離し濃縮する．

（4） 検量線の作成

（2）の (e) で調製した標準液を ICP‑MS 中に導入する．測定対象元素，内標準のイットリウムあるいはインジウムそれぞれの質量数/電荷（m/z）における指示値を読みとる．また，空試験としてメスフラスコ 100 mL に内標準液（イットリウムあるいはインジウム 1 μg mL^{-1}）1 mL をとり，硝酸（1＋1）を試料の硝酸濃度と同じ濃度になるように加えた後，純水で 100 mL とした溶液を同様に ICP‑MS に導入し，指示値を読みとり，標準液における指示値の比を補正する．以上より，測定対象元素と内標準元素との補正した指示値の比と測定対象元素の濃度の検量線を作成する．

（5） 試料の測定

前処理をした試料の適量をメスフラスコ 100 mL にとり，内標準液（イットリウムあるいはインジウム 1 μg mL^{-1}）1 mL を加える．硝酸濃度が 0.1～0.5 mol L^{-1} になるように，硝酸（1＋1）を加えた後，純水で全量を 100 mL とする．これを，ICP‑MS 中に導入する．測定対象元素，内標準のイットリウムあるいはインジウムそれぞれの質量数/電荷（m/z）における指示値を読みとる．空試験を行ない，指示値を補正し，測定対象元素と内標準元素との指示値の比を求める．（4）で作成した検量線から濃度を算出する．

なお，各元素の測定質量数の例は表 15.1 に示した．

表 15.1　分析対象元素の測定質量数の例（リアクションセル使用時）

測定質量数	元素	リアクションガス	内標準元素
27	Al	ヘリウム	^{9}Be または ^{71}Ga
44	Ca	水素	^{9}Be または ^{71}Ga
52	Cr	ヘリウム	^{71}Ga
55	Mn	ヘリウム	^{71}Ga
56	Fe	水素	^{71}Ga
60	Ni	ヘリウム	^{71}Ga
63	Cu	ヘリウム	^{71}Ga
66	Zn	ヘリウム	^{71}Ga
75	As	ヘリウム	^{71}Ga
78	Se	水素	^{71}Ga
111	Cd	ヘリウム	^{115}In
208	Pb	ヘリウム	^{205}Tl

（G7200‑96210(Rev. A)MassHunter Workstation クイックスタートガイド（アジレントテクノロジー（株））による）

15.3 測定時の注意事項

実験では，試料溶液や検量線作成用溶液の調製を 100 mL で行なっているが，状況に応じてもう少し少量で行なってもよい．

ICP - MS は高感度なので，純水や試薬は高純度のものを用いる．また，メスフラスコやビーカー，あるいはテフロンやポリプロピレンなどの容器は予め硝酸 ($1\,\mathrm{mol\,L^{-1}}$) に漬け置きした後，純水で十分に洗浄するなどして容器からの汚染を防ぐ．操作環境中からの汚染がないように工夫する．

15.4 測定時の失敗例

分子認識ゲルを充填したカラムで微量の鉛イオンを濃縮する方法では，カラムに吸着した鉛イオンを塩化カリウム溶液で溶離する．塩化カリウム溶液で溶離したところ，正の妨害が起こり，塩化カリウム中に微量の鉛が含まれていることがわかった．特級試薬の塩化カリウムに微量の鉛が含まれていて，測定値に正の誤差を与える場合がある．この場合は，塩化カリウム溶液に EDTA を加えて除去するとよい．

15.5 実際の試料への応用例[3,4]

海水の主成分であるナトリウム，カリウム，マグネシウム，カルシウムは数百 $\mu\mathrm{g\,mL^{-1}}$ から %オーダーで存在する．一方，銅や鉛のような元素は $\mathrm{ng\,mL^{-1}} \sim \mathrm{pg\,mL^{-1}}$ の濃度で存在する場合が多い．主成分から目的元素だけを分離濃縮するために，キレート樹脂などが充填されたカラムが用いられる．ここではその一例を示す．イミノ二酢酸キレート樹脂はキレート樹脂の中でもアルカリ土類金属の吸着捕集が少ないといわれているが，海水のようにアルカリ土類金属が高濃度で存在する場合は，その一部が捕集され，そのまま溶離すると，それらに起因する多原子イオンが生成し，スペクトル干渉を引き起こす．例ではこれを低減するために，捕集後のカラムを酢酸 - 酢酸アンモニウム緩衝液で洗浄している．

(1) 試薬液の調製

(a) 酢酸 - 酢酸アンモニウム緩衝液 ($1\,\mathrm{mol\,L^{-1}}$, pH 5.5)： 酢酸 ($1\,\mathrm{mol\,L^{-1}}$) と酢酸アンモニウム溶液 ($1\,\mathrm{mol\,L^{-1}}$) を混合して pH 5.5 とする．

(b) 硝酸 ($2\,\mathrm{mol\,L^{-1}}$)

(c) 多元素混合標準液： 市販の ICP - MS 用多元素混合標準液を希釈する．なお，標準液には，希釈後の硝酸の濃度が $2\,\mathrm{mol\,L^{-1}}$ となるように硝酸を加える．

硝酸，酢酸などには高純度試薬を，純水には高純度水を用いる．

(2) キレート樹脂カラム

イミノ二酢酸キレート樹脂（例えば MuromacA-1）は硝酸 ($2\,\mathrm{mol\,L^{-1}}$)，純水を通して洗浄する．

(3) 試料の測定

メンブランフィルター (0.45 μm) でろ過した海水試料に酢酸 - 酢酸アンモニウム緩衝液を加えて，pH を 5.5 に調節する．この試料 100 ～ 200 mL を流量 1 mL min^{-1} でカラムに流し，分析目的元素などをカラムに捕集する．次に，酢酸 - 酢酸アンモニウム緩衝液 30 mL，純水 10 mL を同じ流量で流してカラムを洗浄する．この洗浄操作後に，硝酸 (2 mol L^{-1}) 4 mL を通水し，カラムに捕集された元素を溶離する．溶離した液を試料として ICP - MS で目的元素を定量する．

標準海水 (含まれている各元素の濃度が保証された値をもつ市販品) を測定した結果の一例は表 15.2 に示した．鉄の定量値が高いのは，測定質量数 57 での ^{40}Ca^{16}OH のスペクトル干渉の結果と考えられる．ICP-AES では保証値と一致している．

表 15.2　標準海水での定量例[3]

元素	測定濃度 (n10) (ng L^{-1})	保証値 (ng L^{-1})
Fe	0.29 ± 0.155	0.105 ± 0.016
Fe*	0.101 ± 0.025	0.105 ± 0.016
Co	0.013 ± 0.004	0.009 ± 0.001
Ni	0.265 ± 0.035	0.228 ± 0.009
Cu	0.203 ± 0.009	0.228 ± 0.011
Zn	0.115 ± 0.023	0.115 ± 0.018
Cd	0.020 ± 0.001	0.016 ± 0.003
Pb	0.019 ± 0.004	0.013 ± 0.005

* ICP-AES での定量値

参 考 文 献

1) 高橋純一，山田憲幸：誘導結合プラズマ質量分析法におけるコリジョン/リアクションセル技術の展開，分析化学，**55**，1257 - 1277 (2004)

2) 川端克彦：コリジョン・リアクションセル ICP - MS の基礎原理について，地球化学，**42**，157 - 163 (2008)

3) 隅田 隆，中里哲也，田尾博明：ミニカラム濃縮/誘導結合プラズマ質量分析法による海洋深層水中の微量元素の多元素同時定量，分析化学，**52**，619 - 626 (2003)

4) 平田静子，加治屋資，相原将人，本多和人，敷野 修：オンラインカラム濃縮/誘導結合プラズマ質量分析法による海水中の微量金属元素の多元素同時定量法の開発，分析化学，**52**，1091 - 1104 (2003)

16　高速液体クロマトグラフ法による環境分析

ホルムアルデヒドやアセトアルデヒドは室内空気質の有害汚染物質であり，それらの濃度指針値はそれぞれ 80 ppb，30 ppb と定められている（第 11 章の表 11.1 を参照）．第 11 章の 11.4 節でホルムアルデヒドの吸光光度法，吸光検出 FIA 法，第 12 章の 12.1 節で蛍光光度法，蛍光検出 FIA 法について述べたが，ここでは大気中アルデヒド類の固相抽出 - 高速液体クロマトグラフ法について述べる．高速液体クロマトグラフ法の原理については，第 3 章の 3.7.5 項ですでに述べた．

16.1　アルデヒド類の定量

大気中のアルデヒド類は直接測定することが困難なので，誘導体化 - 固相抽出法が用いられる．図 16.1 にアルデヒド類と 2,4 - ジニトロフェニルヒドラジン（DNPH）の誘導体化反応を示す．この誘導体は HPLC に導入されて分離・定量されるが，感度が不十分なときは，DNPH 固定化シリカゲルを充填した捕集カートリッジによる固相抽出濃縮が必要である．一般的に使われるカートリッジを図 16.2 内に示す．アルデヒド類は DNPH 誘導体として固相に捕集される．これをアセトニトリルなどで溶離して HPLC に注入する．

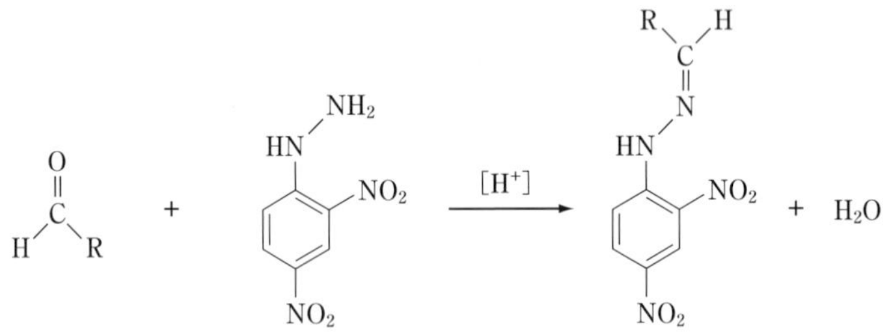

アルデヒド類　　2,4−ジニトロフェニルヒドラジン（DNPH）　　DNPH 誘導体

・NaOH：H_2O = 70：30 で溶解　・HPLC に導入し，波長 369 nm で測定

図 16.1　DNPH 誘導体化反応

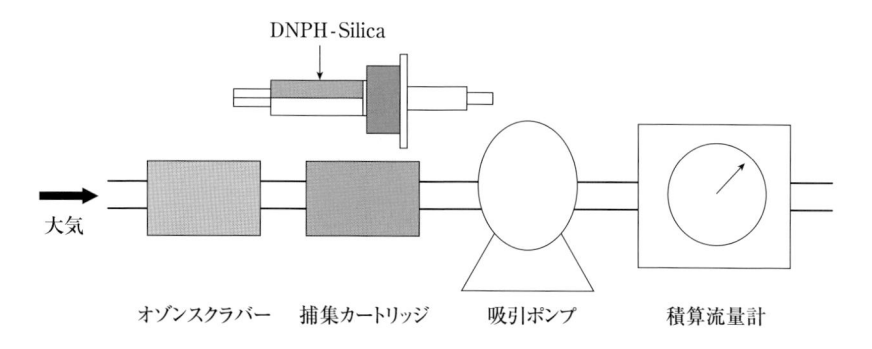

図 16.2　試料捕集装置の概要（LC application data No. 820005H（日本分光（株））による）

実　験

（1）　試薬溶液の調製

ホルムアルデヒドやアセトアルデヒドをアセトニトリルに溶解して，アルデヒド類の混合標準液を調製する．これを適宜アセトニトリルで希釈して検量線用混合標準液とする．

（2）　試料の捕集

試料捕集操作の概要を図 16.2 に示す．オゾンが含まれる試料の場合は，オゾンスクラバーによりオゾンを除去する．試料中のアルデヒド類は DNPH 固定シリカゲルを充填したカートリッジに捕集されて誘導体化される．試料の捕集は，新築住宅での室内空気の場合に 1 L min^{-1} で 30 分間，居住住宅の室内空気の場合に 100 mL min^{-1} で 24 時間，大気の場合は 0.95 mL min^{-1} で 130 分間行なう．

（3）　捕集カートリッジからの DNPH 誘導体の溶出

固相からのアルデヒド類の溶出操作の概要を図 16.3 に示す．

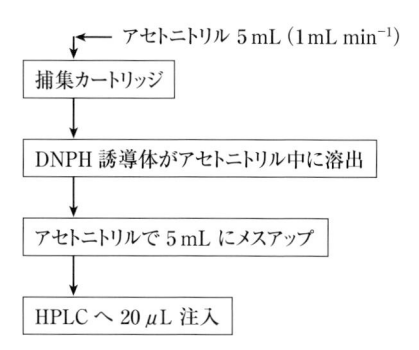

図 16.3　アルデヒド類捕集カートリッジからの溶出操作（LC application data No. 820005H（日本分光（株））による）

（4） HPLC による定量

　HPLC のカラムとして疎水性カラム，溶離液として水・アセトニトリル（40％・60％）を用い，溶離液流量 1 mL min^{-1}，恒温槽温度 40℃，検出は波長 360 nm における吸光度測定により行ない，（3）の試料 20 μL を注入する．（1）のアルデヒド類の検量線用混合標準液 20 μL を注入し，それぞれのピークの保持時間とピーク高（あるいは面積）を求める．アルデヒド類の濃度とピーク高（あるいは面積）との検量線を作成する．試料のピークの保持時間からアルデヒド類を特定し，そのピーク高（あるいは面積）に相当する濃度を検量線から求める．

　アルデヒド類標準試料で得られたクロマトグラムを図 16.4 に示す．標準液のそれぞれのアルデヒド類濃度は 0.5 μg mL^{-1} である．6 分間で 3 成分の分離定量が可能である．

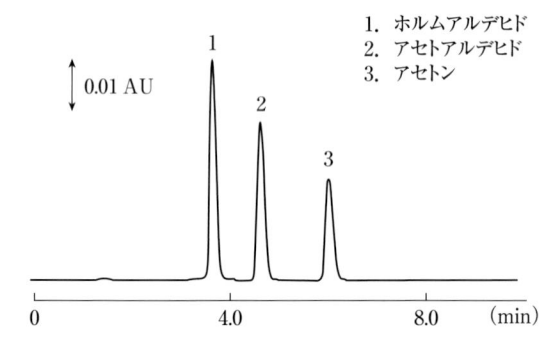

波長：360 nm
流速：1.0 mL min^{-1}
カラム：疎水性カラム（日本分光 CrestPak C18S）
カラム温度：40 ℃
試料：各濃度 0.5 μg L^{-1} の標準液

1. ホルムアルデヒド
2. アセトアルデヒド
3. アセトン

図 16.4　アルデヒド類標準試料のクロマトグラム（LC application data No. 820005H（日本分光(株)）による）

16.2　実際の試料への応用例

　市販の DNPH カートリッジを使用して実験室内空気のアルデヒド・ケトン類を捕集・誘導体化し，溶離液の組成を変えて 15 種類を分離定量した結果も報告されている．

17 イオンクロマトグラフ法（IC）による環境分析

イオンクロマトグラフ法（IC）は，すでに第3章の3.7.6項で述べたように，基本的には高速液体クロマトグラフ法（HPLC）の一種であり，分離カラムに低交換容量のイオン交換樹脂カラムを用いるイオン交換クロマトグラフ法（ion-exchange chromatography）である．イオンクロマトグラフ法では，すべてのイオンに応答する電気伝導度検出器がよく用いられる．また，検出感度を改善するために，サプレッサーを用いてバックグラウンドの伝導度を下げる手法（サプレッサー法）を用いることもできる．しかし，バックグラウンドが低い溶離液を用いる場合にはサプレッサーは必要としない．イオンクロマトグラフ法は，環境水中に通常存在する$10^{-5} \sim 10^{-3}$ mol L^{-1}程度の陽イオン，陰イオンの一斉分析で威力を発揮する．

現在では，陽イオンや陰イオンのカラム分離・分析に用いられるクロマトグラフ法は，広い意味でイオンクロマトグラフ法に含まれ，イオン分離カラムは必ずしもイオン交換樹脂でない場合もあり，また，検出器も吸光検出器などが用いられる（直接および間接吸光検出法）．以下では，JIS K 0102等で用いられている汎用性の高いイオンクロマトグラフ法について述べる．

17.1 陰イオンの定量

17.1.1 原　理

陰イオン交換基を溶離液の陰イオンに交換した，低交換容量の陰イオン交換樹脂カラムに試料を注入すると，試料中の陰イオンと陰イオン交換基の陰イオンのイオン交換定数の差により陰イオンが分離され，電気伝導度計などで検出，定量される．

17.1.2 実　験

(1) 試薬溶液の調製

(a) 陰イオン混合標準液：　表17.1を参照し，測定対象の陰イオンを含む混合標準液を，

表17.1　イオンクロマトグラフ法による陰イオンの定量範囲の例（mg L^{-1}）

陰イオン	サプレッサーあり	サプレッサーなし
塩化物（Cl$^-$）	0.1～25	0.5～25
フッ化物（F$^-$）	0.05～20	0.1～20
亜硝酸（NO$_2^-$）	0.1～25	0.5～25
硝酸（NO$_3^-$）	0.1～50	0.5～50
リン酸（PO$_4^{3-}$）	0.1～50	0.5～50
臭化物（Br$^-$）	0.1～50	0.5～50
硫酸（SO$_4^{2-}$）	0.2～100	1～100

定量範囲は，検出器，試料注入量，カラムの交換容量などにより変わる．

（JIS K 0102, 表35.1による）

濃度を段階的に変えて調製する．

　(b)　溶離液：　使用するイオンクロマトグラフ装置，分離カラムに応じて適切な種類，濃度のものを調製する．汎用的な溶離液としては，炭酸水素ナトリウムと炭酸ナトリウムの混合溶液があり，それらの濃度が（4 mmol L^{-1} と 4 mmol L^{-1}）あるいは（1.7 mmol L^{-1} と 1.8 mmol L^{-1}）などのものが用いられる．また，サプレッサーを用いない場合には，溶離液の伝導度が炭酸塩の溶離液より低い（1.3 mmol L^{-1} グルコン酸カリウム − 1.3 mmol L^{-1} 四ホウ酸ナトリウム − 30 mmol L^{-1} ホウ酸 − 100 g L^{-1} アセトニトリル − 5 g L^{-1} グリセリン）混合溶液や（2.5 mmol L^{-1} フタル酸 − 2.4 mmol L^{-1} 2 − アミノ − 2 − ヒドロキシメチル − 1,3 − プロパンジオール）混合溶液などが用いられる．

　(c)　サプレッサー液：　サプレッサー液は，用いるサプレッサーに適したものを用いなければならない．サプレッサーカラム（強酸型陽イオン交換樹脂カラム）を用いる場合には硫酸（15 mmol L^{-1}）などを用いる．また，中空陽イオン交換膜チューブを用いる二重管構造のサプレッサーの場合には，イオン交換膜チューブの内側は溶離液が流れ，その外側に再生液として硫酸を流す．イオン交換膜を用いた電気透析型サプレッサーを用いる場合には，検出器から排出される溶出液を用いることができる．サプレッサーの原理は第 3 章 3.7.6 項の（2）にすでに述べた．

（2）　検量線の作成

　イオンクロマトグラフ装置を立ち上げ，溶離液を一定流量で流す．サプレッサー方式の場合は，サプレッサー液も流す．（1）で調製した陰イオン混合標準液の一定量（通常は，数 10 μL ～ 数 100 μL）をイオンクロマトグラフ装置に注入し，それぞれのイオンに対して得られたピークの高さあるいは面積を用いて検量線を作成する．

（3）　試料の測定

　環境水試料を予め 0.45 μm のメンブランフィルターでろ過したもの，あるいは注入シリンジ

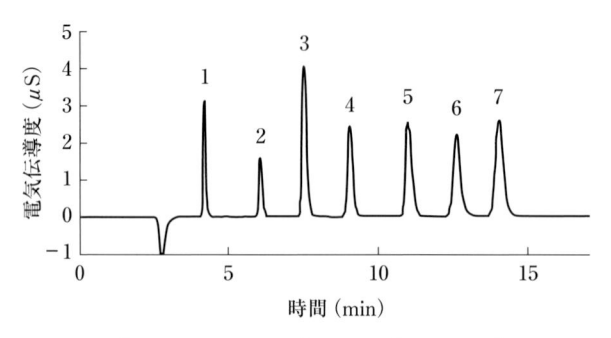

ピーク　1：F$^-$（1 mg L^{-1}）；2：Cl$^-$（1 mg L^{-1}）；3：NO$_2^-$（5 mg L^{-1}）；4：Br$^-$（5 mg L^{-1}）；
　　　　5：NO$_3^-$（5 mg L^{-1}）；6：PO$_4^{3-}$（10 mg L^{-1}）；7：SO$_4^{2-}$（5 mg L^{-1}）
　分離条件　カラム：TSKgel SuperIC-AZ（21444）；カラムサイズ：内径 4.6 mm×15 cm；
　　　　　　ガードカラム：TSKguardcolumn SuperIC-AZ（21445）内径 4.6 mm×1 cm；
　　　　　　溶離液：1.9 mmol L^{-1} NaHCO$_3$，3.2 mmol L^{-1} Na$_2$CO$_3$；検出：電気伝導度

図 17.1　代表的陰イオンのイオンクロマトグラム
(TOSOH Research & Technology Review, vol. 48 (2004)（東ソー（株））による)